国家科学技术学术著作出版基金资助出版

X 射线脉冲星导航理论

王宏力　由四海　许　强　何贻洋　冯　磊　著

科学出版社
北　京

内 容 简 介

X射线脉冲星导航是一种新兴的自主导航方式。本书以作者研究团队脉冲星导航领域研究成果为基础，针对轮廓恢复、信号去噪、周期估计、相位估计、方位误差估计和惯性/星光/X射线脉冲星组合导航等理论进行讨论，主要目的是提高导航系统的实时性和精度，最终更适合工程实现。

本书可供航天器导航控制领域的科研人员和工程技术人员阅读，也可以作为相关专业的高年级本科生和研究生的教学参考资料。

图书在版编目(CIP)数据

X 射线脉冲星导航理论 / 王宏力等著. —北京：科学出版社，2023.10
ISBN 978-7-03-074519-4

Ⅰ. ①X… Ⅱ. ①王… Ⅲ. ①X 射线－脉冲星－卫星导航 Ⅳ. ①TN967.1

中国版本图书馆 CIP 数据核字（2022）第 253069 号

责任编辑：宋无汗 / 责任校对：崔向琳
责任印制：师艳茹 / 封面设计：陈 敬

科学出版社出版
北京东黄城根北街 16 号
邮政编码：100717
http://www.sciencep.com
北京中石油彩色印刷有限责任公司印刷
科学出版社发行 各地新华书店经销
*
2023 年 10 月第 一 版 开本：720×1000 1/16
2024 年 6 月第二次印刷 印张：13 1/4
字数：267 000

定价：150.00 元

（如有印装质量问题，我社负责调换）

前　言

X 射线脉冲星导航（XNAV）由于精度不受地域限制、不需要人造信标、信号源在天球中分布广泛，在未来航天器导航领域将有广泛的应用。依靠拥有“宇宙灯塔”美誉的脉冲星向外辐射光子信号，X 射线脉冲星导航可以对当前的位置和时间进行解算。脉冲星导航从 20 世纪 80 年代提出至今已经有 40 多年的发展历程，随着科研人员的不懈探索，逐步趋于完善。美国的 SEXTANT 和中国的 HXMT 实验都证明了脉冲星导航的可行性，这标志着脉冲星导航向工程应用又迈出了一步。

本书是作者研究团队近年来在 XNAV 方面研究成果的总结。第 1 章为绪论，分析当前航天器导航中存在的问题及需求，回顾脉冲星导航的发展历程，并论述脉冲星导航在信号处理和导航模型中的问题。第 2 章介绍相关理论基础，包括脉冲星及其特性、常用的脉冲星数据库及选星方法、基本坐标系、基本时间系统、X 射线脉冲星导航的原理和数学模型等。第 3～5 章探讨脉冲星信号处理的算法，包括周期估计、信号降噪、轮廓构建和相位估计。这些算法的思路是以压缩感知和小波变换为基础，对算法的实时性和精度进行优化，具体实现了压缩感知算法的扭曲轮廓字典的构建、观测矩阵的设计、恢复算法的改进、小波变换中的小波基设计，以及对应小波基提升方案的实现。针对脉冲星信号周期估计问题，第 3 章首先论述基于光子到达时间的一阶导数的周期初值确定方法，然后探讨基于扭曲轮廓的字典和小波变换观测矩阵的压缩感知算法对周期进行估计。针对轮廓信号信噪比低的问题，第 4 章提出通过频域法设计小波基以提高小波降噪性能指标的方法。第 5 章从时域和小波域两方面解决到达时间估计问题，在时域方面提出基于双字典和同尺度 1-范数的压缩感知算法，在小波域提出基于多级小波变换的冗余字典和小波变换级数相关的随机观测矩阵的压缩感知算法。针对脉冲星导航中的方位误差问题，第 6 章首先设计增广脉冲星方位误差估计算法，解决卫星位置误差对估计算法的干扰问题，但是考虑到实际应用中脉冲星方位自行速度同样可能存在误差，又以此为基础设计了两级卡尔曼滤波器（TSKF）脉冲星方位误差估计算法。针对惯性/星光/XNAV 组合，第 7 章首先设计分段线性观测方程，改善线性导航算法应用于脉冲星导航时存在的严重线性误差问题；其次设计基于增广扩展卡尔曼滤波的脉冲星导航算法，提高对方位误差的鲁棒性；再次设计基于异步重叠观测方法的预修正导航算法，提高算法数据更新速率和精度；从次设计基于多重次优渐消扩展卡尔曼滤波的惯性/星光/脉冲星组合导航算法；最后设计基于虚拟加速度计的 INS/CNS/XNAV 组合导航算法。

本书由王宏力设计整体框架，由四海撰写第 1～5 章，许强撰写第 6、7 章，何贻洋和冯磊参与了第 1、2 章的撰写，肖永强、张鹏飞和张宇轩参与了校对工作，最后由王宏力进行了统稿和审校。

特别感谢山东航天电子技术研究所的胡慧君博士、王文丛工程师，国防科技大学的郑伟教授和王奕迪副教授，中国科学院西安光学精密机械研究所的盛立志研究员，西安电子科技大学的张华副教授，哈尔滨工业大学的李葆华副教授等，在研究过程中提出了许多宝贵意见。感谢硬 X 射线调制望远镜卫星（HXMT）团队，在脉冲星数据处理上给予了很大的支持。

脉冲星导航涉及的领域比较广，作者的研究难免有遗漏之处，书中不妥之处请专家和学者们指正。

作　者

2023 年 2 月 18 日

目　　录

第 1 章　绪　　论

Earth is the cradle of humanity,

but one cannot live in the cradle forever.

地球是人类的摇篮，但人类不能一直住在摇篮里。

——Konstantin Tsiolkovsky

1.1　脉冲星导航概述

人们常说，地球是人类的摇篮。在这个摇篮中，人类从未停止探索外面世界的脚步。国内外有许多美丽的传说，如女娲炼石补天、嫦娥奔月和普罗米修斯盗火等。这些传说体现了人类对地球以外的世界充满了憧憬与幻想。科技的进步让人类认识未知空间的视角更加理性，探索宇宙奥秘的手段更加丰富，感知地球以外世界的范围更加遥远[1]。随着人类探索“触角”的延伸，依赖地球及其周边人造信标的传统导航方式逐渐受到挑战[2-3]。另外，地球附近航天器虽然可以借助全球导航卫星系统（global navigation satellite system，GNSS）和地面站等人造信标进行导航，但也存在很多制约。依赖人造信标的导航方式面临的主要问题包括以下三点：

（1）随着航天器与地球之间距离的增加，依赖人造信标的导航精度会逐渐降低[4-7]，并且这种导航方式需要多个设备配合，计算量大[8]，容易受到天气和环境的影响。在战争情况下，人造信标容易被敌方摧毁。

（2）航天器导航对时间精度要求非常高，自带时间设备存在漂移。因此，如何不依赖人造信标对航天器时间进行校准是个亟待解决的问题[9]。

（3）基于星光折射的星敏感器定位方法受到航天器位置的限制[9-10]，只有对某大气模型已知的星体在一定范围内的特定区域才能使用。

X 射线脉冲星导航（X-ray pulsar navigation，XNAV）系统作为一种潜在的导航系统逐渐引起科研人员的关注，其优势有以下三点：

（1）航天器可以通过观测脉冲星解算出当前的位置和时间信息，完全摆脱对地球人造信标的依赖。另外，脉冲星距离太阳系都很远，很难被摧毁或干扰，即使发生战争也不会影响 X 射线脉冲星导航系统正常工作。

（2）由于很多 X 射线脉冲星具有高度稳定的旋转周期，有“宇宙灯塔”的美称，可以为航天器提供高精度的时间基准。

（3）宇宙中存在大量脉冲星，理论上可以在宇宙中任何位置使用 XNAV，不会因为航天器位置变化使得导航受到限制。

根据上述分析，XNAV 更切实可行。当前 XNAV 已引起国内外众多学者的关注，国外的 University of Maryland、University of Glasgow、University of Texas at San Antonio、Delft University of Technology 等大学和国内的国防科技大学、中国科学院大学、哈尔滨工业大学、西安电子科技大学、火箭军工程大学等高校和研究院所纷纷开展了相关研究。国内研究得到了国家自然科学基金项目、国家高技术研究发展计划（863 计划）和国家重点基础研究发展计划（973 计划）等一系列国家级基金的资助，同时获得了很多省市级资金的支持。针对 XNAV 的研究，SCI 期刊发表的论文逐年增加，*Signal Processing* 和 *IEEE Journal of Selected Topics in Signal Processing* 等国际顶级期刊也发表了相关论文[11-12]。

早期的脉冲星导航利用的是射电频段，以 X 波段脉冲轮廓到达时间 （time of arrival，TOA）转换方程为基础的 X 射线频段导航体系于 2004 年之后才逐渐完善，因此其中仍然存在以下问题亟待解决。

（1）航行时长受到限制问题。当前 XNAV 的主要应用场景为长航时的航天器，对航行时间仅为半小时左右的短航时航天器研究较少。短航时航天器由于航行时间短，必然对 XNAV 的导航数据更新率有更高的要求，而 XNAV 的导航数据更新率主要由观测时间和算法的计算时间共同决定。在其他条件一定的情况下，因为观测时间和信噪比负相关，所以提高更新率需要缩短观测时间和降低算法的复杂度。这样就面临两方面的挑战：一是缩短观测时间会降低脉冲星轮廓信号的信噪比，进而降低 TOA 估计的精度，最终降低导航数据的精度，因此在较低信噪比的情况下，需要降低噪声的干扰，提高 TOA 的估计精度；二是算法信号处理的计算过程过于复杂，不但浪费了航天器上宝贵的计算资源，同时降低了导航的实时性，最终降低了更新率。因此需要提高周期估计、信号降噪和 TOA 估计等信号处理算法的实时性。

（2）TOA 转换方程的模型误差问题。XNAV 的误差影响因素非常多，但真实建模时通常会忽略一些次要因素。这些因素引起的误差可认为主要由方程简化和脉冲星方位参数失准导致，对导航精度的影响较为严重。

（3）组合导航策略与方法问题。XNAV 通常不是单独完成导航任务，需要与惯性导航和星光天文导航等其他方式共同完成。由于航天器通常会受到载荷等条件的约束，因此需要解决如何设计导航策略与方法的问题，最终达到尽量减少探测器设备和提高导航精度的目的。

基于以上研究背景，本书完成的工作包括：一是改进信号处理。以工作在短航时航天器条件下的 XNAV 为研究对象，以压缩感知和小波变换为研究工具，以降低周期估计、信号降噪和 TOA 估计算法复杂度为出发点，以提高 XNAV 的导航参数精度和组合导航精度为落脚点，开展 XNAV 中信号处理和组合导航的研究。

二是改进导航算法。研究高阶项的近似线性建模方法以解决导航中的高阶截断误差问题，提出了增广脉冲星方位误差估计算法、基于改进的增广状态扩展卡尔曼滤波器（augmented state extended Kalman filter，ASEKF）的脉冲星导航算法以解决脉冲星方位误差的问题，并结合其他导航方式的优点，设计了基于多重次优渐消扩展卡尔曼滤波（suboptimal multiple fading extended Kalman filter，SMFEKF）的惯性/星光/脉冲星组合导航算法以提高整体导航系统的更新速率和精度，为 X 射线脉冲星导航的应用提供一定的参考和借鉴。

1.2 国内外研究现状及分析

1.2.1 脉冲星的发现与观测

脉冲星最早由天文学家 Hewish 教授及他的博士研究生 Bell 等在 1967 年通过射电望远镜意外发现，并于次年将该发现在 *Nature* 期刊发表[13]。第一颗脉冲星 CP1919 的发现掀起了天文界的观测搜索热潮。仅仅过了一年，就有 23 颗脉冲星被发现，100 多篇学术论文发表在高端学术期刊[14]。其中，比较具有里程碑意义的是 1969 年美国学者通过观测首次发现了蟹状星云脉冲星。1968 年，澳大利亚天文学家 Gold[15]在 *Nature* 发表文章指出脉冲星本质上是高速旋转的中子星。

由于地球大气层对高能粒子的吸收作用，在地面人们仅能依赖大型的射电望远镜观测到脉冲星的存在。直到 1976 年，随着天文观测在 X 射线波段的突破，英国飞机公司承包的科技卫星 Ariel-5 才首次在太空中观测到脉冲星的 X 波段信号[16]。因为脉冲星辐射信号的能量大多集中在 X 射线波段，所以航天器上的探测设备可以做到相对小型化，提高了脉冲星导航的可实现性。随着世界各国大量天文卫星的发射升空，人们对脉冲星的认识逐渐深入。较广泛的 X 射线全天观测是由德国的 Rontgen 卫星在 2000 年完成的。这次观测发现了 105924 个暗源，18806 个亮源[17-18]。

国内关于脉冲星的观测研究受硬件设施的限制起步较晚。直到 1992 年，我国的天文学家才利用北京天文台的 15m 口径射电望远镜完成了射电脉冲星的首次观测。4 年后，位于乌鲁木齐的 25m 口径射电望远镜正式投入使用，使得我国能够进行更为详细的观测和研究。工欲善其事，必先利其器。为了更好地观测宇宙信息，由天文学家南仁东负责的贵州 500m 口径球面射电望远镜（five-hundred-meter aperture spherical radio telescope，FAST）项目于 2016 年建成竣工[19]。截至 2022 年 8 月，已发现的脉冲星超 660 颗。

作为 20 世纪 60 年代天文学的“四大发现”之一，脉冲星的发现开辟了一个崭新的天文观测领域，对现代天体物理学的发展产生了深远影响，同时也为脉冲星导航理论的发展奠定了深远的基础。

1.2.2 XNAV 的发展历程

1971 年，Reichley 等提出了基于脉冲星辐射的信号获得时间信息与位置信息的方法。1974 年，Downs[20]提出了可以实现精度为 150km 的导航方法。这种方法虽然受到了一些指标的限制而难以工程化，如天线口径太大（20m）和积分时间太长（24h），但却是脉冲星导航由构想到工程实践的关键一步。

为解决探测器（天线）尺寸大的难题，Butman 等[21]于 1981 年提出了利用小探测器的 X 射线脉冲星的航天器自主导航方法。之后利用 X 射线脉冲星进行导航的方法就一直为人们所关注，当时科研人员就发现这种导航方法是非常有前景的研究领域。但是由于 X 射线被大气层阻挡，这种导航系统只能在大气层以外的空间使用。

1990～1999 年，德国、美国和英国三个国家开展了联合航天项目——伦琴卫星（the Roentgen satellite，ROSAT）[22]。该项目的主体是 X 射线卫星，能够检测到部分脉冲星[23]。ROSAT 具有快速旋转的能力（在约 15 分钟可以达到 180 度），指向精度为 1 角分，稳定性低于 5 角秒/秒，抖动半径约为 10 弧秒。两个电荷耦合器件（charge coupled device，CCD）星敏感器用于引导星的光学位置感测和航天器的姿态确定。姿态精度可达到 6 角秒。

1993 年，Wood 的“关于 X 射线脉冲星导航的研究”被列为先进研究与全球观测卫星的实验项目。这些研究包括确定航天器的位置、时间和姿态等多种导航信息。

1995～2012 年，美国用罗西 X 射线计时探测器[24]（the Rossi X-ray timing explorer, RXTE）观察到天文 X 射线源的时间变动[25]。RXTE 观测到了来自黑洞、中子星、X 射线脉冲星和 X 射线的爆发。它是探测者计划（explorer program）的一部分，有时也称为 Explorer 69。RXTE 公开的数据为科研人员认识脉冲星并推动脉冲星导航的理论与算法研究提供了大量的支持。

1999 年 5 月 1 日～2000 年 11 月 16 日美国进行了非常规恒星特征（unconventional stellar aspect，USA）试验，目的是观察明亮的 X 射线源，主要是双星系统，包括黑洞、中子星或白矮星。USA 的一个独特特征是光子事件通过参考载体全球定位系统（global positioning system，GPS）接收器进行时间标记，从而可以精确地确定绝对时间和位置。

2004 年，美国国防高级研究计划局（Defense Advanced Research Projects Agency，DARPA）和美国国家航空航天局（National Aeronautics and Space Administration，NASA）资助了 X 射线脉冲星导航计划（XNAV）。由于和 X 射线脉冲星导航的简称相同，XNAV 仅在此段表示“X 射线脉冲星导航计划”，本书其他部分均代表“X射线脉冲星导航”。XNAV项目的任务是通过详细的分析和硬件演示来证明这种方法的可行性，探索可能的应用领域。XNAV的主要目标是在太阳系的任何地方提供球面误差概率（spherical error probability，SEP）小于100m的自主导航。这是一种革命性的导航能力，可能超过目前其他深空导航方法。该计划分三个阶段实施：概念可行性论证、设备研发和演示验证[26-27]。该计划第一阶段确定了四个任务领域：①脉冲星编目和建模；②探测器设计、开发和特性描述；③导航算法设计和开发；④综合系统设计和任务研究。研究的一些预期成果：①开发候选源（稳定脉冲星和其他明亮源）的高保真目录；②开发新的X射线传感器以满足成像和计时要求；③开发先进的导航算法；④开发X射线脉冲星导航传感器套件的系统设计；⑤评估其他任务（低轨道卫星、静止轨道卫星、高轨道卫星、月球探测和深空探测）的效用，潜在的导航任务实施概念如图1.1所示，这也从侧面说明本书研究的XNAV在低轨道的短航时航天器可以接收到脉冲星信号。2006年6月，在Sheikh团队完成第一阶段的研发工作后，出于某种原因，美国国防高级研究计划局决定不再支持XNAV的后续阶段[28]。然而，对XNAV的研究并没有停止，2007年Sheikh团队获得NASA小型企业创新研究计划（the small business innovation research program，SBIR）的资助，在美国Microcosm公司继续开展XNAV方面研究，论证了XNAV的可行性之后，分析了不同星际任务下的导航精度及不同因素对导航精度的影响，详细评估了X射线脉冲星导航的性能[29]。

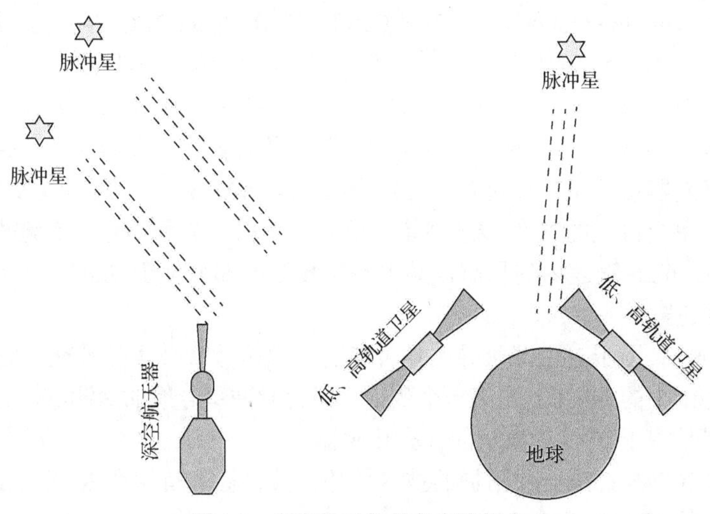

图1.1 潜在的导航任务实施概念

2005年，Woodfork等[30-31]提出了用脉冲星信号修正GPS卫星定轨精度的构想。同年，Sheikh[1]在学位论文中对几种X射线脉冲星进行了详细的分析，根据脉冲星的特性对导航精度进行估算，并据此筛选出合适的脉冲星作为导航源，同时还建立了包含广义相对论的高精度时间变换模型。这项研究全面地完善了脉冲星导航理论，后来国内外的很多学者是据此展开后续研究的。同样在 2005 年，Sheikh 和 Pines 介绍了利用 XNAV 获得的位置数据来递归更新或纠正航天器在地球轨道上的位置，以提供一个连续、准确的导航解决方案。Sheikh 等[32]对几个轨道进行了研究，包括低轨道、中轨道和 GPS 轨道，以及关于地球、月球的轨道。次年，Sheikh 等[27]又探讨了利用 X 射线脉冲星同时确定航天器时间和位置的可行性，对 8 颗 X 射线脉冲星进行了详细的分析，以量化基于所描述的脉冲星特性、探测器参数和脉冲星观测时间的预期航天器位置精度；同时还建立了时间转换方程，以提供测量 TOA 和预测 TOA 之间的偏差，从而可以精确地确定时间和位置。2007 年，他们团队提出了两个载有 X 射线探测器的航天器将不受准周期振荡等因素的限制，可以通过多次观测确定两个航天器的相对位置。Emadzadeh 等[33]提出了两种估计器，并给出了脉冲延迟估计的克拉默-拉奥下界（Cramer-Rao lower bound，CRLB）。2010 年，Emadzadeh 等[34]提出了 X 射线脉冲星信号的数学模型，为后续其他科研人员对 X 射线脉冲星信号的研究打下了重要的基础。

2010 年，DARPA 开启了 X 射线计时（X-ray timing，XTIM）计划[35]，其目的是构造全局的脉冲星授时系统，计划在地球同步轨道上展开试验。建造仪器并在地球同步卫星上飞行的合同签给了洛克希德·马丁公司（Lockheed Martin Corp, LMC）。

2017 年 6 月，X 射线计时和导航技术的空间站探测器（station explorer for X-ray timing and navigation technology，SEXTANT）[36]在 Space-X CRS-11 上发射至国际空间站，执行 18 个月的标称任务[37]。它首次实现载体搭载的 XNAV 在宇宙空间的实时演示和验证，主要工作过程是通过中子星内部成分探测器（neutron-star interior composition explorer，NICER）[38-39]获得的脉冲星数据估计出相位，然后通过导航滤波器估计出当前位置。2018 年 1 月，NASA 官网发布 SEXTANT 首次进行了在轨完全自主的 X 射线脉冲星导航实验，利用 8 个小时的实验数据实现了空间站位置 16km 误差内的导航，其中数据较好的部分优于 5km[37]。综上，可以得出四点结论[40]：

（1）XNAV 用于自主深空导航是可能的，也是替代技术的补充；

（2）NASA 的 NICER 是第一个致力于研究脉冲星导航的探测器，它携带的 X 射线探测器是用于 XNAV 演示的优秀传感器；

（3）SEXTANT 是一项附加的技术任务，其目标是首次在太空演示 XNAV，并推进关键的 XNAV 技术；

（4）SEXTANT 任务的前 6 个月里，在实现任务目标方面取得了重大进展，完成了初始校准任务，并进行了多次成功的地面和飞行试验，导航精度达到了 10 公里的目标。

NASA 据此认为该导航方式具有完全自主导航的潜力，对其后期在太阳系内提供自主导航定位服务抱有很大希望。

国内关于脉冲星导航的研究相对较晚，2006～2008 年，帅平等[41]、杨廷高等[42]和郑伟等[43]学者带领各自的团队向这个领域进军。他们认为我国当时不能像美国一样在全球范围构建深空网络（deep space network，DSN），因此导航技术可能会成为我国深空探测的瓶颈。一扇门的关闭通常会伴随一扇窗打开。X 射线脉冲星导航技术为我国深空探测导航打开了一扇全新的窗口。国内学者经过多年探索，认为基于我国的光学探测、巡天观测技术、信号处理、数据处理技术和定时与守时（让载体上的时间误差保持在一个范围内）等理论基础完全可以开展脉冲星导航方面的研究。

2010 年，华中科技大学的刘劲等对脉冲的方位误差进行了研究，并根据误差变换缓慢的特点设计了滤波器以消除导航误差[44]。2011 年国防科技大学的孙守明等证明了 X 射线脉冲星导航在定位和授时两方面是可观的，这为 XNAV 的导航算法工程化提供了理论支撑。

2012 年北京控制工程研究所的熊凯等提出一种基于改进 Riccati 方程的脉冲星导航方法，可以提高定位精度[45]。2013 年国防科技大学的王奕迪等分析了行星星历误差对脉冲星导航精度的影响，提出了脉冲星导航系统的改进方法[46]。

由于 X 射线脉冲星导航需要长时间积累，因此观测时间较长，而 XNAV 的更新率主要受脉冲星观测时间和导航算法的计算时间两方面影响，这就限制了更新率的提高。为了解决这个问题，一些学者开始研究基于 X 射线脉冲星导航的组合导航方法。2010 年国防科技大学的孙守明团队研究了 XNAV 与惯性导航系统（inertial navigation system，INS）组合导航的可行性，为相关的工程应用提供了理论依据。同年，刘劲等提出了一种改进的联邦无迹 Kalman 滤波器（federated unscented Kalman filter，FUKF）[47]导航算法。2013 年，王奕迪等提出了改进的滤波器，其仿真定位精度可以达到 100m 以内[48]，并总结了基于脉冲星导航的组合导航特点[49-50]。

2016 年 9 月，我国成功发射了第二个空间实验室——天宫二号，通过观测黑洞和脉冲星等极端天体研究宇宙中天体的形成过程和规律。其中对脉冲星的观测可以为脉冲星信号的研究提供帮助。郑世界等[51]完成了对 Crab 脉冲星数据的轮廓恢复，提出了一种不使用标准轮廓的自主定轨算法。

2016 年 11 月，我国的 X 射线脉冲星导航试验卫星（XPNAV-1）发射成功。该卫星的主要目标是在空间环境下探测脉冲星发射的 X 射线光子[52]。帅平等[53]和张大鹏等[54]均对卫星数据成功进行了历元折叠，恢复出了 Crab 脉冲星的轮廓，并对脉冲星的参数进行了拟合，这些成果从侧面证明该卫星搭载的国产 X 射线探测器具备“看得见”脉冲星的能力，为进一步深入应用于脉冲星导航打下了基础。

2019 年，帅平等根据 XPNAV-1 的数据实现精度为 38.4km 的导航[55]。

2017 年 6 月，硬 X 射线调制望远镜（hard X-ray modulation telescope，HXMT）卫星发射成功。HXMT 是一颗宽频带（1～250keV），位于低地球轨（高度为 550km、倾角为 43°）的大型 X 射线天文卫星，相当于一个望远镜。为了满足宽频带光谱和变率观测的要求，在 HXMT 上配置了三个有效载荷，分别是高能 X 射线望远镜（high energy X-ray telescope，HE），20～250keV 波段使用 18 个 NaI（Tl）/CsI（Na）闪烁探测器；中能 X 射线望远镜（medium energy X-ray telescope，ME），5～30keV 波段使用 1728 个 SiPIN 探测器；低能 X 射线望远镜（low energy X-ray telescope，LE），1～15keV 波段使用 96 个扫式电荷器件（swept charge device，SCD）。中国科学院高能物理研究所的研究团队利用慧眼卫星开展了 XNAV 实验，导航误差可以控制在 10km 之内，进一步验证了航天器利用脉冲星自主导航的可行性，同时也证明了我国在 X 射线脉冲星导航研究的实力，为将来在深空探测领域航天器实现不依赖人造信标的自主导航奠定了基础。

2018 年国防科技大学的张大鹏[56]针对脉冲星导航的数据处理展开了研究，对探测器的随机时间延迟进行了补偿。2019 年哈尔滨工业大学的宋佳凝[57]对信号的时域和频域分别进行了研究。

1.2.3 X 射线脉冲星信号处理的研究现状

因为 X 射线脉冲星的信号非常微弱，只有经过一系列的信号处理才能解算出位置信息，所以信号处理的效果直接决定导航的精度和实时性。信号处理主要分为周期估计、信号降噪和 TOA 估计三部分。

1. 周期估计

XNAV 的过程可以简单概括如下[27]：首先脉冲星向周边辐射周期性的电磁波信号，这些信号被探测器接收后通过算法计算出 TOA，然后根据 TOA 可以得到当前的位置信息。其中，关键步骤是对 TOA 的估计。当前解决这个问题有两种方法，即频域法和时域法[58]。频域法主要基于傅里叶变换。时域法又分最大似然估计（maximum likelihood estimation，ML）法和基于历元折叠非线性最小方差估计（nonlinear least squares estimation，NLS）法。ML 法的实现在计算量上比 NLS 法要大很多。由于 ML 法的渐近性能没有明显优于 NLS 法，因此在长观测时间内，NLS 法策略的实现是首选[34]，这也是研究 TOA 估计的方法。但是 NLS 法中的历元折叠过程存在一个不可逾越的步骤，即周期估计，通常研究的前提是航天器在脉冲星矢量方向的速度是个恒值，即周期是个未知常数。

Zhou 等[59]用快速傅里叶变换算法的思想改进了 Lomb 算法，提高了算法的实时性。Shen 等[60]提出了频率细分和连续 Lomb 周期图的方法，可以在较短时间内完成较高的频率分辨率。Li 等[61]给脉冲星信号重新建模，先提出了双谱相干统计量，后又提出了最大相关方差搜索法[62]。Zhang 等[63]提出了快速折叠算法生成一组不同周期积累的脉冲轮廓曲线，然后将累计的脉冲星轮廓集与标准脉冲星轮廓曲线进行比较得到周期的搜索范围。

以上方法的共同点是首先都需要经过多次历元折叠得到多组轮廓信号，其次设计代价函数，最后通过搜索得到最优值，并把最优值作为周期的估计值。这种方法的不足之处是采用 Shannon-Nyquist 采样定理，这将消耗大量的计算资源，非常耗时，会降低 XNAV 的更新率，不利于在短航时的条件下使用。

压缩感知（compressive sensing，CS）[64]应用越来越广泛[65-66]，它以提高处理效率著称。有些学者已经将其应用到脉冲星导航中。Liu 等[67]和 You 等[68]将其应用于脉冲星信号的轮廓恢复和 TOA 估计。Liu 等[69]首次将其引入脉冲星信号的周期估计。他们改进了传统的历元折叠方法，提高了算法的效率，用傅里叶变换的思想构建了测量矩阵，使其具有降维和降噪的功能，通过实验验证了所提方法可以达到克拉默-拉奥下界。

但是以上方法还需要解决以下两个问题：

（1）周期估计初始值 P_0 的选取是个不容回避的问题。以上方法适用于所尝试的周期 $\overline{P}_0$ 与真实周期 P 的偏差 $\Delta P_0=\left|\overline{P}_0-P\right|$ 不大的情况。如果 ΔP_0 太大，折叠后的轮廓受到噪声的影响就会杂乱无章，无法用压缩感知算法进行重构，也就不能对周期进行估计。当航天器处于导航初始状态，即信息未知的“迷失”状态时，ΔP_0 很有可能超出算法的适用范围，导致估计 P_0 失败。

（2）整体的估计算法计算量仍然很大，有继续提高算法实时性的必要。

2. 信号降噪

XNAV 将脉冲星的周期性辐射的 X 射线作为信号源，通过计算信号的相位来获取位置和时间信息。脉冲星导航的精度取决于脉冲星信号的处理效果。信号处理过程中存在噪声较大的问题，其原因有三点：

1）信号微弱

脉冲星离地球很远，通常为数万光年，甚至更远。在长距离传输后，航天器上可以接收到的信号非常微弱，甚至衰减到单个光子的形式。通常采用长时间累积的方法降低噪声的影响，但是本书研究的背景是短航时环境，因为短航时限制了累积时间不能太长，所以这种条件下信噪比更低。

2）干扰的影响

宇宙中有多种辐射源，因此必须考虑宇宙本底噪声。另外，探测器自身暗电流等引起噪声的影响也不容忽视。

3）探测器有效面积的限制

有效面积是影响信号质量的关键因素。由于载荷的限制，航天器上的探测器有效面积要远小于地面探测器的有效面积。

这三个因素降低了 TOA 估计的精度，从而降低了定位和守时（让时间的误差保持在一个范围内）的精度。为了解决上述问题，通常使用时间累积来弥补空间有效面积的不足，而历元折叠是最常见的方法之一[27,70]。也就是说，长期累积获得了大量的光子到达时间，然后通过算法将它们转换为周期。以这种方式，可以获得具有高能量的信号，进而可以恢复轮廓，最终能够计算 TOA。由于该算法获得的轮廓信号中含有噪声，因此有必要对脉冲轮廓进行降噪，以提高 TOA 的计算精度，进而提高脉冲星导航的定位精度。

在整个导航过程中，脉冲轮廓的信噪比对最终定位精度有很大影响。为了提高信噪比，许多学者进行了深入研究。

基于小波变换的降噪方法已经在许多领域得到了应用[71-76]。Zhu 等首次把小波变换应用于脉冲星信号的降噪中，并研究了小波基的选择和分解层数，证明了小波变换可以明显提高信噪比，并且有用信号的高频信息没有丢失。汪丽等研究了最佳阈值的选择，并选择了 Coiflets 小波基作为小波的基础，从紧支撑和消失距离两个角度分析脉冲信号[77]。然而，阈值的处理不能解决抑制噪声和保留细节之间的矛盾。阎迪等将模糊理论引入小波降噪的阈值处理算法中[78]，建立了隶属函数以区分信号和噪声，并在保留信号的同时抑制了噪声。苏哲等提出了一种改进的小波空间相关滤波器降噪方法[73]，该方法可以进一步提高在抑制噪声的同时保留信号的能力。薛梦凡等设计了一种用于未采样小波域的局部线性最小均方误差方法[74]，该方法可以继续提高信噪比和信号保持率。

但是，上述基于小波变换的降噪方法存在计算量大、实时性差和存储容量大等缺点。提升小波（第二代小波）的优点可以在时域中实现，并且易于编程且运行速度快，节省了存储空间和电路板尺寸，适用于嵌入式系统。因此，该方法不仅适用于理论研究，还适合工程应用。

刘秀平等提出使用基于 Db4 小波的提升小波对 X 射线脉冲星信号进行降噪[79]，并证明该方法不仅提高了信噪比，而且具有比传统 Db4 小波更好的实时性能。薛梦凡等提出了一种改进的双曲阈值函数，该函数还可以提高脉冲星信号的信噪比[74]。

以上学者主要研究小波基的选择和小波阈值函数的设计。小波基的选择是小波降噪的基础，如果小波基的选择不合适，将直接影响降噪效果。当前没有通用小波基可以适应所有信号，因此针对不同信号，最合适的小波基是不同的。上述文献通常使用已经存在的小波基作为选择方案，而没有为脉冲星信号重新设计专用的小波基。对于短航时引起信噪比过低的问题，传统的小波降噪方法已经不能适应需求。当前很少有文献研究针对脉冲星信号的小波基设计，因此设计专门针对脉冲星的小波基是非常有必要的。

3. TOA 估计

XNAV 作为一种能为航天器提供时间、位置和速度等信息的自主导航[27,80-82]，其关键步骤是通过探测器得到的脉冲星实际脉冲轮廓与标准轮廓进行对比估计 TOA，这个过程称为 TOA 估计。此后可以根据 TOA 估计值计算载体当前的时间和位置，TOA 估计的精度直接影响导航的定位精度。由于航天器速度快，通常速度可以达到几公里每秒，因此导航数据的时延会降低导航精度。特别是在短航时的应用背景下，航天器在提高算法实时性方面对 TOA 估计提出更高的要求。提高算法实时性可以从两方面实现，一是降低 TOA 估计的算法复杂度；二是 TOA 估计过程和信号降噪并行处理。

1）降低 TOA 估计的算法复杂度方面

由于脉冲星信号微弱和探测器体积较小，通常需要长时间的累积和大量的计算才能估计出 TOA。在本小节的“1. 周期估计”部分已经说明本书研究的是基于历元折叠非线性最小方法估计法，这种方法需要大量搜索计算。为了减少计算量，苏哲等首次将压缩感知引入脉冲轮廓恢复中[83]。但是其仅仅恢复出轮廓，并没有为估计 TOA 提供一个新的思路。Li 等[84]提出了基于压缩感知的 X 射线脉冲星轮廓构建和 TOA 解决方案的快速算法（fleet algorithm for X-ray pulsar profile construction and TOA solution based on compressed sensing，FACS），该方法的主要创新点是列向量匹配算法。但这种方法需要对幅值进行搜索，需要消耗大量的计算量。由于 XNAV 的主要因素是 TOA 的估计值，而不是轮廓具体的幅值，并且幅值并不影响 TOA 估计结果[67]，因此在设计压缩感知算法的重构算法时可以不考虑幅值的影响。沈利荣等提出了一种基于鲁棒的压缩感知技术来恢复脉冲轮廓[85]，并选择 Hadamard 矩阵的前 m 行作为测量矩阵。Liu 等[67]对 Shen 等[85]的方法做出了改进，提出了基于观测范围的压缩感知（observation range based on compressive sensing，ORCS）方法，该方法通过预处理和设计小维度的测量矩阵，实现了降低计算量的目的。该方法在预处理过程中仅保留峰值数据，删掉了能量较低的数据，通过这种方式降低采样率。但是这种方法更适合脉宽相对较小的脉冲轮廓。随机选取的四颗脉冲星轮廓如图 1.2（c）和（d）代表的 B0037+56 的脉冲宽度比较窄，其他三幅脉冲宽度都很宽，整个周期没有很平稳的背景噪声信号。可以通过设置阈值的方法，将小于该阈值的点置零，但这样就会有信息的损失，可能会降低 TOA 的估计精度。Liu 等[67]和 Shen 等[85]都利用 Hadamard 矩阵构造了测量矩阵，因为这种矩阵元素为 1 或者-1，所以该方法需要大量的计算。

相比传统方法，上述方法[83-85]采用压缩感知方法的计算量有所降低，但与工程实际要求仍然存在差距，主要体现为搜索次数多。在上述三种压缩感知方法中搜索最优值需要 $N = P/t_b$ 次搜索，其中 P 是脉冲星的周期，t_b 是历元折叠时的最小时间间隔，这会占用大量的计算资源。Kang 等[86]提出基于两级压缩感知的 TOA 估计方法，其计算量明显降低，并且随着脉冲星轮廓数据的增大，效果也随之明显。Hadamard 矩阵在构造时要求维数必须为 $2^n \times 2^n$，这使脉冲星信号周期在历元折叠划分 bin 时受到了限制，不能达到分辨率的最优值。

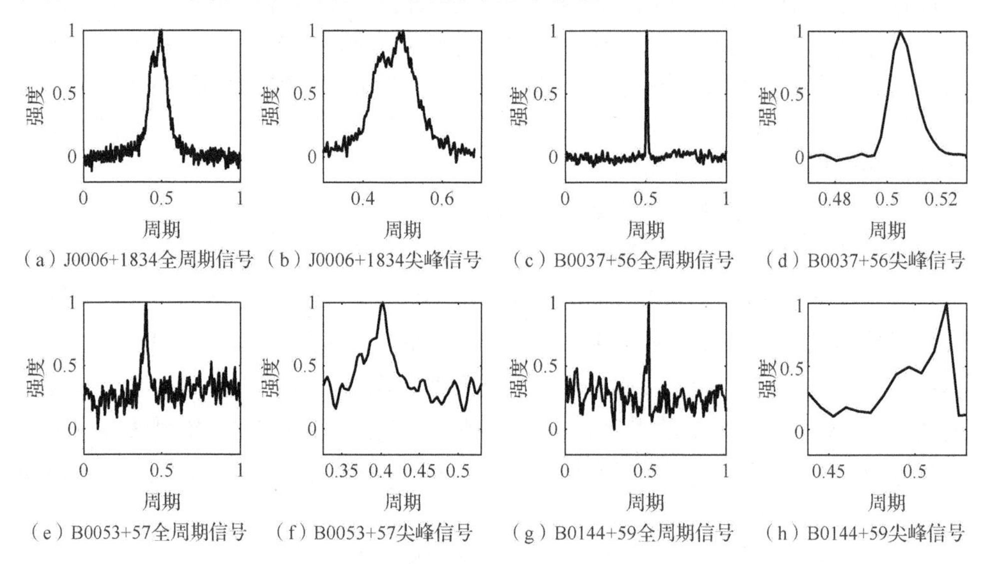

图 1.2　随机选取的四颗脉冲星轮廓[87]

图中纵坐标都为归一化的信号强度。(a)、(c)、(e) 和 (g) 分别对应 J0006+1834、B0037+56、B0053+57 和 B0144+59 四颗脉冲星一个周期内的脉冲轮廓，(b)、(d)、(f) 和 (h) 为对应的脉冲拓宽后的尖峰曲线

2）TOA 估计过程和信号降噪并行处理方面

由于接收光子探测器的面积受到限制，脉冲星信号非常弱，并且受宇宙噪声的影响，另外基于历元折叠得到的脉冲轮廓信噪比与观测时间长度负相关，短航时对观测时间的限制将使恢复的脉冲轮廓含有更多噪声，这些噪声会随着数据的累计时长缩短变得更显著。要想估计出精确的 TOA，必须进行信号降噪。以上研究均未谈及降噪问题，原因是常规做法是将降噪作为一个独立的研究内容，降噪之后才估计 TOA。当前基于小波的脉冲星信号降噪方法已经很成熟[75]。因为小波变换后不但有频率信息，还有时间信息，并且信号长度减半，可以减少计算量，所以将降噪和 TOA 估计同时计算是可行的。

1.2.4 X射线脉冲星导航模型的研究现状

1. 观测方程

关于TOA观测方程的研究，国内学者的工作主要集中在时间模型的分析与建立上。周庆勇[88-89]分析了高精度的脉冲星计时模型及其精度评定，随后任红飞[90]研究了导航观测模型中的相对论问题。毛悦等[91]则对观测模型中的各高阶项进行深入研究，涉及数量级与变化趋势的详细分析。杨廷高[92]讨论了导航使用的TOA观测方程与地面射电频段观测使用的TOA观测方程之间的区别，并提到了在脉冲星导航算法中有必要进行星历误差的分析研究。为能够排除引力波对总的脉冲星计时残差的影响，童明雷等[93]模拟分析了引力波对脉冲星计时残差的影响。总的来说，对TOA观测方程的研究已经较为深入，对各项的精度分析比较全面。但是实际工程应用的TOA观测方程并非越精确越好，还要考虑可实现性，如使用工程上常用的线性算法进行导航解算时需要解决模型的非线性问题。如果对非线性的高阶项处理不当，可能会带来严重的截断误差，甚至会导致发散。

2. 脉冲星方位误差

对于脉冲星方位误差问题，在不添加其他观测量的前提下，国内学者提出了两种解决途径。一种是基于天基信标的高精度脉冲星方位误差估计；另一种是在线的鲁棒导航滤波。国防科技大学的孙守明等[94-95]提出利用已知位置信息的卫星作为天基信标，在太空中可以得到比地面观测精度更高的脉冲星方位估计值。但是实际中信标卫星的位置信息总会存在一定误差，这会严重影响算法的估计精度。熊凯等[96]在证明X射线脉冲星导航可以解决卫星星座导航系统中的秩亏问题并实现绝对定位的基础上，进一步将差分脉冲星导航技术引入卫星星座导航中，提高星座导航系统对脉冲星方位误差及相对论效应等的鲁棒性[97]。除此之外，针对单独航天器绝对定位中遇到的脉冲星方位误差等参数不确定问题，熊凯团队结合H_∞滤波算法研究了不同的鲁棒滤波技术[45,98-99]。但是受H_∞滤波器自身性质的限制，算法鲁棒性的提高必然会牺牲一部分的精度。华中科技大学的刘劲等同样从鲁棒导航算法方面考虑，利用增广状态法设计了基于增广无迹卡尔曼滤波（augmented state unscented Kalman filter, ASUKF）的导航算法，将脉冲星方位误差导致的系统误差作为增广状态进行在线估计与补偿[44]。哈尔滨工业大学的王敏[100]又将该算法进一步发展，将其与在线选星法结合起来，实现不同脉冲星组合的在线动态选取，提高算法的导航精度。但是该算法对系统误差项初值的设置要求较高，只有在所增加的状态量初值选择合适时，效果才较为理想，否则会存在无法正常估计及跟踪系统误差变化的情况。这在未知脉冲星方位误差的前提下是难以实现的。总结来看，目前针对脉冲星方位误差的研究为该领域热点，两种不同的思路均从理论上解决了该部分模型误差对导航精度的影响，但是不同算法要实现工程上的应用均存在一定距离。

3. 组合导航

学者们为促进脉冲星导航理论的发展进行了大量研究。Emadzadeh 等[34]开发了数学模型来表征 X 射线脉冲星信号并解决脉冲相位估计问题。郑广楼等分析了单个脉冲星导航的可观测性[101]。熊凯等研究了基于 X 射线脉冲星的星座卫星自主导航技术[97]。Emadzadeh 等[102]解决了基于 X 射线脉冲星测量的两个航天器之间相对位置估计的问题。但是，脉冲星导航方法不能提供实时导航，因为它需要很长时间才能积累光子。

由前面分析可知，在深空探测或存在外部干扰期间，诸如 GPS 之类的无线电导航方法受到很大限制，并且惯性仪器存在累积误差，因而基于 INS 和自然天体导航的组合导航引起了许多学者的关注[1,20,103-111]。这种依赖自然天体的导航方式称为天文导航系统（celestial navigation system，CNS）。目前常用的 CNS 是星光天文导航系统、通过观测自然天体的多普勒导航系统和 X 射线脉冲星导航（XNAV）系统。由于 CNS 的定位精度不高，因此其主要用于确定姿态，而 XNAV 可以用于确定位置。采用多种导航系统完成组合导航的方式有两个好处：一是使用 XNAV 和 CNS 来纠正 INS 的累积误差；二是 INS 可以弥补 XNAV 和 CNS 数据更新缓慢的缺点。

在组合导航的信息源方面，学者进行了广泛的研究。国内最早由刘劲等[112]在 2010 年提出 X 射线脉冲星和多普勒频移的组合导航。其利用 X 射线脉冲星导航弥补多普勒频移估计状态不全的缺点，同时又可通过多普勒频移解决 X 射线脉冲星导航滤波周期过长的问题。同年，孙守明等[113]又提出了 X 射线脉冲星/捷联惯性导航系统（strapdown inertial navigation system，SINS）组合导航算法，进一步解决了卫星轨道机动过程中 X 射线脉冲星导航精度较差的问题。此后，孙守明等[114]还进一步研究了该组合导航中的钟差修正方法，保证导航系统长航时条件下的守时精度。杨成伟等[115]还将紫外线导航引入 X 射线脉冲星的组合导航研究中，设计了 XNAV/UVNAV/SINS 组合导航算法，仿真结果证明能够有效提升航天器轨道机动过程中的导航精度。为提高深空探测器巡航段的定位精度，杨成伟等[116-117]提出了脉冲星和太阳观测组合的导航算法，并研究了其中的钟差修正和容错滤波问题。宁晓琳、杨博等研究了 X 射线脉冲星导航与星光导航的组合问题，证明可以实现单脉冲星星光的组合导航[109,118]。2017 年，康志伟等[119]在刘劲等的研究基础上，提出采用差分测速或二维多普勒测速的方法消除累积误差对整体导航系统的影响。许强等使用脉冲星作为观测值，将其添加到观测方程中，并利用最佳估算方法估算速度、位置和姿态的误差[80,82]，随后又比较了脉冲星数量分别为 1、2 和 3 的三种情况的定位精度[80]。但是，以上研究均未考虑加速度计的一次项误差。通过以上的现状分析，可以看出国内针对 X 射线脉冲星的组合导航研究虽然起步较晚，但是发展迅速，能够在不同的应用背景下充分利用各导航方式的优点实现互补，一定程度上可加快脉冲星导航的应用进程。

在组合导航算法改进方面同样也有大量的研究。刘劲等提出了一种基于联邦无迹卡尔曼滤波器的 XNAV/CNS 组合导航方法[47]。Ning 等[109,120]观测脉冲星和星角距以计算航天器的位置，主要应用场景是使用两颗可见卫星进行火星探测，并且位置精度可以达到千米级别。但是，上述这两种方法在绕地球飞行或进行一般的深空探索时不能满足类似火星的条件，因此该方法有一定的局限性。为提高导航精度，许强等提出了一种改善脉冲星导航频率的方法[80]。Wang 等[111]、Ning 等[109,120]在卫星上同时观测三个脉冲星以进行定位，并将相邻脉冲到达时间之差（difference of arrival time of adjacent pulses，DTOA）作为观测值。但是由于目前探测器体积较大，在实际组合导航应用中，航天器很难携带三个脉冲星探测器。

加速度计的一次项误差也会影响导航精度，因此不能忽略。航天器上的星敏感器可以提供高精度的姿态信息，而不会产生累积误差，但无法消除加速度计产生的累积误差。当航天器在无动力飞行时，只有引力起作用。因为加速度计只能感知到视加速度，所以在只有引力作用时，加速度计不产生任何输出。但是，航天器在改变轨道时会向其施加动力，此时加速度计具有输出，并且成为重要的导航装置。如果加速度计长时间未校准，则其自身的参数可能会发生变化，从而影响加速度计的输出精度。当航天器无动力飞行时，视加速度为零。尽管此时航天器可以校正加速度计的零阶系数，但是却不能校正一阶系数。一阶系数对导航精度的影响比较大，因此需要提出一种补偿该系数的方法。

1.3　本书的结构安排

根据以上需要解决的问题，本书内容共 7 章，结构安排如图 1.3 所示。第 1 章分析了本书的目的和意义，总结了其发展现状以及在信号处理和导航模型方面存在的问题。第 2 章介绍后续研究所需要用到的基础知识，包括脉冲星和 X 射线脉冲星导航的基本理论，为后续研究打下理论基础。根据 1.2 节对当前研究现状的分析，后续内容分成两大部分，信号处理的研究和导航模型的研究。

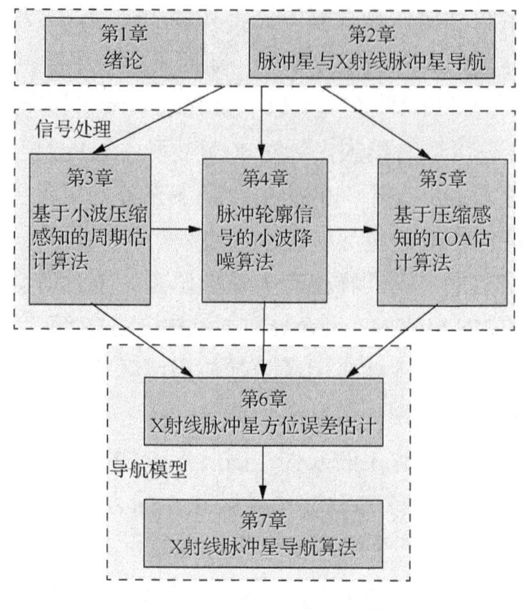

图 1.3　本书的结构安排

1.3.1　信号处理的研究

信号处理部分主要针对短航时这个约束条件展开的。因为短航时航天器观测时间短，所以数据的时长也很短，这就需要在算法中考虑如何利用短航时的数据来获得高精度的导航数据，并且对算法的实时性有更高的要求。在满足以上需求的前提下，根据 1.2 节关于 X 射线脉冲星信号处理与导航模型现状的分析，本书主要针对以下问题进行研究：

（1）在周期估计阶段，所取得周期初值 P_0 与真实周期 P 的偏差 $\Delta P = |P - P_0|$ 太大导致折叠出来的轮廓淹没在噪声之中，且无法恢复出脉冲轮廓，不能解算出脉冲到达时间，最终无法获取导航信息。假设当 $\Delta P < P_{\text{thr}}$ 时可以恢复出脉冲轮廓，P_{thr} 是一个随着光子数据时长 $\tilde{T}_{\text{obs}}$ 变化的量，那么如何从不同 $\tilde{T}_{\text{obs}}$ 中求解出 P_0？

（2）得到周期初值后，应用在周期搜索的传统压缩感知方法在随机观测矩阵之后仍然需要大量的搜索计算，这会消耗宝贵的计算资源，并且降低算法的实时性，因此需要减少周期估计的计算量，提高算法的实时性。

（3）周期估计完成后，通过历元折叠得到含有噪声的轮廓，并且它的信噪比与光子的数据时长正相关。短航时航天器导致数据时长受到限制，研究如何在短时长数据中获得信噪比更高的轮廓。

（4）TOA 估计时，传统的压缩感知方法由于信号长度太长，观测矩阵对字典的降维效果不明显，重构算法在运行时会消耗很多时间，研究如何降低 TOA 估计算法的计算量以提高实时性。为进一步提高实时性，能否实现 TOA 估计与降噪并行处理。

（5）X 射线脉冲星的方向矢量误差对导航有较大的影响，因此需要通过算法对其进行估计。

（6）惯性导航系统/天文导航系统/脉冲星导航系统（INS/CNS/XNAV）形成组合导航系统因加速度计的一次项误差而导致整体导航精度下降，需要提升导航精度。

前 4 个问题主要对应第 3～5 章内容，第 5 个问题对应第 6 章的部分内容，第 6 个问题在第 7 章讨论。

第 3 章针对如何确定周期估计初始值及周期估计算法计算量大的问题提出基于小波压缩感知的周期估计算法。首先为解决如何确定周期估计初始值问题设计基于峰值对（peak pair，PP）周期估计初始值的确定方法，可以为后续周期估计提供有效初始值。然后为解决周期估计算法计算量大的问题采用扭曲轮廓的字典完成信号的稀疏表示，设计基于提升小波的观测矩阵对信号进行降维和降噪，实现基于小波域的卡方重构算法。

第 4 章针对短航时航天器轮廓信号信噪比低的问题，同时为优化信号的方差和峰值相对误差等指标，对传统的基于小波变换的降噪方法进行改进，提出基于小波基设计的脉冲星轮廓信号的小波降噪算法。该算法设计了 Crab 脉冲星小波基（Crab pulsar wavelet basis，CP*n*，*n* 表示小波基长度），为提高运行效率，实现了其提升方案。

第 5 章针对 TOA 估计算法计算量大的问题，在时域和小波域提出两种基于压缩感知的 TOA 估计算法。在时域提出基于双字典和同尺度 1-范数的 TOA 估计。首先，在光子流量正常情况下，建立粗略的字典和精确的字典，以减少搜索时间，更快地搜索到最优值；设计同尺度 1-范数（same-scale L_1-norm，SSL_1）代价函数，以进一步缩短计算时间。然后，在光子流量异常的情况下，通过对轮廓参数进行分析，初步判定引起异常的可能原因，为后续排除异常提供依据。仿真结果证明，所提方法在耗时方面基本上和理论分析一致。在小波域提出基于小波域压缩感知的 TOA 估计。首先构造基于小波域的多级字典和小波层数相关的随机观测矩阵，然后基于 2-范数构造代价函数进行信号重构。在频域可以实现小波降噪与 TOA 估计并行处理。仿真结果表明，所提方法提高了 TOA 估计精度和消耗时间。

1.3.2　导航模型的研究

第 6 章为 X 射线脉冲星方位误差估计，首先推导脉冲星方位误差在自主导航中的误差传递关系。其次针对基于天基信标的离线脉冲星方位估计，优化设计新的增广算法，仿真实验证明，可有效排除天基信标卫星位置误差对脉冲星方位估计的影响。在此基础上，又综合考虑脉冲星自行速度的不确定度问题，深入研究两级卡尔曼滤波器（two-stage Kalman filter，TSKF）脉冲星方位误差估计算法。最后仿真实验证明，该算法既可有效降低脉冲星自行速度误差和信标卫星位置误差的影响，又具有较好的收敛性和适度的计算量。

第 7 章为 X 射线脉冲星导航算法，主要包括自主导航算法和组合导航算法两方面。自主导航算法方面，首先在对高阶非线性观测场模型深入分析的基础上，采用分段线性化的方法建立各截断误差的近似线性数学模型，并推导出分段线性化（piecewise linearization，PWL）观测方程。然后以此为基础，从克服脉冲星方位误差影响、增强有色噪声鲁棒性和提高算法数据更新率三个主要角度出发，依次设计基于 ASEKF 的脉冲星导航算法、考虑有色噪声影响的脉冲星导航两级强跟踪差分滤波器和基于异步重叠观测方法的预修正导航算法。组合导航方面，首先以分段线性化观测方程为基础，通过分析惯性导航误差模型及脉冲星导航与星光导航对惯性导航的修正原理，建立惯性/星光/脉冲星组合导航数学模型。其次为提高脉冲星导航的修正效率，引入 SMFEKF 作为融合脉冲星导航数据的滤波器以增加单次融合中脉冲星导航的数据占比。最后仿真结果证明，该组合导航算法的精度提升明显。为进一步提高组合导航精度，继续提出基于虚拟加速度计的 INS/CNS/XNAV 组合导航算法，该算法通过坐标变换获得虚拟加速度计，进而利用观测 1 颗脉冲星获得的位置信息来修正加速度计的一次项误差，实现整体组合导航精度的提高。

第 2 章　脉冲星与 X 射线脉冲星导航

脉冲星是 X 射线脉冲星导航系统的信号源，所以研究脉冲星导航系统需要首先了解什么是脉冲星，脉冲星有哪些特性，常见的数据库有哪些，以及如何在众多的脉冲星中选择合适的脉冲星进行对比，2.1 节和 2.2 节将有详细的论述；其次，因为地球的运动对脉冲星导航的精度有很大的影响，仅仅考虑地球惯性坐标系是不够的，所以在 2.3 节介绍相关的坐标系；再次，脉冲星在太阳系之外，因此在处理光子到达时间信号过程中需要考虑广义相对论效应；最后，介绍脉冲星导航的基本原理和数学模型。

2.1　脉冲星及其特性

通常人们提到恒星，对恒星的第一印象是永久不变的，但事实上，在漫长的时间轴上，它也会发生变化。恒星也像生命体一样，要经历生老病死。恒星诞生于星际空间，成因是大量气体粒子分离并受引力作用收缩。经过星云、原恒星、恒星、红巨星等一系列的演变后进入超新星，之后根据恒星的质量结果会有 3 种不同的天体，恒星的生命周期如图 2.1 所示：如果恒星的质量大于 $5M_{\odot}$（$M_{\odot}$ 是太阳的质量），会导致自身引力很大，甚至连中子间的排斥力都无法抵抗，最终使核心收缩形成黑洞，黑洞因为其引力大，结果使光子也不能逃脱其“魔爪”，所以黑洞在整个频谱中都不会向外辐射电磁波；如果恒星的质量小于 $1.4M_{\odot}$，那么经过超新星爆炸后就会形成白矮星；如果恒星的质量在 $1.4M_{\odot}$ 到 $5M_{\odot}$ 之间，那么恒星会以中子星的形式“死去”。在这种情况下，引力作用引起压缩，电子被强迫进入原子核，从而形成中子，这便是中子星的形成过程。它的质量和密度都非常高（如果半径缩小到 20km，它的质量就是太阳的质量）。这些中子星保留了磁通量和角动量。但是随着尺寸的减小，磁通量和角动量的影响会被放大很多倍，由此产生的恒星发射的磁场强度为 10^8～10^{15}Gs（1T=10000Gs）。这会产生一个电场，使带电粒子沿着磁极加速，当带电粒子穿过磁场时，它们会产生高强度的周期性脉冲式辐射，所以人们通常称其为脉冲星。脉冲星之所以可以作为导航源，主要是因为它有很多特性。

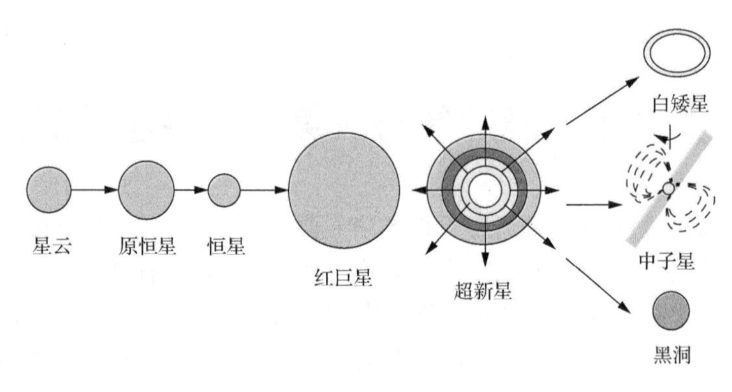

图 2.1　恒星的生命周期[121]

（1）自转周期非常稳定。脉冲星发出的信号具有很强的周期性[122]，它等于脉冲星自身的旋转周期。这个周期可以从 1.4ms 到 8.5s 不等[121]。表 2.1 列出了四颗随机选取的脉冲星的周期和周期的一阶导数，每颗脉冲星的周期 P_0 和脉冲星的轮廓波形各不相同。在太阳系的质心坐标系（solar system barycenter coordinate system, SSB，2.3 节中有详细介绍）中，脉冲星自转的周期几乎是常数[123]，也就是说周期 P_0 的一阶导数 P_1 非常小。不同脉冲星的周期和周期一阶导数的关系如图 2.2 所示，该图为将澳大利亚望远镜国家设施（Australia Telescope National Facility，ATNF）提供的数据经过处理得到，从图中可以看出有些脉冲星周期性的稳定程度甚至比原子钟还好。

表 2.1　四颗随机选取的脉冲星的周期与周期的一阶导数[87]

名称	P_0/s	P_1/s
PSR B0011+47	1.240699038946	5.6446E−16
PSR B0021−72C	0.00575677999551635	−4.98503E−20
PSR B0021−72D	0.00535757328486573	−3.4220E−21
PSR B0021−72E	0.00353632915276244	9.85103E−20

注：脉冲星的命名方式为 PSR B 或 PSR J，其中 PSR 表示脉冲星，B 表示依据 B1950 坐标系的位置命名，J 表示依据 J2000 坐标系的位置命名。

需要说明的是，虽然通常情况下脉冲星信号的周期是非常稳定的，但脉冲星偶尔会出现一种被称为“毛刺”（glitch）的异常现象。此类状况经常出现在较年轻的脉冲星上，而年老的脉冲星通常很稳定。这类异常现象与脉冲星周期的突然随机变化有关[123]，随后，脉冲星周期会以指数方式减慢到故障发生前的原始周期。该异常现象并非本书研究重点，所以不详细讨论。

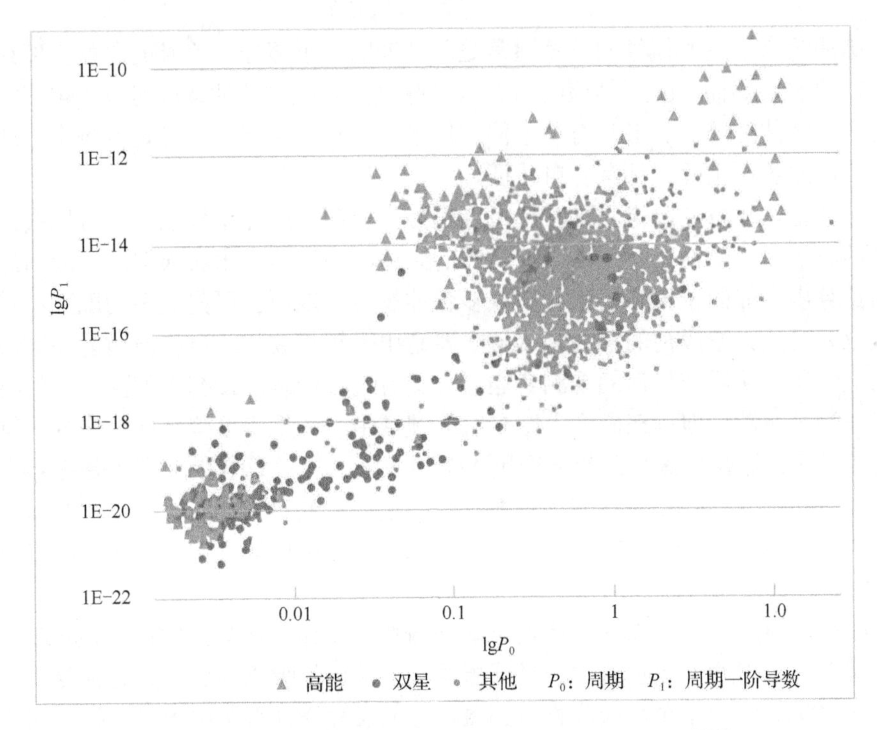

图 2.2　不同脉冲星的周期和周期一阶导数的关系图[124]

（2）位置分布广。截至 2020 年 3 月 15 日，ATNF 已探测到约 2800 颗脉冲星，其中毫秒脉冲星为 359 颗，并且脉冲星的数量一直在更新[124]。大部分脉冲星是银河系内的天体，其分布集中在银河平面上。脉冲星在银道坐标系的分布如图 2.3 所示，脉冲星在天球上的分布非常广，为脉冲星导航系统提供丰富的星源选择。脉冲星在天球上的坐标会有所变化，每年的位置偏差为数十毫角秒。因此，长期导航不会有太大的方位偏移，便于脉冲星导航系统的探测器瞄准跟踪[124]。

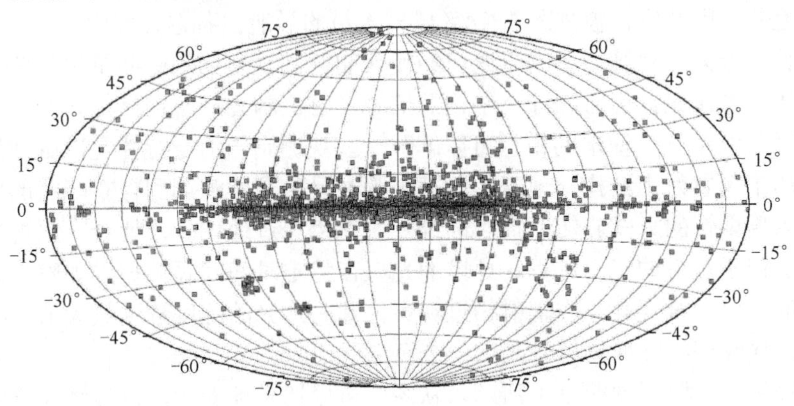

图 2.3　脉冲星在银道坐标系的分布[90]

脉冲轮廓：发射信号的宽度通常是总周期的一小部分。信号的典型宽度约为总周期的5%。然而，由于星际传播，输入到脉冲星导航系统的宽度可以大得多[125]。尽管各个脉冲的强度和形状有所不同，但平均脉冲形状却非常稳定且每个脉冲星的轮廓曲线各不相同，都有各自特征。

脉冲星以上特性决定了脉冲星可以作为导航源。脉冲星导航系统可以根据接收到的轮廓曲线的相位（或者脉冲轮廓的到达时间）解算出航天器的时间信息，进而计算出当前的位置和姿态。在众多脉冲星中，地面上研究最多的脉冲星是在无线电和可见光波段内的辐射源。这主要是由于较长波长的电磁波谱能够穿透地球的大气层，从而使早期的观测者通过天文台进行测量。最初人们主要将射电脉冲星作为导航源。但是在研究太空导航的领域中，如果将这些脉冲星作为导航系统的信号源，需要将探测器的直径尺寸做到20m以上，这在航天器上是很难实现的。20世纪80年代以后，为了解决这个问题，多数学者把精力主要放在探测器尺寸较小的X射线脉冲星上[126]。X射线脉冲星可根据动力源分为两类：吸积供能脉冲星和旋转供能脉冲星。

吸积供能脉冲星出现在X射线双星系统中，该系统构成了天空中最亮的X射线源类别。X射线双星包含中子星或黑洞，会从伴星吸收物质。具有强磁场（大约在10^{12}Gs）的中子星会吸收物质到磁极形成尺寸为几百个中子星半径的漏斗形吸积流。如果磁轴和旋转轴未对齐，则当磁极发出的光束旋转通过视线时，将观察到X射线脉动。White等在1995年发现了32种由吸积供能产生的X射线脉冲星，脉冲周期分布在0.069～835s。对这些X射线脉冲星的脉冲周期进行的长期监测表明，脉冲周期的波动反映了吸积流中的不均匀性。这种脉冲星不适合做脉冲星导航的导航源。

旋转供能脉冲星是迅速旋转，并强烈磁化的中子星，而这些中子星以旋转能量为代价进行辐射。部分旋转供能脉冲星已经显示出在X射线频段没有脉冲发射或存在毛刺，因此它们被列入XNAV研究人员的导航源备选方案中。

尽管迄今为止对脉冲星的研究已经使人们通过观测到的脉冲星辐射信号对脉冲星性质展开研究，但对脉冲星结构及信号发射机制的理解仍然是一个悬而未决的问题[127]。其中一个简单的模型可以解释一些观测到的信号特性是以脉冲星磁轴为中心的锥形发射束结构。地球上的一个脉冲星信号被观测到含有峰状的曲线。脉冲星以周期性的方式旋转，每当圆锥发射光束穿过地球时，就会产生这样的信号。这类似于灯塔的工作过程，灯塔的光束在特定时间间隔后扫过观察者。假设从地面的固定位置观察，当辐射扫过观察位置时，光的强度达到最大值。根据灯塔效应，接收到的脉冲星信号显示一个恒定周期。

脉冲星自转模型如图2.4所示。从图中可以清楚地看到，自转轴和磁轴的方向是不同的，这使得电磁辐射的强度从固定的视线以周期性的方式变化。每个脉冲星的自转轴与磁轴之间的夹角和角动量这两个参数是不同的，这使得观测到的强度变化是唯一的。各个脉冲星的很多属性不同，导致每颗脉冲星的轮廓也都独一无二。

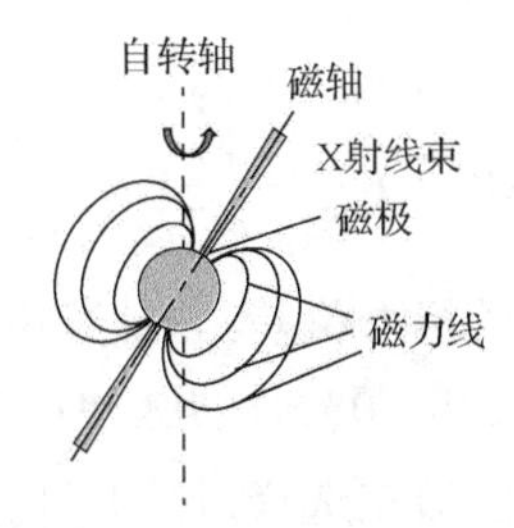

图 2.4　脉冲星自转模型[1]

2.2　常用的脉冲星数据库及选星方法

在研究 XNAV 的信号处理过程中，数据的支持必不可少。脉冲星数据库提供了脉冲星的光子到达时间序列、标准轮廓数据与其天球位置、周期和周期导数等一系列重要数据参数，进而为脉冲星导航的选星提供了重要依据。数据的来源分为地面观测数据和太空观测数据库。当前比较常见的地面观测数据库有欧洲脉冲星数据库、澳大利亚望远镜国家设施数据库和英国 Jodrell Bank 天文台；常见的太空观测数据库有 NASA 的 RXTE 数据库、NICER 数据库和国内的 XPNAV-1 数据库和 HXMT 数据库。

为了选择出更合适的导航星源，进而提高导航精度，科研人员根据脉冲星的自身属性构建了一系列的评价指标[128]。

（1）信噪比。将脉冲星观测的信噪比定义为天线接收的从脉冲星信号平均频谱功率 $\omega_{P,T}$（单位为 W/Hz，在脉冲星周期T上求平均值）与天线端子等效噪声频谱功率 ω_n 的比值：

$$\mathrm{SNR}=\frac{\sigma_{P,T}^2}{\sigma_n^2}=\frac{\omega_{P,T}}{\omega_n},\tag{2.1}$$

其中，$\omega_n \equiv \sigma_n^2$；$\omega_{P,T} \equiv \sigma_{P,T}^2$。如果所选脉冲星信噪比过低，那么必然要影响最终的导航精度，所以在选星过程中尽量选择信噪比高的脉冲星。脉冲星选择好之后可以通过降噪的方法为历元折叠得到的脉冲轮廓降噪，这部分内容将在第 4 章进行具体研究。脉冲星导航的关键步骤是获得 TOA 估计，而影响 TOA 估计精度的因素有很多，所以仅凭信噪比来评价脉冲星是不够的。

（2）品质因数 Q。脉冲星品质因数 Q 定义为每个样本位置的预期误差的倒数，与 SNR、脉冲星周期的平方根成正比，并且与脉冲宽度的 −3/2 次幂成正比。对于实际使用，计算出的品质因数是指每 $L=10^9$ 个样本的 $\sigma_x = 10^6\text{m}$ 的精度，其表达式为

$$
\begin{aligned}
Q &= \frac{\sigma_x}{c\cdot\sigma_\tau\cdot L} \\
&= 754.8\cdot \text{SNR}\cdot\sqrt{T}\,\frac{1}{5T_{10}+7T_{50}}\sqrt{\frac{5T_{10}-T_{50}}{T_{50}\left(T_{10}-T_{50}\right)}}\ ,
\end{aligned}
\tag{2.2}
$$

其中，σ_τ 是给定 L 的同步误差的标准偏差；c 是光速；T 是脉冲星的旋转周期；T_{50} 和 T_{10} 分别是在峰值强度的 50%和 10%时的脉冲宽度。品质因数是一种更全面的评价指标，所以通常使用品质因数来选择最佳脉冲星。但使用品质因数评价脉冲星也存在一些不足：一是忽略了每颗脉冲星独一无二的轮廓对测量 TOA 精度的影响；二是没能考虑多个峰值对脉冲星定位精度的影响；三是没有将脉冲星观测时间作为考虑因素；四是每颗脉冲星的背景流量是不同的。

（3）梁昊等[129]提出了基于 TOA 的克拉默-拉奥下界的品质因子 $\bar{Q}$。TOA 的克拉默-拉奥下界为它是 TOA 的无偏估计值 t_{TOA} 所能获得的最佳下界：

$$
\text{CRLB}(t_{\text{TOA}}) = \frac{1}{f^2 T_{\text{obs}}\int_0^1 \frac{\lambda_{\text{S}}^2\left(h'(\theta)\right)^2}{\lambda_{\text{b}}+\lambda_{\text{S}}h(\theta)}\text{d}\theta}\ ,
\tag{2.3}
$$

其中，$h(\theta)$ 为脉冲轮廓；T_{obs} 为观测时间；f 为脉冲星频率；λ_{b} 和 λ_{S} 分别为脉冲星背景的辐射流量和脉冲星本身的辐射流量。根据克拉默-拉奥下界得到品质因子：

$$
\bar{Q} = \sqrt{\frac{\text{CRLB}_{\text{Crab}}\left(t_{\text{TOA}}\right)}{\text{CRLB}\left(t_{\text{TOA}}\right)}}\ ,
\tag{2.4}
$$

其中，$\text{CRLB}_{\text{Crab}}\left(t_{\text{TOA}}\right)$ 为 Crab 脉冲星 TOA 的克拉默-拉奥下界。

除以上 3 种衡量指标，脉冲星和航天器之间是否有遮挡，以及多个脉冲星作为观测量时它们的方向矢量等因素也都需要考虑，但这些内容不是本书的研究重点，不作详细讨论。

2.3　基本坐标系

众所周知，同一个物体在不同坐标系中的运动状态是不同的。因此，导航系统要求所有参与解算的信息必须在一个惯性基准中。X 射线脉冲星导航作为天文导航的一种，涉及天体力学及轨道动力学中的多种坐标系[130-133]。不同坐标系各有特点，但是在一定程度上是可以互相转换的。

1. 太阳系质心坐标系

太阳系质心坐标系的原点为太阳系质量中心（solar system barycenter, SSB）。太阳系内不同天体质量不均，导致它并不是单纯地位于太阳的质心，而是接近太阳的表面。

太阳系质心坐标系是太阳系质心天球参考系（barycentric celestial reference system, BCRS）的其中一种，也被称为国际天球参考系（international celestial reference system, ICRS）。其 X 轴在平赤道面内指向历元 J2000.00 质心力学时（barycentric dynamical time，TDB）的平春分点，Z 轴垂直于历元 J2000.00TDB 的平赤道面，Y 轴与另外两轴垂直。作为惯性系的一种，ICRS 是 X 射线脉冲星导航观测方程的惯性基准。ICRS 中的任意一个位置既可用天球直角坐标 (x,y,z) 表示，也可用球面坐标 (α,δ,r) 表示。两种坐标形式实质上是等价的，其转换关系[134]为

$$\begin{cases} \alpha = \arctan\dfrac{y}{x} \\ \delta = \arctan\dfrac{z}{\sqrt{x^2+y^2+z^2}} \\ r = \sqrt{x^2+y^2+z^2} \end{cases}, \quad \begin{cases} x = r\cos\delta\cos\alpha \\ y = r\cos\delta\sin\alpha \\ z = \sin\delta \end{cases}。 \tag{2.5}$$

2. 地心惯性坐标系

地心惯性坐标系（earth centered inertial，ECI）与 ICRS 类似，属于地心天球参考系（geocentric celestial reference system，GCRS）的一种，是近地空间航天器导航系统常用的一种惯性坐标系，坐标原点为地球质心。该坐标系的坐标轴指向会根据历元时刻的不同而发生改变。目前主要使用的历元时刻为 J2000.00TDB，与 ICRS 相同。在 J2000ECI 下，X 轴在平赤道面内，指向平春分点；Z 轴垂直于 X 轴，指向平北天极；Y 轴也在平赤道面内，并与另外两轴垂直。

3. 日心黄道惯性坐标系

日心黄道惯性坐标系的坐标原点位于太阳质心。受木星运动的影响，太阳质心以 12 年为周期围绕 SSB 旋转。日心黄道惯性坐标系的 X、Y 轴均位于黄道面内且互相垂直，其中 X 轴指向 J2000.00TDB 的平春分点，Z 轴垂直于黄道面并与地球公转的角速度矢量平行，Y 轴与 X 轴、Z 轴共同构成右手直角坐标系。深空探测航天器的轨道动力学模型多使用该坐标系为惯性基准。

4. 转换关系

由于 X 射线脉冲星导航观测方程中使用的基准是 ICRS，而导航参数常需以

ECI 或日心黄道惯性坐标系的形式给出，所以需要给出不同坐标系之间的转换关系。

1）ECI 与 ICRS

通过上面的分析可以看出，ECI 与 ICRS 两种惯性坐标系的坐标指向相同，不同的是坐标系的原点，ECI 与 ICRS 间的相互关系如图 2.5 所示。在不考虑相对论效应的影响时，航天器在 ICRS 中的位置 $\boldsymbol{r}_{\text{sat}}$ 与 ECI 中的位置 $\boldsymbol{r}$ 满足：

$$\boldsymbol{r}_{\text{sat}} = \boldsymbol{r}_{\text{E}} + \boldsymbol{r} \text{ ,} \tag{2.6}$$

其中，$\boldsymbol{r}_{\text{E}}$ 为地球在 ICRS 中的位置，可通过地球星历推算得到。

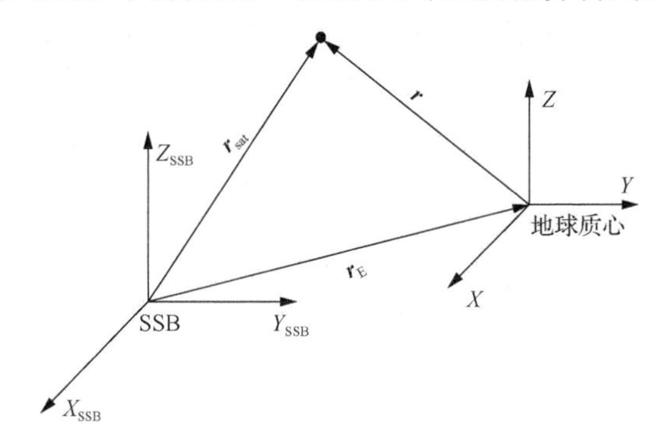

图 2.5　ECI 与 ICRS 间的相互关系

但是在相对论框架下，ECI 与 ICRS 的转换关系并不能简单地按照式（2.6）进行处理，还需要考虑速度等信息。具体转换关系较为复杂，其近似转换式可以写为[135]

$$\boldsymbol{r}_{\text{sat}} = \boldsymbol{r}_{\text{sat/E}} + \frac{1}{2c^2}\left[\boldsymbol{v}_{\text{E}}\left(\boldsymbol{v}_{\text{E}} \cdot \boldsymbol{r}_{\text{sat/E}}\right) - 2U_{\text{E}}\boldsymbol{r}_{\text{sat/E}}\right] \text{,} \tag{2.7}$$

其中，$\boldsymbol{r}_{\text{sat/E}}$ 为航天器在 ICRS 中相对于地球质心的距离；$\boldsymbol{v}_{\text{E}}$ 为地球质心在 ICRS 中的速度；U_{E} 为地球质心处的太阳引力势，两者均可通过地球星历推算获得。

2）日心黄道惯性坐标系与 ICRS

日心黄道惯性坐标系向 ICRS 的转换主要分为两步。首先将日心黄道惯性坐标系转换为日心赤道坐标系，其次将日心赤道坐标系转换到 ICRS 中。其中，第二步的转换相比于 ECI 向 ICRS 的转换，除坐标原点不同外无其他任何变化。因此，本节主要介绍日心黄道惯性坐标系到日心赤道坐标系的转换。

日心黄道惯性坐标系向日心赤道坐标系的转换主要涉及黄赤交角问题，其转换关系如下：

$$
\begin{cases}
\sin b = \sin q \cos l + \cos q \sin l \sin d \\
\cos a = \dfrac{\cos q \cos d}{\cos b} \\
\sin a = \dfrac{-\sin q \sin l + \cos q \cos l \sin d}{\cos b}
\end{cases}, \tag{2.8}
$$

其中，a、b 分别为日心赤道坐标系中的赤经、赤纬；d、q 分别为日心黄道惯性坐标系中的黄经、黄纬；l 为黄赤交角。

2.4 基本时间系统

在 X 射线脉冲星导航中，各观测量的采样时间为协调世界时（coordinated universal time，UTC），而航天器在 GCRS 下运动的时间系统为地球力学时（temps dynamique terrestrique，TDT）或地球质心坐标时（global centroid coordinates time，TCG）。同时，不同天体和航天器在 ICRS 下的运动又是用太阳系质心力学时（bary-centric dynamical time，TDB）或太阳系质心坐标时（bary-centric coordinate time，TCB）描述，所以导航系统需要把不同时间系统下的时间量统一到同一个度量标准之下[136]。

1. UTC 与 TDT

UTC 到 TDT 的转化可先将 UTC 转换到国际原子时（international atomic time，TAI），再通过 TAI 转换到 TDT。这两步都是通过跳秒的操作完成。两步跳秒的转换过程为

$$
\mathrm{TAI} = \mathrm{UTC} + n \times 1\mathrm{s}, \tag{2.9}
$$

$$
\mathrm{TDT} = \mathrm{TAI} + 32.184\mathrm{s}, \tag{2.10}
$$

其中，n 为与具体时间相关的调整参数，可通过国际地球自转服务中心局查询。

2. TDT 与 TDB

TDT 与 TDB 除定义的空间原点不同外，其他并无差别，在数值上两者的差异存在周期性的变化，满足：

$$
\mathrm{TDB} - \mathrm{TDT} = 0.001658 \sin g + 0.000014 \sin(2g), \tag{2.11}
$$

$$
g = 357.53^{o} + 0.9856003^{o} \times (\mathrm{JD}_{\mathrm{TDT}} - 2451545.0), \tag{2.12}
$$

其中，$\mathrm{JD}_{\mathrm{TDT}}$ 表示 TDT 的儒略日。

3. TCG 与 TDT

TCG 与 TDT 都是形容 GCRS 中运动的时间系统，两者之间存在一定的尺度

变化，满足：

$$\mathrm{TCG}-\mathrm{TDT}=L_{\mathrm{G}}\times\left(\mathrm{JD}_{\mathrm{TDT}}-2443144.5\right)\times 86400\,,\tag{2.13}$$

其中，$L_{\mathrm{G}}=6.969290134\times10^{-10}$；$\mathrm{JD}_{\mathrm{TDT}}$ 表示 TDT 的儒略日。

4. TCB 与 TCG

TCB 与 TCG 都为坐标时间系统，但空间原点存在不同。两者之间满足较为复杂的积分关系，如果忽略高阶项，其可以近似为

$$\mathrm{TCB}-\mathrm{TCG}=L_{\mathrm{C}}\times\left(\mathrm{JD}_{\mathrm{TAI}}-2443144.5\right)\times 86400+\frac{\boldsymbol{v}_{\mathrm{E}}\cdot\left(\boldsymbol{r}_{\mathrm{sat}}-\boldsymbol{r}_{\mathrm{E}}\right)}{c^{2}}+P_{\mathrm{s}}\,,\tag{2.14}$$

其中，$L_{\mathrm{C}}=1.480813\times10^{-18}\left(\pm10^{-14}\right)$；$\boldsymbol{r}_{\mathrm{E}}$ 和 $\boldsymbol{v}_{\mathrm{E}}$ 分别为地球在 ICRS 中的位置和速度；$\boldsymbol{r}_{\mathrm{sat}}$ 为航天器在 ICRS 中的位置；c 为光速；P_{s} 为周期项，可通过 Hirayama 式计算得出。

5. TCB 与 TDB

TCB 与 TDB 同为 ICRS 下的时间系统，其中 TDB 为 1991 年国际天文学联合会（International Astronomical Union，IAU）第 21 届大会之前的旧版本，新的时间系统 TCB 能够满足理论自洽。根据 IAU1991 的第三条决议规定，TCB 和 TDB 满足：

$$\mathrm{TCB}=\mathrm{TDB}+L_{\mathrm{B}}\times\left(\mathrm{JD}_{\mathrm{TDT}}-2443144.5\right)\times 86400\,,\tag{2.15}$$

其中，$L_{\mathrm{B}}=1.55051976772\times10^{-8}\left(\pm1\times10^{-14}\right)$。

以上时间系统的转换关系可参见图 2.6。

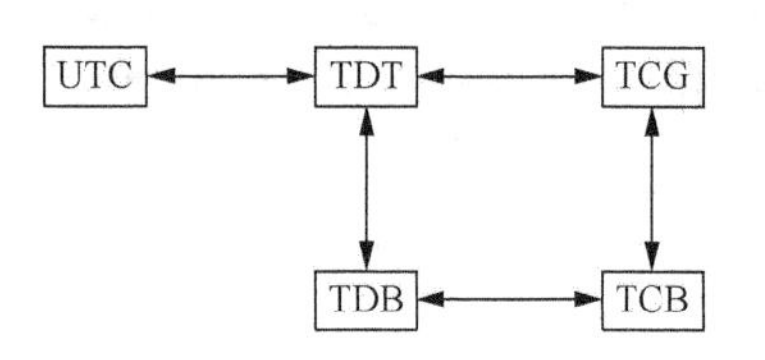

图 2.6　时间系统的转换关系

2.5　X 射线脉冲星导航的原理

由于脉冲星在天球上分布广泛，在太阳系内都可以接收到脉冲星信号，理论上 XNAV 可以为太阳系内任意位置的航天器提供导航信息。脉冲星的周期性脉动类似天体灯塔或时钟，它们可以通过类似 GPS 定位原理的方法实现航天器的导航信标的功能。然而，与 GPS 不同的是，航天器无法直接测量到这些脉冲星的距离，但是可以计算从参考位置到航天器沿脉冲星矢量方向的间接距离。

X 射线脉冲星导航系统的基本原理是首先接收脉冲星发射的 X 射线粒子。当粒子的输入计数率大于平均计数率时，脉冲星信号被观测到。可以用算法将所在位置的脉冲星信号的相位估计出来，之后转换成位置和时间信息，将其输入到导航滤波算法中就可以完成脉冲星导航。X 射线脉冲星导航基本原理如图 2.7 所示[27]。图中 $O_{\mathrm{SSB}}X_{\mathrm{SSB}}Y_{\mathrm{SSB}}Z_{\mathrm{SSB}}$ 为 ICRS；$O_{\mathrm{S}}X_{\mathrm{S}}Y_{\mathrm{S}}Z_{\mathrm{S}}$ 为太阳系质心坐标系；$\boldsymbol{b}$ 为太阳系质心相

对 SSB 的位置；$\boldsymbol{n}$ 为 ICRS 中脉冲星的单位方向矢量；$\boldsymbol{r}$ 为航天器在 ECI 中的位置。

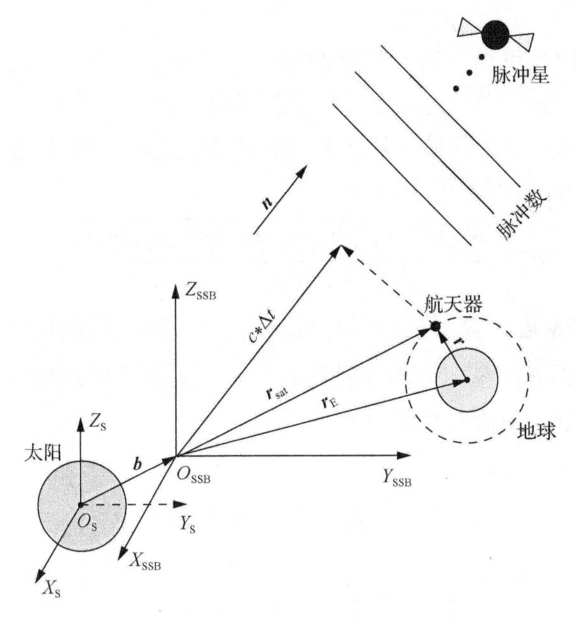

图 2.7　X 射线脉冲星导航基本原理

航天器通过其携带的 X 射线脉冲探测器，经过一段时间的光子累积之后，可以给出航天器处的 TOA t_{sat}。通过地面的大型射电望远镜等观测手段，经过长期观测可以确定相关 X 射线脉冲星的相位时间模型。利用该模型即可预测空间某一点处 X 射线脉冲信号的相位。其相位时间模型可以表示为[137]

$$\phi(t)=\phi(t_0)+f(t-t_0)+\sum_{n=1}^{M}\frac{f^{(m)}(t-t_0)^{m+1}}{(m+1)!}, \tag{2.16}$$

其中，$\phi(t_0)$ 为参考时刻 t_0 的脉冲星相位；f 为 t_0 时刻的自转频率；$f^{(m)}$ 为频率的 m 阶导数。

结合上述模型及相位周期间的转换关系，可进一步得到 SSB 处的 TOA t_{SSB}。费保俊等[138]经过详细推导，证明在当前光子到达时间测量精度为微秒量级的条件下，时间转换方程的理论精度应达到 10^{-8}s，则 t_{sat} 与 t_{SSB} 之间近似满足如下关系：

$$t_{SSB}=t_{sat}+\frac{\boldsymbol{n}\cdot\boldsymbol{r}_{sat}}{c}+\frac{1}{2cD_0}\left[(\boldsymbol{n}\cdot\boldsymbol{r}_{sat})^2-|\boldsymbol{r}_{sat}|^2\right]+2\frac{GM_{sun}}{c^3}\ln\left|1+\frac{\boldsymbol{n}\cdot\boldsymbol{r}_{sat}+|\boldsymbol{r}_{sat}|}{\boldsymbol{n}\cdot\boldsymbol{b}+|\boldsymbol{b}|}\right|+o(10^{-8}), \tag{2.17}$$

其中，D_0 为脉冲星到SSB的距离；G 为万有引力常数；M_{sun} 为太阳质量。

式（2.17）等号右侧的第二项为航天器与 SSB 之间的多普勒延迟；第三项为地球公转带来的周年视差效应，第二、三项统称为 Roamer 延迟；第四项为引力延迟效应，由信号传输过程中存在的太阳引力导致。t_{sat} 与 t_{SSB} 之差主要由第二项决定。

根据式（2.17）可得，某一颗脉冲星的 t_{sat} 与 t_{SSB} 之差可以反映航天器的位置在该脉冲星单位方向矢量上的投影。根据三颗以上脉冲星的 t_{sat} 与 t_{SSB} 之间的差值，求解式（2.17）就可以得到航天器在 ICRS 中的位置 $\boldsymbol{r}_{\text{sat}}$，实现绝对定位。

测量噪声 $V_P(t)$ 的方差可表示为[27]

$$\sigma_R = \frac{W\sqrt{[B_X + F_X(1-p_f)]AT_P d + F_X A p_f T_P}}{2F_X A p_f T_P}, \tag{2.18}$$

其中，W 是脉冲宽度；B_X 是背景辐射流；F_X 是脉冲星辐射的光子通量；p_f 是脉冲周期内脉冲辐射流量与平均辐射流量之比；A 是 X 射线探测器的面积；T_P 是观测时间；d 是脉冲宽度与脉冲周期之比。

2.6　X 射线脉冲星导航数学模型

2.6.1　状态方程

X 射线脉冲星导航以航天器的位置和速度为状态量，使用航天器的动力学方程作为其工作的状态方程。由于不同的任务背景，其动力学方程不同，下面将针对近地空间和深空探测段两种工作模式分别建立其动力学方程。

1. 近地空间动力学方程

当在近地空间运行时，航天器受到的作用力除地球的引力外，还有其他摄动力的影响，如地球的非球形摄动、其他天体的引力、大气阻力等。在 ECI 中，考虑二阶带谐项时的动力学方程可以写为

$$\dot{\boldsymbol{x}}_e = \begin{bmatrix} \boldsymbol{v} \\ \boldsymbol{a} \end{bmatrix} = \begin{bmatrix} v_x \\ v_y \\ v_z \\ -\mu\dfrac{x_e}{\boldsymbol{r}^3}\left[1 - J_2\left(\dfrac{R_{\text{E}}}{\boldsymbol{r}}\right)^2\left(7.5\dfrac{{z_e}^2}{\boldsymbol{r}^2} - 1.5\right)\right] + \Delta F_x \\ -\mu\dfrac{y_e}{\boldsymbol{r}^3}\left[1 - J_2\left(\dfrac{R_{\text{E}}}{\boldsymbol{r}}\right)^2\left(7.5\dfrac{{z_e}^2}{\boldsymbol{r}^2} - 1.5\right)\right] + \Delta F_y \\ -\mu\dfrac{z_e}{\boldsymbol{r}^3}\left[1 - J_2\left(\dfrac{R_{\text{E}}}{\boldsymbol{r}}\right)^2\left(7.5\dfrac{{z_e}^2}{\boldsymbol{r}^2} - 4.5\right)\right] + \Delta F_z \end{bmatrix}, \tag{2.19}$$

其中，$\boldsymbol{x}_e=\begin{bmatrix}x_e & y_e & z_e & v_x & v_y & v_z\end{bmatrix}$为 ECI 中的状态向量；$\boldsymbol{r}=\begin{bmatrix}x_e & y_e & z_e\end{bmatrix}$；$\boldsymbol{v}=\begin{bmatrix}v_x & v_y & v_z\end{bmatrix}$；$\mu=GM_0$为地球引力常数，$G$ 和 M_0 分别为万有引力常数和地球质量；J_2 为二阶带谐项；R_{E} 为地球平均赤道半径；$\Delta\boldsymbol{F}=\begin{bmatrix}\Delta F_x & \Delta F_y & \Delta F_z\end{bmatrix}$为其他高阶摄动因素，且 $\Delta\boldsymbol{F}=\boldsymbol{f}_{\mathrm{E}}+\boldsymbol{f}_{\mathrm{N}}+\boldsymbol{f}_{\mathrm{S}}+\boldsymbol{f}_{\mathrm{T}}+\boldsymbol{f}_{\mathrm{D}}$，其中依次表示地球的非球形摄动、第三天体引力摄动、太阳光压摄动、潮汐摄动和大气阻力摄动。

1）地球的非球形摄动

地球并不是一个完全规则且质量均匀分布的球体，所以地球引力会与理论计算值存在出入，导致存在非球形摄动。要想准确计算出非球形摄动的影响，就必须确切地掌握地球内部质量分布及实际形状，而以当前的技术手段，这几乎是不可能实现的。目前多使用球谐函数展开式将其近似表示为[139]

$$U_{\mathrm{E}}=\frac{\mu}{r}\left\{1-\sum_{n=2}^{\infty}\left(\frac{R_{\mathrm{E}}}{r}\right)^2\left[J_nP_n\left(\sin\varphi\right)+\sum_{m=1}^{n}J_{nm}P_{nm}\left(\sin\varphi\right)\cos m\left(\lambda-\lambda_{nm}\right)\right]\right\}, \tag{2.20}$$

其中，P_n、P_{nm} 为勒让德多项式；J_n 和 J_{nm} 分别为带谐项系数和田谐项系数；n、m均为引力位阶数；λ 和 φ 分别为地心经度和纬度，其余变量同上。

对三个方向分别求偏导数便可确定三个加速度分量为

$$\begin{cases}f_{\mathrm{E}x}=\dfrac{\partial U_{\mathrm{E}}}{\partial x}\\ f_{\mathrm{E}y}=\dfrac{\partial U_{\mathrm{E}}}{\partial y}\\ f_{\mathrm{E}z}=\dfrac{\partial U_{\mathrm{E}}}{\partial z}\end{cases}。 \tag{2.21}$$

2）第三天体引力摄动

航天器在近地空间飞行时仍然会受到除地球以外其他天体的作用。因为其他天体距离相对较远且作用力较弱，所以可将其看作质点。因此，某一天体的引力摄动可近似为

$$\boldsymbol{f}_{\mathrm{N}}=-Gm\frac{|\boldsymbol{r}|}{\varDelta^3}\left(\frac{\boldsymbol{r}}{|\boldsymbol{r}|}\right), \tag{2.22}$$

其中，m 为第三天体质量；$\varDelta$ 为航天器到该天体的距离，其他变量与上文一致。

3）太阳光压摄动

因为近地空间周围的大气较为稀薄，所以太阳光几乎直接照射在其航天器的表面。其中除一部分被吸收外，另一部分会被反射。这两个过程会对航天器产生作用力，称为太阳光压。太阳光压摄动可以写为[140]

$$\boldsymbol{f}_{\mathrm{S}} = -KpC_{\mathrm{R}}\left(\frac{A}{m'}\right)S \text{，} \tag{2.23}$$

其中，K为受晒因子，其大小与受晒表面的材料和形状有关；p为太阳光作用在离太阳一个天文单位（astronomical unit，AU）处黑体上的压力；C_{R}为表面反射系数；A为与太阳光垂直的有效面积；m'为航天器质量；S为太阳在ECI中的位置。

4）潮汐摄动

地球与太阳、月亮相对位置变化导致的潮汐形变所产生的摄动力称为潮汐摄动。其摄动势为[141]

$$\begin{cases} U_{\mathrm{T}} = \dfrac{GM_{\mathrm{s}}}{|\boldsymbol{r}_{\mathrm{s}}|^3}\dfrac{R_{\mathrm{E}}^5}{|\boldsymbol{r}|^3}K_2P_2\left(\cos\psi_{\mathrm{s}}\right) + \dfrac{GM_{\mathrm{L}}}{|\boldsymbol{r}_{\mathrm{L}}|^3}\dfrac{R_{\mathrm{E}}^5}{|\boldsymbol{r}|^3}K_2P_2\left(\cos\psi_{\mathrm{L}}\right) \\ P_2\left(\cos\psi_{\mathrm{s}}\right) = \dfrac{1}{2}\left[3\left(\boldsymbol{r}_{\mathrm{s}}^{\mathrm{T}}\cdot\boldsymbol{r}\right)-1\right] \\ P_2\left(\cos\psi_{\mathrm{L}}\right) = \dfrac{1}{2}\left[3\left(\boldsymbol{r}_{\mathrm{L}}^{\mathrm{T}}\cdot\boldsymbol{r}\right)-1\right] \end{cases} \text{，} \tag{2.24}$$

其中，$\boldsymbol{r}_{\mathrm{s}}$和$\boldsymbol{r}_{\mathrm{L}}$分别为日、月的地心距；$M_{\mathrm{s}}$与$M_{\mathrm{L}}$分别为日、月天体的质量；$K_2$为二阶项系数，且$K_2=0.3$，其他变量与上文一致。

因此，航天器的潮汐摄动为

$$\begin{aligned} \boldsymbol{f}_{\mathrm{T}} = \frac{\partial U_{\mathrm{T}}}{\partial \boldsymbol{r}_0} &= \frac{GM_{\mathrm{s}}R_{\mathrm{E}}^5}{2r_{\mathrm{s}}^3r^4}K_2\left\{\left[3-15\left(\boldsymbol{r}_{\mathrm{s}}\cdot\boldsymbol{r}\right)^2\right]\boldsymbol{r}+6\left(\boldsymbol{r}_{\mathrm{s}}\cdot\boldsymbol{r}\right)^2\boldsymbol{r}_{\mathrm{s}}\right\} \\ &+ \frac{GM_{\mathrm{L}}R_{\mathrm{E}}^5}{2r_{\mathrm{L}}^3r^4}K_2\left\{\left[3-15\left(\boldsymbol{r}_{\mathrm{L}}\cdot\boldsymbol{r}\right)^2\right]\boldsymbol{r}+6\left(\boldsymbol{r}_{\mathrm{L}}\cdot\boldsymbol{r}\right)^2\boldsymbol{r}_{\mathrm{L}}\right\}, \end{aligned} \tag{2.25}$$

5）大气阻力摄动

虽然航天器在近地空间的宇宙环境中运行，其周围仍然存在稀薄的大气，会对航天器产生阻力作用。大气阻力摄动表达式为[29]

$$\boldsymbol{f}_{\mathrm{D}} = -\frac{1}{2}C_{\mathrm{d}}\left(\frac{A'}{m'}\right)\rho|\boldsymbol{v}'|\boldsymbol{v}' \text{，} \tag{2.26}$$

其中，C_{d}为阻力系数，近似为1；A'为航天器迎风面积；ρ为所在空间大气密度；$\boldsymbol{v}'$为航天器迎风速度，其他变量与上文一致。

因为以上高阶摄动的影响都极其微弱，所以本书的仿真中均将该部分作为高斯白噪声加入系统噪声中。

2. 深空探测段动力学方程

深空探测段主要指太阳系内航天器的航行阶段。此时可将航天器看作质点，惯性基准常选为日心黄道惯性坐标系。中心天体为太阳，其他天体引力、太阳光

压等摄动力同样会存在。考虑第三天体引力的动力学模型可以写为

$$\begin{cases}\dfrac{\mathrm{d}\boldsymbol{r}}{\mathrm{d}t}=\boldsymbol{v}\\[2mm]\dfrac{\mathrm{d}\boldsymbol{v}}{\mathrm{d}t}=-\dfrac{\mu_i}{|\boldsymbol{r}|^3}\boldsymbol{r}+\displaystyle\sum_{i=1}^{n_p}\mu_i\left(\dfrac{\boldsymbol{r}_{ri}}{|\boldsymbol{r}_{ri}|^3}-\dfrac{\boldsymbol{r}_{pi}}{|\boldsymbol{r}_{pi}|^3}\right)+\boldsymbol{f}_{\Delta}\end{cases},\tag{2.27}$$

其中，μ_i 为第 i 个天体的引力常数；$\boldsymbol{r}_{ri}$ 为第 i 个天体的位置；$\boldsymbol{r}_{pi}$ 为航天器到第 i 个天体的位置；$\boldsymbol{f}_{\Delta}$ 为其他高阶摄动加速度，不再一一列举。

2.6.2　观测方程

在 1.3 节中，已经给出了基本的观测模型。以 TOA 的差值作为导航观测量，X 射线脉冲星导航的观测方程可以写为

$$\boldsymbol{y}=\boldsymbol{h}(\boldsymbol{x})+\boldsymbol{V},\tag{2.28}$$

$$\boldsymbol{y}=\begin{bmatrix}y_1 & y_2 & \cdots & y_i\end{bmatrix}^{\mathrm{T}},\tag{2.29}$$

$$\boldsymbol{h}(\boldsymbol{x})=\begin{bmatrix}h_1(x) & h_2(x) & \cdots & h_i(x)\end{bmatrix}^{\mathrm{T}},\tag{2.30}$$

$$h_i(x)=\frac{\boldsymbol{n}_i\cdot\boldsymbol{r}_{\mathrm{sat}}}{c}+\frac{1}{2cD_{i0}}\left[\left(\boldsymbol{n}_i\cdot\boldsymbol{r}_{\mathrm{sat}}\right)^2-\left|\boldsymbol{r}_{\mathrm{sat}}\right|^2\right]+2\frac{GM_{\mathrm{sun}}}{c^3}\ln\left|1+\frac{\boldsymbol{n}_i\cdot\boldsymbol{r}_{\mathrm{sat}}+\left|\boldsymbol{r}_{\mathrm{sat}}\right|}{\boldsymbol{n}_i\cdot\boldsymbol{b}+|\boldsymbol{b}|}\right|,\tag{2.31}$$

$$\boldsymbol{V}=\begin{bmatrix}V_1 & V_2 & \cdots & V_i\end{bmatrix}^{\mathrm{T}},\tag{2.32}$$

其中，i 为脉冲星编号；$\boldsymbol{n}_i$ 为不同脉冲星的单位方向矢量；D_{i0} 为不同脉冲星到 SSB 的距离；$\boldsymbol{V}$ 为不同脉冲星对应的观测噪声，相应的标准差可表示为

$$\sigma=\frac{W\sqrt{\left[B_x+F_x\left(1-p_f\right)\right]\left(At_{\mathrm{obs}}d\right)+F_xAp_ft_{\mathrm{obs}}}}{2F_xAp_ft_{\mathrm{obs}}},\tag{2.33}$$

其中，W 为对应脉冲信号的脉冲宽度；B_x 为宇宙平均背景噪声；F_x 为 X 射线脉冲星辐射光子流量；p_f 为脉冲比例；A 为探测器有效面积；t_{obs} 为观测时间；d 为脉冲宽度 W 与脉冲周期 P 之比。

由于式（2.31）等号右端第二、三项为高阶项，有着较强的非线性，为满足以扩展卡尔曼滤波（extended Kalman filter，EKF）为基础的各种线性滤波算法的需要，常将其简化处理为[142-144]：

$$h_i(\boldsymbol{x})=\frac{\boldsymbol{n}_i\cdot\boldsymbol{r}_{\mathrm{sat}}}{c}。\tag{2.34}$$

2.7 小　结

本章主要介绍了 X 射线脉冲星导航的相关理论，让读者具备研究脉冲星导航的初步理论基础。2.1 节回答了什么是脉冲星，以及利用脉冲星的哪些特性可以实现导航；2.2 节为后续第 7 章的选星方案提供了理论依据；2.3 节和 2.4 节介绍了研究 X 射线脉冲星导航时涉及哪些时空基准；2.5 节和 2.6 节讲解了 X 射线脉冲星导航的基本原理及其数学模型。

第 3 章　基于小波压缩感知的周期估计算法

在 XNAV 信号获取阶段，首先记录光子撞击探测器的时间，然后将所有测得的时间序列作为信号源。这种方法不同于射电频段记录信号幅值最大的脉冲星导航方法。根据第 1 章的论述，为了使用基于历元折叠算法实现非线性最小方差估计（NLS）法估计 TOA，需要获得脉冲星信号的周期数据。但是，脉冲星本身的毛刺现象以及航天器自身的运动状态会导致周期产生一定的偏差，这个偏差即使很小，对 TOA 估计的影响也可能很大，所以需要对脉冲星信号的周期进行估计。

关于脉冲星周期估计，1.3 节讨论了当前存在的 2 个问题：①算法在实施搜索时所选取的初始值问题；②由于受到航天器自身计算能力限制，如何提高算法实施性的问题。本章针对问题①论述基于 PP 周期估计初始值的确定方法，在 3.5 节将有详细的讨论。针对问题②讨论采用压缩感知和小波变换相结合的方法，即基于小波压缩感知的轮廓信号周期估计（period estimation of profile signal based on wavelet compression sensing，PEWCS）方法，该方法通过大幅降低采样率实现降低计算量的目的，这些内容 3.2 节～3.4 节有详细的讨论。

3.1　基于小波压缩感知的周期估计算法的框架

基于小波压缩感知的周期估计算法的整体框架如图 3.1 所示，算法总共为 3 个部分：字典的构建及其观测（图 3.1 中的 A 部分），脉冲星光子信号经过观测矩阵的降维观测（图 3.1 中的 B 部分），用代价函数搜索得到最后的周期估计值（图 3.1 中的 C 部分）。A 的基本原理是将标准轮廓按照带有不同偏差的周期进行历元折叠得到一组新的扭曲轮廓曲线（经过带有周期偏差的历元折叠的光子信号得到的轮廓曲线会产生一定的扭曲变形，称为扭曲轮廓，其形成原理见 3.2 节），其作用是为 C 提供基准，这个过程可以离线完成，把结果存储到存储器中。B 的基本原理是首先计算周期偏差的搜索初值，然后把获得的真实光子到达时间信号经过带有未知偏差周期的历元折叠之后就形成真实的扭曲轮廓。C 的基本原理是将 A 和 B 得到的结果用代价函数搜索到周期估计的最优值。B 和 C 需要在航天器上实时计算。

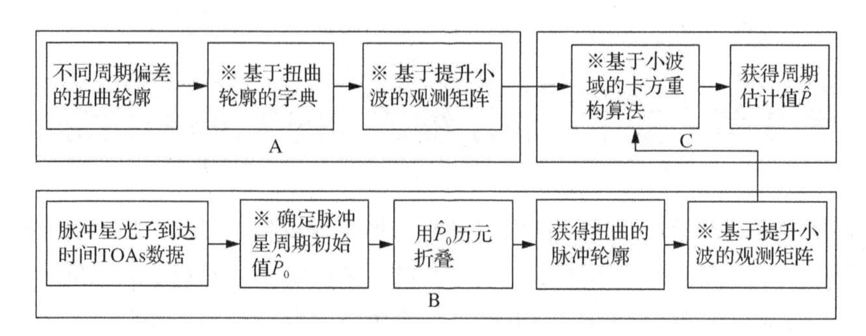

图 3.1　基于小波压缩感知的周期估计算法的整体框架

图 3.1 中含有※符号的为本章研究重点，它们的作用如下所述。

（1）基于扭曲轮廓的字典的作用是根据理想信号经过带有周期偏差的历元折叠得到的扭曲轮廓曲线构建能够稀疏表示实际扭曲轮廓的基。

（2）基于提升小波的观测矩阵的作用是将信号变为小波域，实现信号的降维，降低计算量。

（3）基于小波域的卡方重构算法的作用是为搜索提供代价函数。

（4）确定脉冲星周期初始值的作用是为步骤 C 提供搜索初值。后续各节将详细论述这 4 个部分。

3.2　基于扭曲轮廓的字典构建

3.2.1　脉冲星光子到达时间的数学模型

由于脉冲星距离地球非常遥远，到达航天器上的光子流量很小，有学者在研究脉冲星发射的光子撞击探测器时间，即脉冲星光子到达时间（time of arrivals，TOAs）序列时，使用了非齐次泊松分布对其进行建模[34]。

在概率论和统计学中，泊松分布是一种离散的概率分布，表示一个事件在某一固定时间段或空间间隔内发生的概率。这些事件以恒定的速率发生，并且这次事件发生的概率与上次事件是不相关的，所以这种分布通常用于计算在某特定时间或空间间隔某一事件发生的次数。假设在观察事物平均发生 λ 次的条件下，实际发生 k 次的概率可表示为

$$P(k)=\frac{\lambda^k}{k!}e^{-\lambda}。\tag{3.1}$$

当所描述的事件发生的速率不是恒定的，那么就可以用非齐次泊松分布来描述。如果将 1 个周期的脉冲星轮廓分成非常小的时间段，那么每个时间段探测器接收到的光子数可以认为服从非齐次泊松分布。假设观察事物平均发生的次数是

t 的函数，实际发生 k 次的概率可表示为

$$P(k)=\frac{\lambda(t)^k}{k!}e^{-\lambda(t)}。\tag{3.2}$$

探测器观测光子的区间表示为 $\left[t_0,t_{\mathrm{f}}\right]$，那么观测时长可表示 $T_{\mathrm{obs}}=t_{\mathrm{f}}-t_0$，假设接收到的第 i 个光子撞击探测器的时刻表示为 t_i，那么 TOAs 所构成的集合可表示为 $\Omega=\{t_i\}_{i=1}^{M}$，M 是一个随机变量。令 $t_0=0$，$N_0=0$，N_t 表示 $\left[0,t_{\mathrm{f}}\right]$ 时段的光子数，那么 N_t 可以认为是概率密度函数 $\lambda(t)$ 随时间变换的非齐次泊松分布。$\lambda(t)$ 具有 3 个特点：

（1）当 Δt 很小时，在区间 $\left[t,t+\Delta t\right]$ 检测到 1 个光子的概率为

$$P(N_{t+\Delta t}-N_t=1)=\lambda(t)\Delta t\big|_{\Delta t\to 0}。\tag{3.3}$$

（2）在区间 $\left[t,t+\Delta t\right]$ 检测到多于 1 个光子的概率为

$$P(N_{t+\Delta t}-N_t\geqslant 2)=0\big|_{\Delta t\to 0}。\tag{3.4}$$

（3）非重叠增量是独立的，不同的区间不会相互影响，假设为

$$N_{s,t}=N_t-N_s,\quad t>s,\tag{3.5}$$

其中，$N_{s,t}$ 是随机过程增量。在某一特定时段 $\left[s,t\right]$，检测到光子数量 $N_{s,t}$ 是一个带有参数 $\int_s^t\lambda(\xi)\mathrm{d}\xi$ 的泊松随机变量：

$$P(N_{s,t}=k)=\frac{\left(\int_s^t\lambda(\xi)\mathrm{d}\xi\right)^k\exp\left(-\int_s^t\lambda(\xi)\mathrm{d}\xi\right)}{k!}。\tag{3.6}$$

根据非齐次泊松分布的性质，其均值和方差可表示为

$$E\left[N_{s,t}\right]=\mathrm{var}\left[N_{s,t}\right]=\Lambda(t)-\Lambda(s),\tag{3.7}$$

其中，

$$\Lambda(t)\triangleq\int_0^t\lambda(\tau)\mathrm{d}\tau,\tag{3.8}$$

是泊松过程 $\lambda(t)$ 对时间的积分。

光子撞击探测器到达时间所构成的集合 $\Omega=\{t_i\}_{i=1}^{M}$ 的 M 维概率密度函数可以表示为多个概率密度函数乘积的形式：

$$p\left(\{t_i\}_{i=1}^{M},M\right)=\exp(-\Lambda)\prod_{i=1}^{M}\lambda(t_i),\tag{3.9}$$

其中，$\Lambda\triangleq\Lambda(t_{\mathrm{f}})-\Lambda(t_0)$。考虑到背景噪声，总体的概率密度函数为

$$\lambda(t)=\lambda_{\mathrm{b}}+\lambda_{\mathrm{s}}h(\phi_{\mathrm{det}}(t))\ (\mathrm{ph/s}),\tag{3.10}$$

其中，$h(\phi)$ 是标准脉冲轮廓函数，其为周期函数，单个周期的相位区间定义为 $\phi\in\left[0,1\right)$，满足：

$$\begin{cases} h(\phi+n)=h(\phi),\ n\in\mathbb{N} \\ \int_0^1 h(\phi)=1,\ h(\phi)\geqslant 0 \end{cases}, \tag{3.11}$$

其中，ϕ 是探测器检测到的脉冲轮廓相位；λ_b 和 λ_s 分别是已知背景和信源的强度。ph/s 是每秒钟的光子数，即单位时间的光子流量。

由于航天器的运动，探测器上的相位是一个自变量为时间的函数，其代表观测开始时 t_0 的相位，由初始相位和累积相位组成：

$$\phi_{\text{det}}(t)=\phi_0+\int_{t_0}^{t} f(\tau)\mathrm{d}\tau\ , \tag{3.12}$$

其中，$f(\tau)$ 是观测信号的频率，它由信号源频率 f_s 和多普勒频率 $f_d(t)$ 两部分组成：

$$f(t)=f_s+f_d(t)\ , \tag{3.13}$$

其中，$f_d(t)$ 和探测器的速度在脉冲星矢量方向的分量 $v(t)$ 有关：

$$f_d(t)=f_s\frac{v(t)}{c}\ 。 \tag{3.14}$$

因此，探测器接收到脉冲星信号的相位为

$$\phi_{\text{det}}(t)=\phi_0+(t-t_0)f_d(t)+\int_{t_0}^{t} f(\tau)\mathrm{d}\tau\ 。 \tag{3.15}$$

假设探测器的速度在脉冲星矢量方向的分量 $v(t)=v$ 为一个已知的常数，那么

$$\phi_{\text{det}}(t)=\phi_0+\left(t-t_0\right)f\ , \tag{3.16}$$

其中，

$$f=\left(1+\frac{v}{c}\right)f_s\ 。 \tag{3.17}$$

3.2.2 扭曲轮廓的原理

脉冲星的脉冲轮廓并不能直接通过探测器获取，原因有两方面：一方面脉冲星发射轮廓的各个周期并不是完全一致的，但多个轮廓折叠后的确呈现出很好的一致性；另一方面脉冲星到达探测器时的光子流量已经非常稀疏，即使是流量最大的 Crab 脉冲星的流量也不过为 1.54ph/（$\text{cm}^2\cdot\text{s}$）[31]，此时被认为是以光子的形式撞击探测器，而且探测器体积限制，单个周期接收到的光子数量不足以恢复出脉冲轮廓。由于这两方面原因，通常采用历元折叠[34]的方法进行处理。

历元折叠的原理可以简单描述如下。首先假设脉冲星观测时间段：

$$T_{\text{obs}}\approx N_P\cdot P\ , \tag{3.18}$$

其中，$T_{\text{obs}}\gg P$；$N_P=\lfloor T_{\text{obs}}/P\rfloor$；$P$ 为脉冲星的周期。通常情况下，P 在观测期间为一个已知常数。所有光子到达时间的序列为 Ω，其次将每个周期区间

$\left[0+i_P\cdot P,P+i_P\cdot P\right],i\in\left[0,N_P-1\right]$分成$N_{\mathrm{b}}$个相等的小段，每个小段称为一个时间段容器（bin），其时间长度为T_{b}，计算出第i个小段的光子数$\overline{c}(t_i)$，t_i为第i个小段的中间时刻，每个 bin 中光子的个数反映了信号的强度。最后将它们折叠到一个周期的区间$\left[0,P\right]$，得到该周期内光子数的函数$\breve{\lambda}(t_i)$称为经验概率函数。经验概率函数可以表示为

$$\begin{aligned}\breve{\lambda}(t_i)&=F_{\mathrm{E}}\left(P,N_{\mathrm{b}},\varOmega\right)\phi_{\det}(t)\\&=\frac{1}{N_PT_{\mathrm{b}}}\sum_{j=1}^{N_P}\overline{c}_j(t_i),\end{aligned}\tag{3.19}$$

其中，$\varOmega$为光子到达时间所构成的集合。第q个光子落到第i个 bin 的数学表达式可以写成：

$$i=\left\lfloor\frac{\mathrm{mod}(t_q,P)}{T_{\mathrm{b}}}\right\rfloor,\tag{3.20}$$

其中，t_q代表探测器接收到的第q个光子的撞击探测器的时间；mod 代表取余运算；$\lfloor\ \rfloor$代表向下取整；i代表第q个光子经过历元折叠后落入第i个 bin。最后计算每个 bin 包含的光子数，其体现了脉冲信号的强度，数学表达式为

$$E\left(\overline{c}_{ij}\right)=\mathrm{var}\left(\overline{c}_{ij}\right)=\lambda(t_i)\,T_{\mathrm{b}},\tag{3.21}$$

其中，$\lambda(t_i)$为理想情况下在t_i时刻所接收到的所有光子总的概率函数；$\overline{c}_{ij}$为第j个周期的第i个 bin 的光子数。经验概率函数和理想概率函数之间的关系可以表示为

$$\breve{\lambda}(t_i)=\lambda(t_i)+n(t_i),\tag{3.22}$$

其中，$\breve{\lambda}(t_i)$表示探测器实时接收光子的经验概率函数；$n(t_i)$表示由于背景噪声及电子器件的热噪声等多方面原因带来的噪声。

将脉冲星光子到达时间序列进行历元折叠得到的脉冲轮廓与理想的标准轮廓之间的关系可以表示为

$$\breve{\lambda}(t)=b+a\cdot h(t-\Delta t)+\hat{n}(t),\quad t\in\{1,2,\cdots,N\},\tag{3.23}$$

其中，h是归一化的标准脉冲轮廓；Δt是 TOA；a是幅值因子；$\hat{n}(t)$是随机噪声；b是背景噪声。

在对$\varOmega$进行历元折叠计算时，需要已知当前的脉冲星信号的理想周期P，但通常情况下这个周期是未知的，因此需要对周期进行搜索计算。在搜索的过程中，当采用的搜索周期$\widehat{P}$与理想周期P存在偏差Δn时，得到的轮廓就会发生形变，并且形变会随着周期偏差的增大而变得明显，脉冲轮廓与周期偏差的关系如图 3.2 所示。特点是曲线的峰值点越来越低，相位偏移越来越大。这为通过扭曲轮廓建立字典提供了依据。

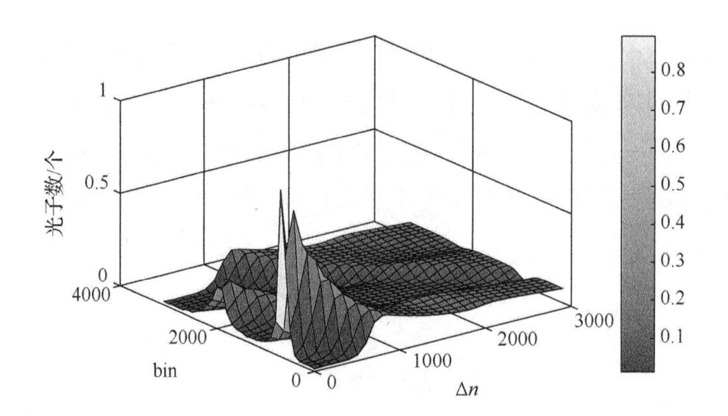

图 3.2 脉冲轮廓与周期偏差的关系

3.2.3 字典的构建方法

压缩感知算法的基本工作过程为假设一个 $N\times 1$ 维可压缩的离散信号 $\boldsymbol{x}=\{x_i\in\mathbb{R}\mid i=1,2,\cdots,N\}$ 经过信号压缩可以表示为 $\boldsymbol{x}=\boldsymbol{\Psi a}$，其中 $\boldsymbol{\Psi}$ 代表一个 $N\times N$ 的稀疏基或者空间 $\mathbb{R}^N$ 的字典，$\boldsymbol{a}=\{a_1,a_2,\cdots,a_k\}$ 是 $\boldsymbol{x}$ 在 $\boldsymbol{\Psi}$ 上的投影，也就是稀疏表示[64,145-146]。在稀疏域 $\boldsymbol{\Psi}$ 中，$\boldsymbol{x}$ 信号可以通过式（3.24）进行采样：

$$\boldsymbol{y}=\boldsymbol{\Phi x}+\boldsymbol{e}=\boldsymbol{\Phi\Psi a}+\boldsymbol{e}=\boldsymbol{\Theta a}+\boldsymbol{e}\text{，}\tag{3.24}$$

其中，$\boldsymbol{\Phi}$ 表示 $M\times N$ 测量矩阵；$\boldsymbol{\Theta}$ 表示传感矩阵；$\boldsymbol{e}$ 表示声。

如果从代数方程的角度来看，应用压缩感知解决信号问题需要满足的前提条件[147]：在长度为 N 的信号 $\boldsymbol{x}$ 中，最多存在 $s|s<N$ 个未知数是非零的，以求解形式为式（3.25）的欠定方程：

$$\boldsymbol{y}=\boldsymbol{\Theta a}\text{。}\tag{3.25}$$

从以上分析可知，信号 $\boldsymbol{x}$ 必须是稀疏向量或者经过某种基变换可以获得的稀疏向量。下面给出稀疏的严格定义。

定义3.1 向量 $\boldsymbol{x}\in\mathbb{C}^N$ 的支集是其非零项的索引集，即

$$\operatorname{supp}(\boldsymbol{x}):=\left\{j\in[N]:x_j\neq 0\right\}\text{。}\tag{3.26}$$

如果向量 $\boldsymbol{x}\in\mathbb{C}^N$ 的元素中最多有 s 个是非零的，则称它为 s 稀疏的。向量 $\boldsymbol{x}$ 为可压缩的[147]，或者是稀疏的：

$$\|\boldsymbol{x}\|_0:=\operatorname{card}\left(\operatorname{supp}(\boldsymbol{x})\right)\text{，}\tag{3.27}$$

其中，$\operatorname{card}(\cdot)$ 为计数算子，即获取集合 $\operatorname{supp}(\boldsymbol{x})$ 中元素的个数。记号 $\|\boldsymbol{x}\|_0$ 的数学表达式为

$$\|\boldsymbol{x}\|_0:=\sum_{j=1}^{N}\left|x_j\right|^p\xrightarrow[p\to 0]{}\sum_{j=1}^{N}\boldsymbol{1}_{\{x_j\neq 0\}}=\operatorname{card}\left(\left\{j\in[N]:x_j\neq 0\right\}\right)\text{，}\tag{3.28}$$

其中，符号 $\boldsymbol{1}_{\{x_j\neq0\}}$ 意义是如果 $x_j=0$，那么 $\boldsymbol{1}_{\{x_j\neq0\}}=0$；如果 $x_j\neq0$，那么 $\boldsymbol{1}_{\{x_j\neq0\}}=1$。也就是说，$\|\boldsymbol{x}\|_0$ 表示当 p 趋近于 0 时，$\boldsymbol{x}$ 的准 p-范数，通常它被称为 $\boldsymbol{x}$ 的 0-范数。

根据定义 3.1 及图 3.2 中有无偏差脉冲轮廓曲线都很明显看出它们不是稀疏的。因此，需要通过构建字典的方式将轮廓信号稀疏化。

定义 3.2　如果信号 $\boldsymbol{x}\in\mathbb{R}^n$ 可以通过矩阵 $\boldsymbol{\varPsi}\in\mathbb{R}^{n\times q}\Big|_{q\geqslant n}$ 和稀疏向量 $\boldsymbol{a}\Big|_{a\in\mathbb{R}^q}$ 线性表示为

$$\boldsymbol{x}=\boldsymbol{\varPsi}\cdot\boldsymbol{a}\,,\tag{3.29}$$

其中，$\boldsymbol{\varPsi}$ 为 $\boldsymbol{x}$ 的稀疏字典，式（3.29）为 $\boldsymbol{x}$ 的稀疏表示；$\boldsymbol{a}$ 为稀疏系数。

通过 3.2.2 小节的分析可以知道，光子撞击探测器构成的集合 $\varOmega$ 经过带有周期偏差的历元折叠所得到的曲线与理想轮廓曲线相比会产生一定的变形，这是构建基于扭曲轮廓字典的理论基础。根据发生形变的轮廓曲线所构成的集合可以构建扭曲字典：

$$\boldsymbol{\varPsi}^P=\left[\psi_0^P,\ \psi_1^P,\ \psi_2^P,\ \cdots,\ \psi_{M-1}^P\right],\tag{3.30}$$

其中，$\psi_0^P=F_{\mathrm{E}}\left(P+i\cdot\Delta P,N_{\mathrm{b}},\varOmega\right)\Big|_{i\in[0,M-1]}$，$F_{\mathrm{E}}(\cdot)$ 为式（3.19）对应的周期为 $P+i\cdot\Delta P$，分辨率为 N_{b} 的历元折叠函数。因此，当周期偏差为 $i\cdot\Delta P$ 时，光子到达时间序列输入到历元折叠函数获得的扭曲轮廓曲线为

$$\boldsymbol{x}_P=\boldsymbol{\varPsi}^P\cdot\boldsymbol{a}_P+\boldsymbol{w}_P\,,\tag{3.31}$$

其中，$\boldsymbol{a}_P$ 为 $\boldsymbol{x}_P$ 在 $\boldsymbol{\varPsi}^P$ 空间内的投影；$\boldsymbol{a}_P$ 为 1 稀疏的；$\boldsymbol{w}_P$ 为噪声，其主要产生原因是背景噪声及数据的时长有限导致的。

3.3　基于提升小波的观测矩阵设计

由式（3.31）可以看出，经带有周期误差的历元折叠得到的扭曲轮廓曲线含有噪声，这会对脉冲星周期估计精度有一定的干扰。因此，稀疏矩阵的作用不仅是降低观测维度，减少计算量，最好还有降低高频噪声的功能，减少噪声对信号重构的影响。

小波变换在数据压缩和信号降噪等方面得到了广泛应用。小波是压缩、估计和重构函数的最佳基[148]。但是由于其算法复杂，工程上不易实现而受到了一定的限制。Valens 提出了基于提升方案（lifting scheme）的二代小波。小波变换的基本思想是利用大多数实际信号中存在的相关结构来建立稀疏近似。相关结构在空间（时间）和频率上通常是局部的；相邻的样本和频率比相距很远的样本和频率更相关。

典型的提升小波原理框图如图 3.3 所示。在提升小波方案中主要分为分裂

(split)、双提升（dual lifting）和原始提升（primal lifting），为了让小波能够完美重建，有些还含有缩放环节。提升小波的特点是先降采样再卷积计算，因此相比先卷积计算再降采样的传统小波计算量大概减少一半[149]。

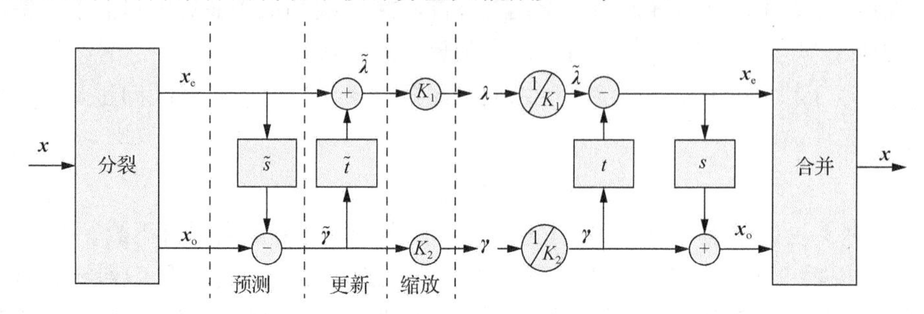

图 3.3　典型的提升小波原理框图

分裂就是将原始信号 $\boldsymbol{x}=\left(x_k\right)\big|_{k\in\mathbb{Z}}$ 按照序号分成两个不相交的集合，即奇数样本 $\boldsymbol{x}_\mathrm{o}=\left(x_{2k+1}\right)\big|_{k\in\mathbb{Z}}$ 和偶数样本 $\boldsymbol{x}_\mathrm{e}=\left(x_{2k}\right)\big|_{k\in\mathbb{Z}}$。通常，$\boldsymbol{x}_\mathrm{o}$ 和 $\boldsymbol{x}_\mathrm{e}$ 为多相分量，并且它们是密切相关的。

双提升也称为预测，它生成的是高频信号，预测步骤是用低通子带提升高通子带，这可以看作是来自偶数样本对奇数样本的预测。这种方案的一个重要前提是连续样本是高度相关的，因此应该可以从偶数样本中预测奇数样本（或者用奇数样本预测偶数样本）。假设预测器为 $\tilde{s}$，则差异或者细节可以表示为

$$\tilde{\boldsymbol{\gamma}}=\boldsymbol{x}_\mathrm{e}-\tilde{s}(\boldsymbol{x}_\mathrm{o})。\tag{3.32}$$

如果 $\boldsymbol{x}$ 是局部线性的，则很容易通过设计 $\tilde{s}$ 实现细节系数为零，即 $\tilde{\boldsymbol{\gamma}}$ 为稀疏向量，这样预测的效果较好。此时就完成了从 $(\boldsymbol{x}_\mathrm{e},\boldsymbol{x}_\mathrm{o})$ 到 $(\boldsymbol{x}_\mathrm{e},\tilde{\boldsymbol{\gamma}})$ 的变换。因为通过简单子采样获得的信号很容易造成信号混叠，所以低频信号效果很差。为了防止这种情况，就需要进行第二次提升，即更新步骤。

更新步骤也称为原始提升，它生成低频信号，即用高通子带 $\tilde{\boldsymbol{\gamma}}$ 提升低通子带 $\boldsymbol{x}_\mathrm{e}$，以保持输入流的一些统计特性：

$$\tilde{\boldsymbol{\lambda}}=\boldsymbol{x}_\mathrm{e}+\tilde{t}\left(\tilde{\boldsymbol{\gamma}}\right)。\tag{3.33}$$

预测和更新仅是基础步骤，真实情况更加复杂，通常有多个更新和预测步骤，有时还存在比例缩放步骤。

不仅可以采用提升小波方法设计小波基，还可以把现有的小波基优化为提升小波基实现小波的提升方案。假设小波变换中的四个有限冲激响应（finite impulse response，FIR）滤波器分别为 $\tilde{h}$、$\tilde{g}$、h、g，离散小波变换如图 3.4 所示。正向变换由低通滤波器 $\tilde{h}$ 和高通滤波器 $\tilde{g}$ 两个分解滤波器组成，其次是降采样，而逆变换首先升采样，最后使用低通滤波器 h 和高通滤波器 g 两个合成滤波器。以滤波器 h 为例，将其化为多相表示

$$h(z) = h_e\left(z^2\right) + z^{-1} h_o\left(z^2\right), \tag{3.34}$$

其中，h_e 为 h 的偶数序列；h_o 为 h 的奇数序列：

$$\begin{cases} h_e(z) = \sum_k h_{2k} z^{-k} \\ h_o(z) = \sum_k h_{2k+1} z^{-k} \end{cases}, \tag{3.35}$$

即

$$\begin{cases} h_e(z^2) = \dfrac{h(z) + h(-z)}{2} \\ h_o(z^2) = \dfrac{h(z) - h(-z)}{2z^{-1}} \end{cases}。 \tag{3.36}$$

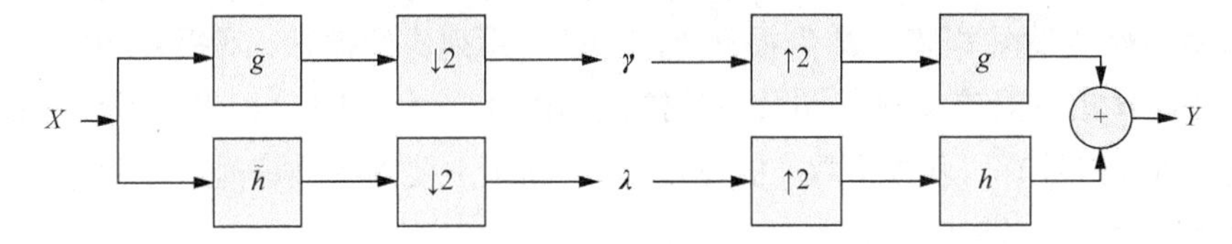

图 3.4　离散小波变换

合成多相矩阵为

$$\boldsymbol{P}(z) = \begin{bmatrix} h_e(z) & g_e(z) \\ h_o(z) & g_o(z) \end{bmatrix}。 \tag{3.37}$$

分解多相矩阵为

$$\tilde{\boldsymbol{P}}(z) = \begin{bmatrix} \tilde{h}_e(z) & \tilde{h}_o(z) \\ \tilde{g}_e(z) & \tilde{g}_o(z) \end{bmatrix}。 \tag{3.38}$$

定义 3.3　在多相矩阵 $\boldsymbol{P}(z)$ 的行列式为 1 的情况下，滤波器对 (h,g) 是互补的。

如果 (h,g) 是互补的，新滤波器为

$$g^{\text{new}}(z) = g(z) + h(z)s\left(z^2\right), \tag{3.39}$$

其中，$s(z^2)$ 是 Laurent 多项式，则滤波器对 $\left(h, g^{\text{new}}(z)\right)$ 互补。对应的新的多相矩阵就为

$$P^{\text{new}}(z) = P(z)\begin{bmatrix} 1 & s(z) \\ 0 & 1 \end{bmatrix}。 \tag{3.40}$$

当 $h^{\text{new}}(z) = h(z) + g(z)t\left(z^2\right)$ 时，其中 $t\left(z^2\right)$ 是 Laurent 多项式，则滤波器对 $\left(h^{\text{new}}(z), g(z)\right)$ 互补[149]。对应的新的多相矩阵就可以表示为

$$P^{\text{new}}(z) = P(z)\begin{bmatrix} 1 & 0 \\ t(z) & 1 \end{bmatrix}。 \tag{3.41}$$

给定一个互补滤波器对 (h,g)，对于 $1 < i < m$ 和一个非零常数 K，总是存在

Laurent 多项式 $s_i(z)$ 和 $t_i(z)$，因此

$$P(z)=\prod_{i=1}^{m}\begin{bmatrix}1 & s_i(z)\\0 & 1\end{bmatrix}\begin{bmatrix}1 & 0\\t_i(z) & 1\end{bmatrix}\begin{bmatrix}K & 0\\0 & 1/K\end{bmatrix}。\tag{3.42}$$

这样就可以将任意 (h,g) 符合互补条件的小波基化为提升小波的形式。这也是本小节所提出的基于提升小波的观测矩阵 $\boldsymbol{\Phi}_P$ 的理论依据。$\boldsymbol{\Phi}_P$ 采用 Db4 小波基进行小波变换。真实的轮廓 $\boldsymbol{x}_P$ 经过小波变换将信号分为高频部分和低频部分后，为了达到降噪效果，只保留低频部分作为测量矩阵输出的观测向量 $\boldsymbol{y}$。因此，经过观测矩阵得到稀疏信号：

$$\boldsymbol{y}=\boldsymbol{\Phi}_P\cdot\boldsymbol{x}_P=\boldsymbol{B}\cdot\boldsymbol{A}\cdot\boldsymbol{x}_P=\boldsymbol{B}\cdot\boldsymbol{A}\cdot\boldsymbol{\Psi}\cdot\boldsymbol{a}=\boldsymbol{\Theta}_P\cdot\boldsymbol{a},\tag{3.43}$$

其中，$\boldsymbol{A}$ 为分裂矩阵，可以将 $\boldsymbol{x}_P$ 按照索引号分裂成奇数序列 $\boldsymbol{x}_P^{\mathrm{o}}$ 和偶数序列 $\boldsymbol{x}_P^{\mathrm{e}}$；$\boldsymbol{\Theta}_P=\boldsymbol{\Phi}_P\cdot\boldsymbol{\Psi}$ 为感知矩阵；$\boldsymbol{B}$ 为提升矩阵，是一系列原始提升、双提升和比例环节的组合。$\boldsymbol{B}$ 的提升方案流程图及各参数值见图 3.5 和表 3.1。$\boldsymbol{c}_D$ 和 $\boldsymbol{c}_A$ 分别为细节系数（高频信号）和近似系数（低频信号）。高频主要为噪声信号，因此输出只保留低频信号，式（3.43）中：

$$\boldsymbol{y}=\boldsymbol{c}_A,\tag{3.44}$$

其中，提升方案各参数值见表 3.1。表中 d 表示双提升（dual），p 表示原始提升（primal）。小波层数每增加一层，只需要将 $\boldsymbol{B}$ 的输出 $\boldsymbol{c}_A$ 输入到 $\boldsymbol{A}$ 得到新的近似系数即可。这样，就可以得到多向矩阵的解析解，完成了观测矩阵的设计，3.4 节将对重构算法进行研究。

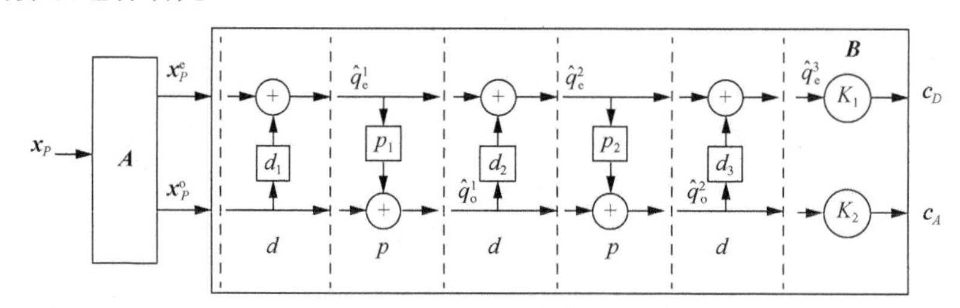

图 3.5　$\boldsymbol{B}$ 的提升方案流程图

表 3.1　$\boldsymbol{B}$ 的提升方案各参数值

变量	值
d_1	$-0.3223Z$
p_1	$-1.1171Z^{-1}-0.3001$
d_2	$-0.0188Z+0.11176Z^2$
p_2	$2.1318Z^{-1}+0.6364$
d_3	$-0.4691Z^{-2}-0.1400Z^{-1}-0.0248$
K_1	1.3622
K_2	0.7341

3.4　基于小波域的卡方重构算法

在设计重构算法时，理论上首先应该考虑的算法是将 0-范数作为代价函数。$\|\boldsymbol{x}\|_0$ 为向量 $\boldsymbol{x}$ 的非零元素数，重建 $\boldsymbol{x}$ 作为组合优化问题的解：

$$\text{minimize } \|\boldsymbol{x}\|_0 \text{ subject to } \boldsymbol{A}\boldsymbol{x} = \boldsymbol{y} \text{。} \tag{3.45}$$

也就是说，搜索与测量数据 $\boldsymbol{A}\boldsymbol{x} = \boldsymbol{y}$ 一致的最稀疏向量。但是，一般来说 0-范数最小化是 NP 难问题。因此，不存在快速且可证明有效的适用所有问题的通用重构算法。必须针对不同的问题设计不同的重构算法。根据式（3.19），周期的估计值可以表示为

$$\hat{P} = F_{\mathrm{E}}^{-1}\left(\breve{\lambda}(t_i), N_{\mathrm{b}}, \Omega\right), \tag{3.46}$$

其中，$F_{\mathrm{E}}^{-1}(\cdot)$ 为历元折叠函数 $F_{\mathrm{E}}(\cdot)$ 的反函数。$F_{\mathrm{E}}^{-1}(\cdot)$ 和 $F_{\mathrm{E}}(\cdot)$ 都是很难获得解析解的，只能通过搜索的方法获得最优值。

用于处理 RXTE 卫星数据的 χ^2 估计法（卡方法）是一种传统的处理方法。这种方法中，脉冲星信号处理时需要周期搜索，导致计算量开销很大。χ^2 用于评价轮廓曲线的变形程度，变形越大，则 χ^2 值越小。原因是相比于标准曲线，变形后的曲线峰值位置变得不那么尖锐。当 χ^2 达到最大值时，对应的周期就是固有的周期。本节可以对小波域的扭曲轮廓与真实的扭曲轮廓的卡方函数构建代价函数：

$$\hat{P} = \operatorname{argmin}\left(f(\boldsymbol{B}\boldsymbol{A}\bar{\boldsymbol{h}}) - f(\boldsymbol{B}\boldsymbol{A}\boldsymbol{\Psi}\boldsymbol{a})\right), \tag{3.47}$$

其中，$f(\cdot)$ 为卡方函数。向量 $\boldsymbol{x}$ 的卡方的定义为

$$\chi^2 = f(\boldsymbol{x}) = \sum_{i=1}^{M}\left(\boldsymbol{x}_i - \bar{\boldsymbol{x}}\right)^2 \Big/ \bar{\boldsymbol{x}}, \tag{3.48}$$

其中，$\bar{\boldsymbol{x}}$ 为向量 $\boldsymbol{x}$ 的平均值。传统的周期估计通常直接对信号进行卡方处理，但这种方法无疑存在巨大的计算量。由于之前已经将信号转化到信号长度更短的小波域，因此在小波域进行卡方计算将大大减小计算量。

3.5　基于 PP 周期估计初始值的确定

如图 3.1 所示，B 中接收到光子到达时间序列 Ω 后，首先要确定脉冲星周期初始值 $\hat{P}_0$。当脉冲星信号周期的偏差 $\mathrm{err}_p = \left|\hat{P}_0 - P_0\right|$ 值太大时，由于噪声的影响，历元折叠后的轮廓就失去了脉冲星信号的特征，湮没在噪声之中。带有周期偏差的历元折叠后的含噪曲线与理想曲线对比如图 3.6 所示，图 3.6（a）的曲线代表

的是 NASA 的 RXTE 任务中 Crab 脉冲星 100s 数据经过偏差为 2E-6s 时历元折叠后的曲线，可以看出脉冲星的轮廓已经完全淹没在了噪声中；图 3.6（b）的曲线代表的是相同观测时间和相同周期偏差时地面射电望远镜拍摄的理想曲线通过历元折叠后得到的轮廓。通过平移相位搜索得到两条曲线最大的相关系数为 0.1045，说明两条曲线完全不相关。因此，有必要对脉冲星信号的周期初始值进行估计。

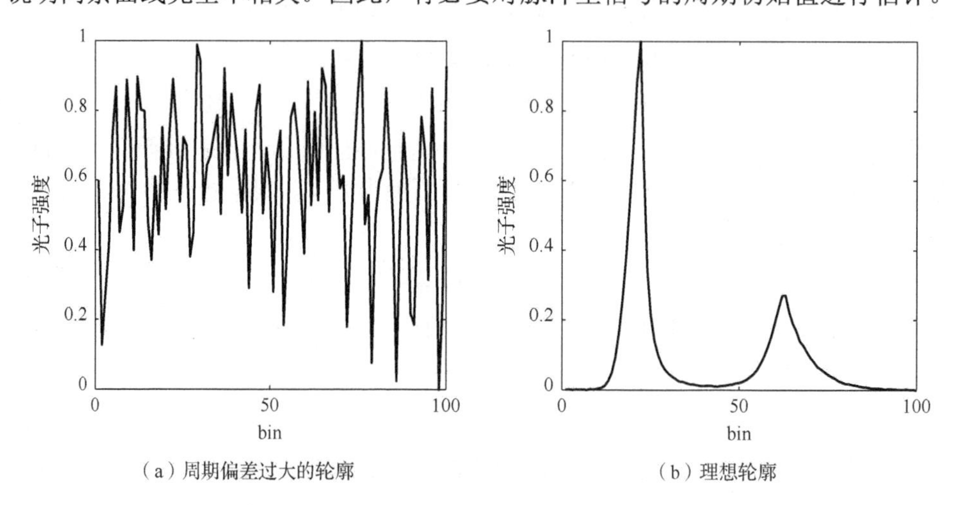

（a）周期偏差过大的轮廓　　（b）理想轮廓

图 3.6　带有周期偏差的历元折叠后的含噪曲线与理想曲线对比图

为对周期初始值进行估计，需要对光子到达时间的信号进行分析，观测时间段为 T_{obs}，周期为 P_0 的 N 个光子的到达时间序列可以表示成集合：

$$\Omega = \{t_i\}_{i=1}^{N}, \tag{3.49}$$

其中，t_i 表示第 i 个光子的到达时间。$N = 5000$ 时光子到达时间序列曲线分析如图 3.7 所示。图 3.7（a）表示 5000 个光子到达时间曲线图，横坐标为光子序号，纵坐标为光子到达时间，单位是秒。图 3.7（b）为脉冲星光子到达时间的一阶导数曲线图，呈现出准周期特性，循环出现局部峰值（简称峰值）。根据 3.2 节分析可知，脉冲星的概率密度函数可以认为服从非齐次泊松分布，流量越小导致产生的光子概率越小。因此峰值产生的原因是脉冲轮廓为低点时光子流量很小，这就说明低谷处的光子流量小导致 2 个光子到达时间之间的差比较大。由于 PSR B0531+21 的轮廓为双峰曲线，因此其 Toas 的一阶导数的一个周期内也有 2 个峰值。可以通过曲线的峰值时刻的分布规律估计周期。图 3.7（c）是图 3.7（b）进行阈值处理后的结果，主要将低于某一阈值的一阶导数置零。图 3.7（d）是图 3.7（c）在局部区域内选出最大值的结果，目的是寻找出每个周期内 2 个光子时间差局部最大的时刻，将其作为一个特征量。所有的特征量形成集合：

$$S=\left\{\hat{t}_i\right\}_{i=1}^{N_P}, \tag{3.50}$$

其中，N_P 表示 T_{obs} 包含的整周期数。当 $N_P \gg 1$ 时，可以认为

$$N_P \approx T_{\text{obs}}/P_0。 \tag{3.51}$$

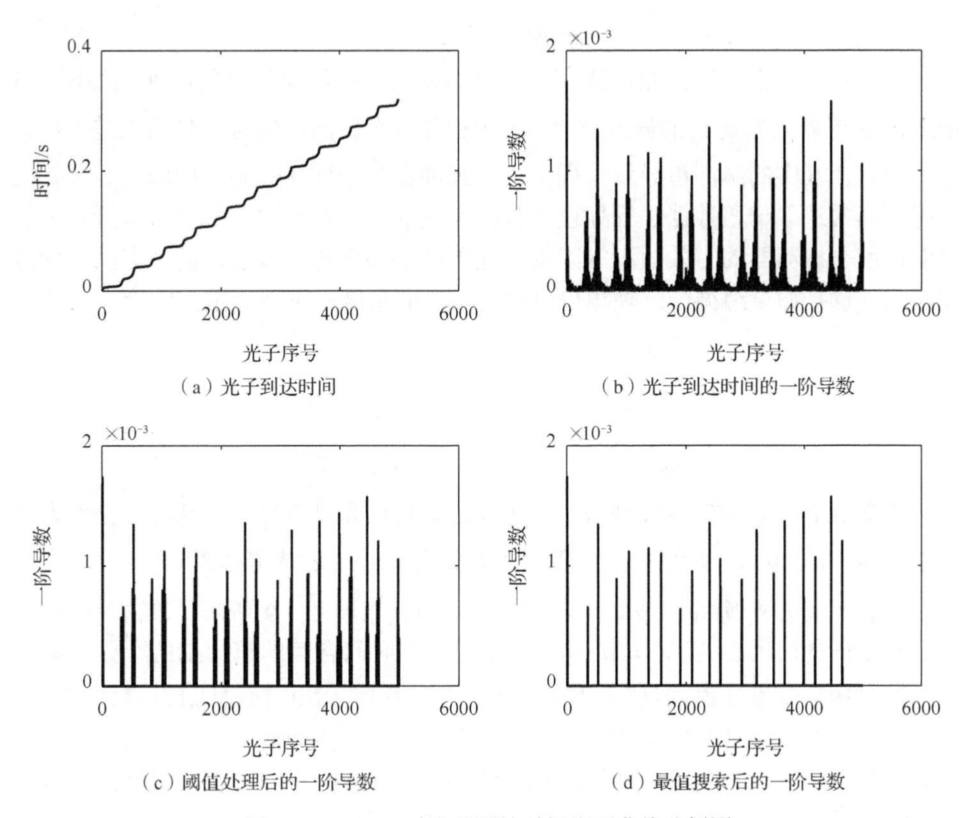

（a）光子到达时间　（b）光子到达时间的一阶导数

（c）阈值处理后的一阶导数　（d）最值搜索后的一阶导数

图 3.7　N=5000 时光子到达时间序列曲线分析图

如图 3.7(d)所示，假设第 $i|i\in\mathbb{N}$ 个周期内较高峰值点对应的时刻为高峰点 S_i，令 $S_{i+1}-S_i=P_0+e_p$，$\left|e_p\right|<\Delta l$，$\Delta l<P_0$，$\Delta l$ 为两个峰值时刻差与周期做取余运算的上界，为方便表述简称为周期余数上界，那么假设 $S_{i+1}-S_i$ 的不确定区间为 $\left[P_0-\Delta l/2, P_0+\Delta l/2\right]$，由于 $S_{i+k}-S_i$ 不确定区间不具有累积性，则周期 P_0 的初始估计值可以表示为

$$\begin{aligned}\lim_{\breve{t}_{\text{obs}}\to\infty}\left(\hat{P}_0\right)&=\frac{1}{n}\sum_{n=1}^{\infty}\left(S_{i+n+1}-S_{i+n}\right)=\lim_{n\to\infty}\left(\breve{t}_{\text{obs}}/n\right)=\lim_{n\to\infty}\left(\left(S_{i+n}-S_i\right)/n\right)\\&=\lim_{n\to\infty}\left(\left(nP_0\pm e_p\right)/n\right)=P_0+\lim_{n\to\infty}\left(e_p/n\right)=P_0+\lim_{n\to\infty}\left(\overline{e}_p\right),\end{aligned} \tag{3.52}$$

其中，$\breve{t}_{\text{obs}}$ 为观测时间 t_{obs} 中提取出的 $2n$ 个峰值的时间段。因为

$$\lim_{n\to\infty}\left(e_p/n\right)>\lim_{n\to\infty}\left(-\Delta l/n\right)=0, \tag{3.53}$$

并且

$$\lim_{n\to\infty}\left(e_p/n\right)<\lim_{n\to\infty}\left(\Delta l/n\right)=0\text{，}\tag{3.54}$$

根据夹逼准则：

$$\lim_{n\to\infty}\left(e_p/n\right)=0\text{，}\tag{3.55}$$

因此式（3.52）是 P_0 的无偏估计。脉冲星周期估计初始值确定的原理图如图 3.8 所示，Δl 可以认为是 $\hat{P}_0$ 的误差上界，表示相邻两个较高峰值对的时间之差的不确定区间。在真实的脉冲星导航过程中，对脉冲星光子到达时间所构成集合进行处理时，通常选取一段数据进行处理。数据长度的选择要考虑脉冲星的流量密度、导航精度、探测器的有效面积等因素。这不是本书研究的重点，而数据的起始点和终点的选择如果遵循一定规律也可以提高导航精度，下面将重点讨论。

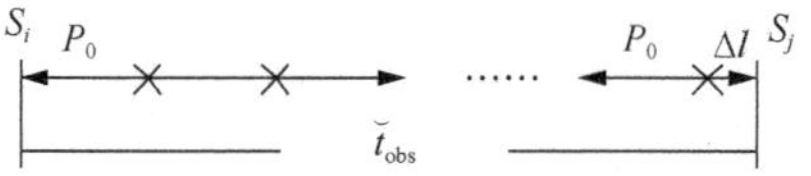

图 3.8　脉冲星周期估计初始值确定的原理图

定义 3.4　如果在观测时间 t_{obs} 中选取的起始点高峰点和终点高峰点分别为 S_i 和 S_j，$j\in N$，$j\gg i$，那么 S_i 和 S_j 所构成的集合 $\left\{S_i,S_j\right\}$ 称为峰值对。

Crab 脉冲星轮廓周期余数上界和峰值对的关系如图 3.9 所示。峰值对的两个高峰点之间的时间差为 $\breve{t}_{\text{obs}}=\Delta l+\breve{n}P_0$，$\breve{n}$ 为观测时间含有的整周期的个数，其可以通过对局部峰值计数来获取。因为根据图 3.9 中 PSR B0531+21 脉冲星的标准轮廓曲线可以看出，每个周期的曲线有两个峰值，也有两处低谷，所以图 3.7（d）的曲线在每个周期内有两个峰值，第 $\breve{n}$ 个周期对应的应该是第 $2\breve{n}-1$ 和 $2\breve{n}$ 个峰值。$\bar{e}_p$ 为周期估计初始值确定的理论偏差，可以表示为

$$\left|\bar{e}_p\right|=\left|e_p/\breve{n}\right|\leqslant\left|\Delta l/\breve{n}\right|\text{。}\tag{3.56}$$

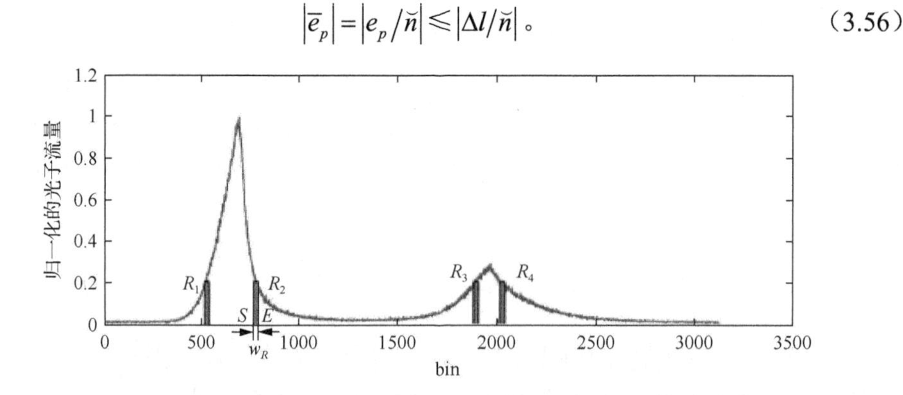

图 3.9　Crab 脉冲星轮廓周期余数上界和峰值对的关系

因此想提高周期估计初始值确定的精度，只需要增加 n ，也就是 $\breve{t}_{\text{obs}}$ 的时长。根据不同的需求，来确定 $\breve{t}_{\text{obs}}$ 。

定理 3.1　图 3.7（d）中的峰值对 $\{S_i, S_j\}$ 的元素值与 Δl 负相关。

证明：依据概率函数

$$\lambda(t;\phi_0) = \lambda_b + \lambda_s h\big(\phi_0 + (t - t_0) f\big) \tag{3.57}$$

和式（3.6），当时长为 $w_R = t - s$ 时，探测器接收到的光子数为 0 的概率为

$$p\big(N_{s,t} = 0\big) = \exp\left(-\int_s^t \lambda(\xi)\mathrm{d}\xi\right)。 \tag{3.58}$$

图 3.9 中，R_i 代表横坐标为 $[x_i - w_R/2, x_i + w_R/2]$ ，即宽为 w_R 的矩形，w_R 对应的是图 3.7（d）中峰值对的值。R_i，$i \in \{1,2,3,4\}$ 表示的意义是当概率 $p\big(N_{s,t} = 0\big) = P_{s,t}$ 时，图 3.7（d）中的峰值高度就是矩形的宽度为 w_R 与对应的曲线纵坐标所构成的矩形。矩形的长为

$$l_R \approx \frac{\int_S^E \lambda(\xi)\mathrm{d}\xi}{w_R} = \frac{-\ln\big(P_{s,t}\big)}{w_R}, \tag{3.59}$$

然后根据：

$$l_R = \lambda(z), \tag{3.60}$$

求得多组解 x_i，$i \in \{1,2,3,4\}$ ，对应图 3.9 中 R_i，$i \in \{1,2,3,4\}$ ，之后依据 x_i 就能确定当概率为 $p\big(N_{s,t} = 0\big) = P_{s,t}$ 时，不确定区间有可能是 $[x_4, P_0 + x_1]$ 或者 $[x_2, x_3]$ 这 2 个波谷区间。但是因为 $[x_4, P_0 + x_1]$ 的曲线纵坐标更低，图 3.7（d）终点峰值都是按照一高一低的序列分布的，所以较高峰值应该对应 $[x_4, P_0 + x_1]$ 区间，这样 Δl 便可以缩小范围。进而根据：

$$\Delta l = P_0 + x_1 - x_4 - (E - S), \tag{3.61}$$

就能求得 Δl 。区间 $[x_4, P_0 + x_1]$ 为没有光子到达的大概率分布区间。从式（3.61）可以看出，$[x_4, P_0 + x_1]$ 为一个常数，$E - S$ 的大小决定了 Δl 的大小。$E - S$ 越大，Δl 越小，相同观测时间内的周期估计值也就越精确。因此，起始点峰值和终点峰值尽量选择图 3.7（c）中较高的线条。

证毕。　□

根据定理 3.1，在确定数据段的起始点和终点峰值时，可以设定一个峰值阈值进行筛选，选出尽量高的峰值，而不是直接选择第一个峰值和最后一个峰值分别作为起始点和终点。但是越高的峰值出现的概率越低，会降低有效的观测时间段，进而也会影响周期的估计精度。因此，阈值的选择要平衡高概率与 Δl 取值之间的矛盾。可以根据这个规则选择数值较大的峰值对作为周期估计的起始点峰值和终点峰值，依据式（3.52）就能增加周期估计初始值确定的精度。

定理 3.2 假设一组峰值对$\left\{S_i \middle| i\in[1,N_S]\right\}$，每个峰值对构成的区间内包含的峰值个数为$n_P$，其为定常值，那么$E(P)=2\cdot E(S_i)/(n_P-1)$。

证明：$\left\{S_i \middle| i\in[1,N_S]\right\}$中第 i 个峰值对的起始点峰值和终点峰值对时间差可以表示为

$$S_i=\phi_i+N_P P\text{，} \tag{3.62}$$

其中，N_P为峰值对S_i所包含的近似周期数，可以表示为

$$N_P=\text{round}(S_i/P)\text{，} \tag{3.63}$$

其中，$\text{round}(\cdot)$为通过四舍五入方式的取整函数。n_P与N_P的关系可以表示为

$$N_P=(n_P-1)/2\text{。} \tag{3.64}$$

由式（3.62）可得

$$P=(S_i-\phi_i)/N_P\text{。} \tag{3.65}$$

将式（3.64）代入式（3.65）可得

$$P=2\cdot(S_i-\phi_i)/(n_P-1)=2\cdot S_i/(n_P-1)-2\cdot\phi_i/(n_P-1)\text{，} \tag{3.66}$$

那么

$$\begin{aligned}\hat{P}=E(P)&=E\left(2\cdot S_i/(n_P-1)\right)-E\left(2\cdot\phi_i/(n_P-1)\right)\\&=2\cdot E(S_i)/(n_P-1)-2\cdot E(\phi_i)/(n_P-1),\end{aligned} \tag{3.67}$$

其中，ϕ_i可被认为是服从 0 均值的正态分布。因此$E(\phi_i)=0$，式（3.67）可以表示为

$$E(P)=2\cdot E(S_i)/(n_P-1)\text{。} \tag{3.68}$$

证毕。 □

根据定理 3.2，可以选择多组峰值对，然后求取周期期望，达到提高周期初值确定精度的目的。

3.6 算法性能分析

3.6.1 周期估计算法的复杂度分析

本章所设计的方法主要分成周期估计主算法和周期估计初始值确定的复杂度两部分。

1. 周期估计主算法的复杂度

字典的建立可以在脉冲星导航开始前完成，装订到航天器的计算机中。因此这部分对计算的实时性没有影响。需要实时计算的主要包括稀疏测量和重构算法。

（1）稀疏测量的复杂度。假设脉冲星轮廓信号 $\hat{\boldsymbol{q}}$ 内含有 N_b 个 bin，式（3.43）

中矩阵 $\boldsymbol{A}$ 在运算过程中可以不用体现，不会消耗时间。矩阵 $\boldsymbol{B}$ 以 p_1 为例进行分析。长度为 $N_b/2$ 的 $\hat{\boldsymbol{q}}_e^1$ 与 p_1 相乘共需要 N_b 次浮点乘法运算和 $N_b/2$ 次加法运算。和长度为 $N_b/2$ 的 $\hat{\boldsymbol{q}}_o$ 相加，需要 $N_b/2$ 次加法运算。因此一共需要 N_b 次浮点乘法运算和 N_b 次加法运算。一层小波变换的观测矩阵的计算量如表 3.2 所示。当小波变换层数为 n_L 时，计算复杂度可以表示为

$$O_1 = \left(4N_b F_A + 3.5N_b F_M\right)\sum_{i=0}^{n_L} 2^{-i} , \tag{3.69}$$

其中，F_A 表示 1 次浮点加法运算；F_M 表示 1 次浮点乘法运算。

表 3.2　一层小波变换的观测矩阵的计算量

名称	浮点数加法	浮点数乘法
d_1	$N_b/2$	$N_b/2$
p_1	N_b	N_b
d_2	N_b	N_b
p_2	N_b	N_b
d_3	0	0
K_1	0	0
K_2	$N_b/2$	0
合计	$4N_b$	$3.5N_b$

（2）重构算法的复杂度。根据式（3.47）和式（3.48），重构算法的复杂度主要取决于式（3.47）的搜索范围和式（3.48）中 $\boldsymbol{x}$ 的长度。长度为 N_b 的 $\hat{\boldsymbol{q}}$ 经过 n_L 层小波变换后的信号长度为

$$L_S = N_b/2^{n_L} , \tag{3.70}$$

那么式（3.48）的计算复杂度如表 3.3 所示，可以写为

$$O_2 = 3\cdot N_b/2^{n_L}\cdot F_A + \left(N_b/2^{n_L}+1\right)\cdot F_M 。 \tag{3.71}$$

表 3.3　重构算法的复杂度

名称	浮点数加法	浮点数乘法
$\bar{X}$	$N_b/2^{n_L}$	1
$\left(X_i-\bar{X}\right)^2$	$N_b/2^{n_L}$	$N_b/2^{n_L}$
$\sum_{i=1}^{M}(\cdot)$	$N_b/2^{n_L}$	0
合计	$3N_b/2^{n_L}$	$N_b/2^{n_L}+1$

2. 周期估计初始值确定的复杂度

周期估计初始值确定根据 3.4 节主要的计算过程分成三步，光子到达时间一

阶导数的计算、阈值化处理、局部最值的求取。

第一步：假设在观测时间T_{obs}内共有N_p个光子，那么图3.7（a）和（b）完成所有 TOAs 的一阶导数需要的就是N_p-1次浮点加法运算，因为$N_p \gg 1$，所以$N_p-1 \approx N_p$。因此第一步近似需要N_p次浮点加法运算。

第二步：图3.7（b）和（c）的阈值处理过程中，需要进行N_p次比较，比较运算可以认为和浮点加法消耗的时间一样，相当于N_p次浮点加法运算。然后将小于阈值的一阶导数置零，假设这个过程有$N_z|_{N_z<N_p}$次浮点加法运算。因此，第二步总共需要N_p+N_z次浮点加法运算。

第三步：去除图3.7（c）中所有0值，还有N_p-N_z个点。因此，图3.7（c）和（d）在搜索局部最大值时序号耗费N_p-N_z次比较和N_p-N_z次赋值运算。同样，如果赋值运算和浮点加法运算认为耗费时间一样，则它们总共需要$2\times\left(N_p-N_z\right)$次浮点加法运算。

相比以上计算量，其余算法的计算量可以忽略不计。因此，总共需要的浮点加法数是

$$N_{\text{sum}}=N_p+N_p+N_z+2\times\left(N_p-N_z\right)=4\times N_p-N_z\text{。}\tag{3.72}$$

3.6.2 周期估计算法的数值仿真与分析

为验证所提算法的可行性，设计了数值仿真实验，基于小波压缩感知的周期估计算法的仿真参数如表3.4所示。

表3.4　基于小波压缩感知的周期估计算法的仿真参数

名称	值
探测器分辨率	1E−06
真实的脉冲星信号周期P_0	33.4ms
周期内的 bin 数N_b	3125
bin	P_0/N_b
光子流量	1.54ph/（s·cm^2）
实验数据源	RXTE 和模拟数据
标准轮廓	European Pulsar Network[150]
探测器有效面积	1m^2
字典维数	N_b×2994
测量矩阵维数	$L\times N_b$（L=1566、786、396、201、104、55、31、19、13、10）
计算机指标	Inter（R）Core（TM）i5-3210M CPU @ 2.50GHz，RAM 8GB，Win7 X64
Matlab 版本	R2015a

1. 光子到达时间信号模拟算法

信号模型构建完成之后，想要展开对 XNAV 的信号处理算法的研究，还必须有数据进行验证。数据的来源通常有两种：真实的任务数据和仿真数据。真实的任务数据更有说服力，但是这种数据在研究周期估计等对某个指标的估计时，其真实值无法获取，很难对算法的结果进行评定，而仿真数据的各个参数都是可以设定的。根据手段的不同，仿真可以分为两种：实物仿真和纯数值仿真。胡慧君等[151]搭建了地面模拟系统，可以生成真实光子，然后收集它们的光子到达时间。孙海峰等[152]为提高光子的生成精度，提出用电压控制替代机械转动的方法。这两种方法都属于实物仿真范畴，由于受到硬件一些固有误差影响，可能会降低光子到达时间的精度。苏哲等[153]因此提出了一种将脉冲星强度函数分段近似为常值的纯数值仿真方法，该方法成本低，但精度也因为近似有所降低。Emadzadeh 等[34]和黎胜亮等[154]提出基于反函数生成光子到达时间序列，Emadzadeh 等没有提出反函数求解方法，黎胜亮等的方法简化了模型，降低了精度。桂先洲等[155]提出了分段线性化的方法。本小节提出了该方法的改进方案，下面进行详细分析。

根据式（3.6）和式（3.20），将 1 个周期划分为 N_{b} 个 bin，第 j 个 bin 的光子数 N_j 可以表示为

$$P_j^b(k)=P\left(N_{(j-1)/N_{\mathrm{b}}}^{j/N_{\mathrm{b}}}=k\right),\quad j\in\left[1,N_{\mathrm{b}}\right]。\tag{3.73}$$

当 bin 足够小时，根据式（3.4），光子数大于 1 的概率为 0，那么光子数为 0 的概率为

$$P_j^b(k=0)=P\left(N_{(j-1)/N_{\mathrm{b}}}^{j/N_{\mathrm{b}}}=0\right)=\exp\left(-\int_{(j-1)/N_{\mathrm{b}}}^{j/N_{\mathrm{b}}}\lambda(\xi)\mathrm{d}\xi\right)。\tag{3.74}$$

光子数为 1 的概率为

$$P_j^b(k=1)=P\left(N_{(j-1)/N_{\mathrm{b}}}^{j/N_{\mathrm{b}}}=1\right)=1-P_j(k=0)=1-\exp\left(-\int_{(j-1)/N_{\mathrm{b}}}^{j/N_{\mathrm{b}}}\lambda(\xi)\mathrm{d}\xi\right)。\tag{3.75}$$

仿真数据的生成过程如下。

（1）生成区间为 $[0,1]$ 且均匀分布的 η 维随机数向量 R_η，假设观测时间 T_{obs} 的时间分辨率为 T_{r}，那么 $\eta=T_{\mathrm{obs}}/T_{\mathrm{r}}$，$\left[0,T_{\mathrm{obs}}\right]$ 区间分辨率为 T_{r}，所有时间点构成的集合表示为 Ω_0，其间所有光子到达时间构成的集合为 Ω。为了计算方便，T_{r} 取值时满足：

$$\begin{cases}\bmod\left(T_{\mathrm{obs}},T_{\mathrm{r}}\right)=0\\ \bmod\left(\mathrm{bin},T_{\mathrm{r}}\right)=0\end{cases},\tag{3.76}$$

其中，$\bmod(a,b)$ 表示 a/b 的余数。

（2）由历元折叠得到的脉冲轮廓曲线经过分段线性化进行曲线拟合，拟合后的曲线为 $\bar{\lambda}$，$\bar{\lambda}$ 的第 i 个元素可以表示为

$$\bar{\lambda}_i(\phi)=\left[\lambda\left(\frac{i}{N_{\mathrm{b}}}\right)-\lambda\left(\frac{i-1}{N_{\mathrm{b}}}\right)\right]\cdot\left(\phi-\frac{i-1}{N_{\mathrm{b}}}\right)+\lambda\left(\frac{i-1}{N_{\mathrm{b}}}\right), \tag{3.77}$$

其中，$\phi\in\left[\frac{i-1}{N_{\mathrm{b}}},\frac{i}{N_{\mathrm{b}}}\right], i=1,2,\cdots,N_{\mathrm{b}},N_{\mathrm{b}}+1$。这种方法最大的优点是算法简单，计算量小。

（3）根据拟合后的脉冲星曲线 $\bar{\lambda}$ 设定阈值。与式（3.74）类似，第 m 个时间点有 0 个光子的概率是

$$P_m^{\eta}(k=0)=\exp\left(-\int_{(m-1)/N_{\eta}^{b}}^{m/N_{\eta}^{b}}\lambda(\xi)\mathrm{d}\xi\right),\quad m\in[1,\eta], \tag{3.78}$$

其中，$N_{\eta}^{b}=\mathrm{bin}/T_{\mathrm{r}}$，数学意义是 1 个 bin 中有多少个分辨率级的时间长度。把 $P_j^{\eta}(k=0)$ 作为阈值，如果小于 $P_j^{\eta}(k=0)$，则没有光子，反之则认为有光子，用函数可以表示为

$$f(R_{\eta})=\begin{cases}0, & 当R_{\eta}\leqslant P_j^{\eta}(k=0)时\\ 1, & 当R_{\eta}>P_j^{\eta}(k=0)时\end{cases}, \tag{3.79}$$

那么生成的光子序列可以表示为

$$\Omega=\Omega_0\big|_{f(R_{\eta})=1}。 \tag{3.80}$$

为了验证本章方法的有效性，进行了数值仿真，仿真参数如表 3.4 所示。数值仿真分为四个部分。第一部分仿真了峰值对的取值与初始值误差上界的关系，证明了定理 3.1 的正确性；第二部分仿真了数据时长对周期初始估计精度的影响；第三部分仿真了观测矩阵中小波变换层数对代价函数的影响；第四部分仿真了观测矩阵中小波变换层数对周期估计精度的影响。

2. 峰值对元素的取值与初始值误差上界的关系

当 $\breve{t}_{\mathrm{obs}}=100\mathrm{s}$，$p$ 为 90%时，根据图 3.7（d），峰值对元素的值 V_p 的取值范围设定为$[0.5\times10^{-3},1.5\times10^{-3}]$，峰值的最小值为 0.7097ms。根据式（3.59）可以求出 l_R，V_p 和 l_R 的关系如图 3.10 所示，l_R 随着 V_p 的增大而减小。周期余数上界的确定原理如图 3.11 所示，横坐标代表时间，纵坐标代表一个周期内的光子数量。首先画一条纵坐标为 l_R 的直线，找到与曲线的 2 个交点，之后计算出这 2 个点的时间差就是 Δl。当 $p(N_{s,t}=0)=90\%$，峰值阈值为 1.5ms 时，$\Delta l=0.02905-0.02571\approx3.3(\mathrm{ms})$。从图 3.10 中可以看出，在适当范围内，脉冲星轮廓曲线的特征决定了随着 l_R 增大，Δl 变大。根据式（3.56），Δl 与 e_p 成正比。因此，最终随着 V_p 增大，e_p 变小，验证了定理 3.1 的正确性。

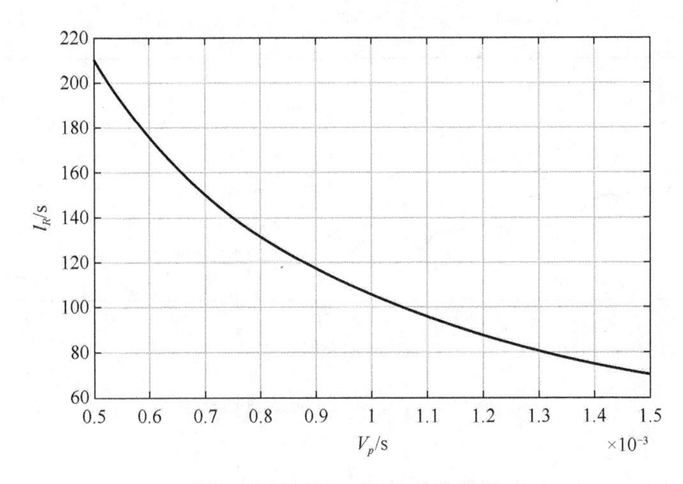

图 3.10　V_p 与 I_R 的关系曲线图

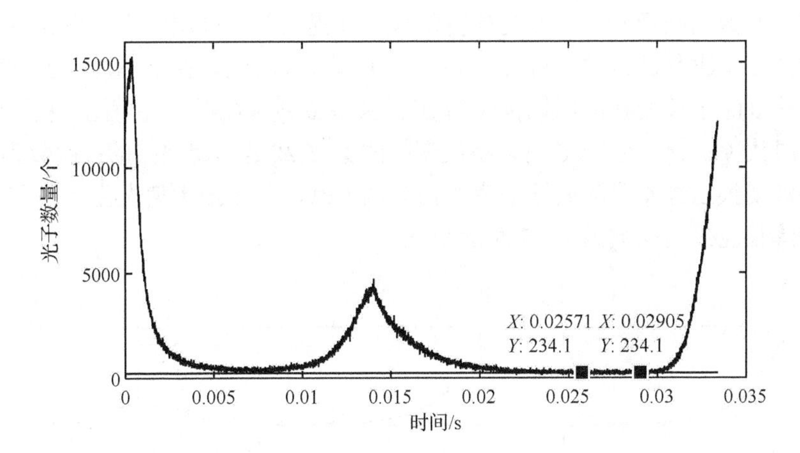

图 3.11　周期余数上界的确定原理图

3. 数据时长对周期初始估计精度的影响

图 3.12 横坐标为从观测时间 t_{obs} 抽取的数据时长 $\breve{t}_{\mathrm{obs}}$，纵坐标为初始的周期估计误差。图 3.12 中的 e_{p1} 表示采用 100 组数据获取的平均值，e_{p2} 表示通过式(3.59)计算得到的曲线。从图中可以看出 e_{p2} 高于 e_{p1}，并且它们都同时随着 $\breve{t}_{\mathrm{obs}}$ 的增加而减小。之所以发生这种情况是因为理想中的峰值对 $\left\{S_i, S_j\right\}$ 的不确定区间为 Δl，而只有当峰值 S_i 和 S_j 分别在不确定区间的 2 个不同端点时，也就是当 Δl 取得最大值时，这种情况才成立，这是个小概率事件。因此，基本上 e_{p1} 比 e_{p2} 的误差小。

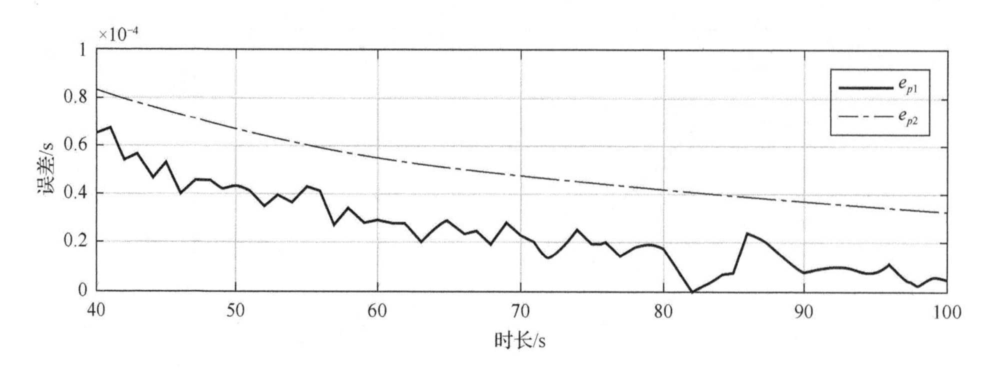

图 3.12　e_{p1} 和 e_{p2} 曲线对比图

4. 观测矩阵中小波变换层数对代价函数的影响

卡方函数为凸函数，是作为代价函数的前提。在不同层数小波变换后，卡方函数可能已不再是凸函数，因此需要通过实验进行验证。标准脉冲星曲线经过层数为1～10时小波变换的周期偏差与χ^2的关系曲线图如图3.13所示。从图中可以看出，层数（level）为1～5时，小波变换的χ^2曲线是单调递减的；层数为6～10时，小波变换已经不是随着误差变大而单调递减，甚至最大值发生了偏移。因此观测矩阵只能采用层数为1～5时的小波变换。

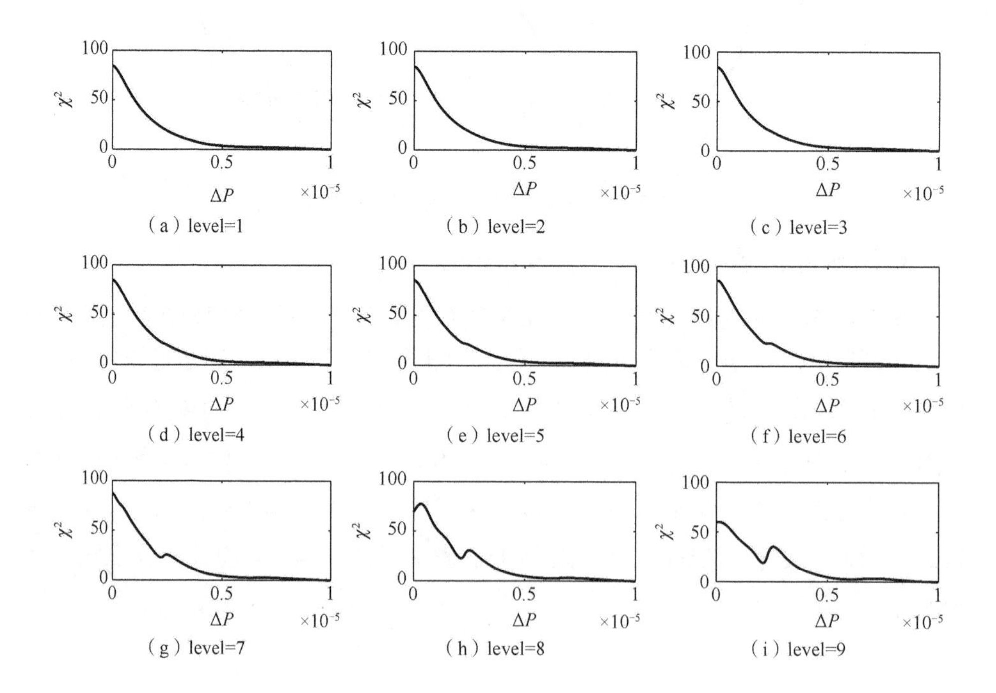

（a）level=1　（b）level=2　（c）level=3

（d）level=4　（e）level=5　（f）level=6

（g）level=7　（h）level=8　（i）level=9

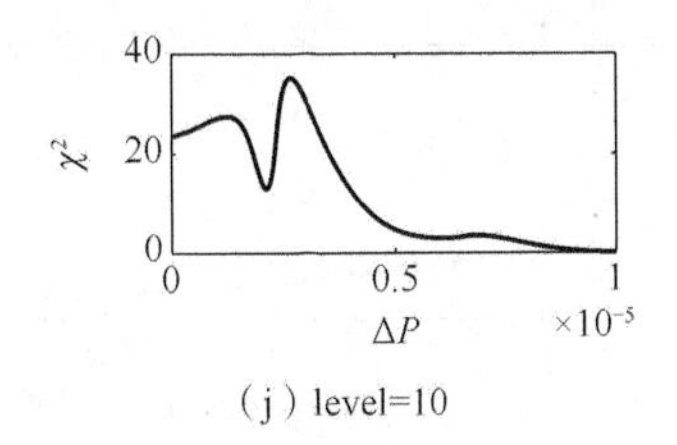

（j）level=10

图 3.13　层数为 1～10 时小波变换的周期偏差与 χ^2 的关系曲线图

5. 观测矩阵中小波变换层数对周期估计精度的影响

为了检验不同层数的小波变换对周期估计的性能影响，采用了 100 组时长为 100s 的 TOAs 数据进行分析，分析结果如图 3.14 所示。根据图 3.13 分析可知，χ^2 曲线在 5 层以上的小波变换已不再是单调递减的，因此本节只讨论层数为 1～5 时，小波变换的周期估计误差。图 3.14（a）中横坐标代表小波变换层数，纵坐标代表误差 E 的大小。误差 E 可以表示为

$$E = \left|\Delta\hat{P} - \Delta P\right|, \tag{3.81}$$

其中，ΔP 为真实的周期偏差；$\Delta\hat{P}$ 为用本章的方法估计的周期误差。图 3.14（a）中曲线显示误差 E 随着小波变换层数的升高逐渐降低，分析其主要原因是随着小波变换层数越高，小波变换去除高频噪声的作用越明显。图 3.14（b）表示各层小波变换所对应的运行时间 t_{w}，可以看出随着小波变换层数的增加，运行时间随之大幅度降低。图 3.14（c）表示 t_{w} 与脉冲星轮廓信号小波变换后数据长度 L 的关系曲线。图中除第一个点，曲线基本上是一条直线，说明运行时间和 L 大致成正比，进而说明影响算法运行时间的主要因素是数据长度，而第一个点之所以不在直线上，是因为第一个点对应的是五层小波变换，此时数据长度是最短的，这时数据长度对运行时间的影响已经不是主要因素。因此，从理论上说明通过增加小波变换层数可以缩短数据长度，进而减小运行时间是可行的。

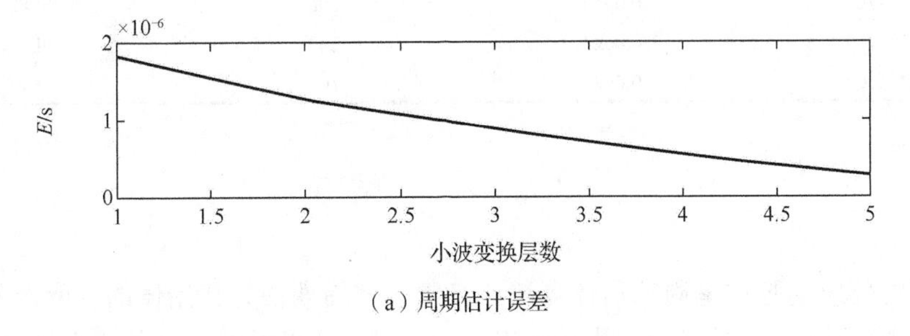

（a）周期估计误差

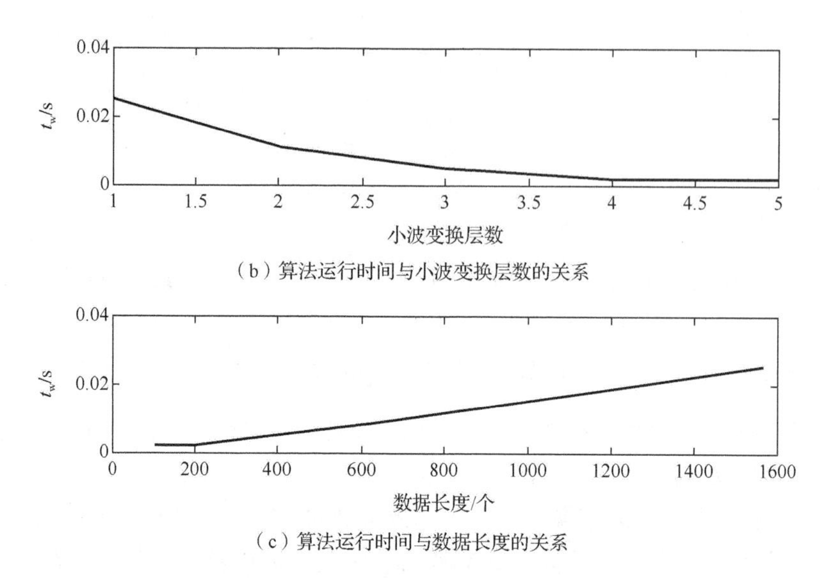

（b）算法运行时间与小波变换层数的关系

（c）算法运行时间与数据长度的关系

图 3.14　小波变换层数对周期估计的影响曲线图

为了验证本章方法的可行性，与传统的 χ^2 方法进行了对比，结果如表 3.5 所示。所提出的方法 PEWCS*n* 中的最后一位 *n* 表示小波变换的层数，表中 PEWCS*n* 方法在精度和运行时间都优于传统的 χ^2 方法。随着 *n* 的增大，PEWCS*n* 方法的优势更加明显。χ^2 方法运行时间长是轮廓信号的数据长度太长，计算量过大引起的。χ^2 方法精度差是因为航天器短航时引起的观测时间太短，由此光子的数据时长太短，进而 χ^2 与周期偏差形成的曲线峰值发生偏移。

表 3.5　PEWCS*n* 与 χ^2 方法性能对比

方法	运行时间/s	经过观测矩阵后的数据长度	精度/s
χ^2	0.0455	3125	2.53E−6
PEWCS1	0.0255	1566	1.83E−6
PEWCS2	0.0114	786	1.27E−6
PEWCS3	0.0050	396	8.78E−7
PEWCS4	0.0022	201	5.39E−7
PEWCS5	0.0022	104	2.89E−7

3.7　小　　结

针对传统的脉冲星周期估计算法计算量大和周期估计初始值的选取误差过大会导致周期估计失败的问题，本章提出了一种基于小波压缩感知的周期估计方法。该方法首先将压缩感知算法引入周期估计算法中，通过构建基于扭曲轮廓的字典，设计了基于小波观测矩阵和基于小波域的重构算法，从而降低了计算量，提高了算法的实时性。其次分析了脉冲星光子到达时间信号的特征，提出了一种基于峰值对的周期估计初始值确定方法。最后为了确定周期偏差的初始估计值 $\Delta\tilde{P}_0$，建立了周期偏差初始估计值与峰值对之间的数学关系模型，确定了峰值对的选择原则。仿真结果表明，该方法相比传统的基于压缩感知的周期估计方法计算量更小，所提方法相比传统的 χ^2 方法精度更高，运行时间更短。

第 4 章　脉冲轮廓信号的小波降噪算法

经过本书第 1 章和第 3 章的分析能够发现，在 X 射线脉冲星信号的处理过程中，应用历元折叠方法获取的脉冲轮廓信号难免产生大量频率较高的噪声，它们能降低 TOA 估计的精度，进而让最后的定位精度和定时精度大大降低。因此，如果要获取更高的导航精度，必须降低信号的噪声。因为小波变换可以对信号同时进行时域和频域分析，滤波性能也较好，所以很多学者将小波变换作为对脉冲轮廓信号进行降噪的工具，并且滤波效果较好[77-78]。学者在小波层数的选取、阈值函数的设计和小波基的选择等方面做了大量工作，但采用小波变换对脉冲轮廓信号进行降噪的方法仍然存在改进的空间和必要。

针对 Crab 脉冲轮廓信号存在大量噪声导致信噪比低的问题，本章根据脉冲轮廓的频域特性进行小波基的设计，设计 Crab 脉冲星小波基（Crab pulsar wavelet basis，CP*n*，*n* 代表小波基的长度）。该方法首先对信号进行频域分析，其次根据其频域特性构造小波基，最后为了提高算法的实时性，实现该小波基的提升方案（二代小波）。数值仿真结果显示，所提方法相比常见的 Db4 小波、Db5 小波，在信噪比、方差、峰值相对误差、峰位误差和实时性等方面表现更好。

4.1　小波降噪的原理分析

根据本书关于周期估计研究的内容可以看出，由于探测器有效面积小，并且脉冲星辐射的 X 射线光子流量比较弱，以及宇宙背景噪声的影响，对脉冲星光子到达时间信号进行历元折叠时得到的脉冲轮廓包含大量噪声。方海燕团队证明，对脉冲轮廓信号的 TOA 进行估计时，高频信号产生噪声的主要原因是有用信号分布在低频信号部分[58]，所以仅使用信噪比高的低频信号部分是可行的。小波变换能够将 X 射线脉冲轮廓信号分解为高频信号和低频信号，因此通过小波变换去除高频噪声的方法是可行的。

小波降噪原理图如图 4.1 所示，其一般过程可以分为 3 步。

（1）对信号进行小波变换：将待处理的脉冲轮廓信号表示成小波的加权和，而其中的权重系数就是小波系数，经过小波变换可以获得信号的小波域高频信号和低频信号。

（2）对高频信号进行阈值处理：保持变换后的低频信号不变，通过阈值函数对高频信号进行阈值处理，具体过程为根据信号特点、统计理论或近似思想设定

阈值 V_{thr}，当小波系数 $C_i < V_{\mathrm{thr}}$ 时，将 C_i 置零，当小波系数 $C_i \geqslant V_{\mathrm{thr}}$ 时，根据算法的不同，将 C_i 也做一定处理。

（3）小波逆变换：用小波逆变换将经过阈值处理获得的高频信号和低频信号转换到信号原来的时域和空域，如此便能够获得去掉高频噪声的信号。

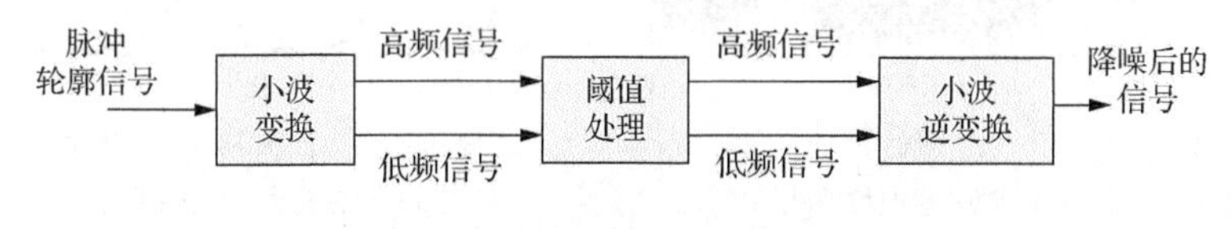

图 4.1　小波降噪原理图

为提高降噪效果，很多学者采用小波变换的方法去除信号噪声的主要做法是在重新设计阈值函数和层数的选取方面展开研究，取得了很好效果。但是这些方法降噪后的信噪比等指标仍然具有优化空间，特别是当脉冲星光子到达时间信号的长度比较短时，噪声影响更大，滤波效果更需要进一步优化。不同信号最合适的小波基是不同的，不存在一种通用的最优小波基，所以需要分析脉冲轮廓信号特点，重新设计更合适的小波基。

4.2　小波基的构造

对 1 个周期的 Crab 脉冲星数据的理想轮廓和通过历元折叠获得的实际含有噪声的真实轮廓进行快速傅里叶变换（fast Fourier transformation，FFT），理想轮廓和真实轮廓的时频域曲线如图 4.2 所示。图 4.2（a）表示经过历元折叠得到的含噪轮廓曲线，图 4.2（b）是理想轮廓曲线，图 4.2（c）是图 4.2（a）中含噪轮廓曲线经 FFT 后得到的曲线，图 4.2（d）是图 4.2（b）中理想轮廓曲线经 FFT 后得到的曲线。通过对比图 4.2（c）和（d）可知，理想轮廓曲线的频域曲线集中在低频部分，而含噪轮廓曲线的频域曲线除了在低频有分布，在 20～40kHz 也有一定的分布，所以可以认为噪声主要集中在 20～40kHz 高频部分。因此，在频域设计低通滤波器时，其截止频率越靠近 Y 轴越好，并且滤波器的频域曲线从通带到阻带过渡时越陡峭越好，也就是这段曲线尽量平行于 Y 轴，这样就接近理想滤波器。但是，越接近理想滤波器，无疑滤波器需要的阶数越高，此时计算量也就越大。因此，在设计小波基时，应平衡计算量（阶数）和信噪比之间的矛盾。如果构造一种小波基，在相同阶数的情况下，比其他小波基有更好的性能，那么就可以说明所构造的小波基性能更好。

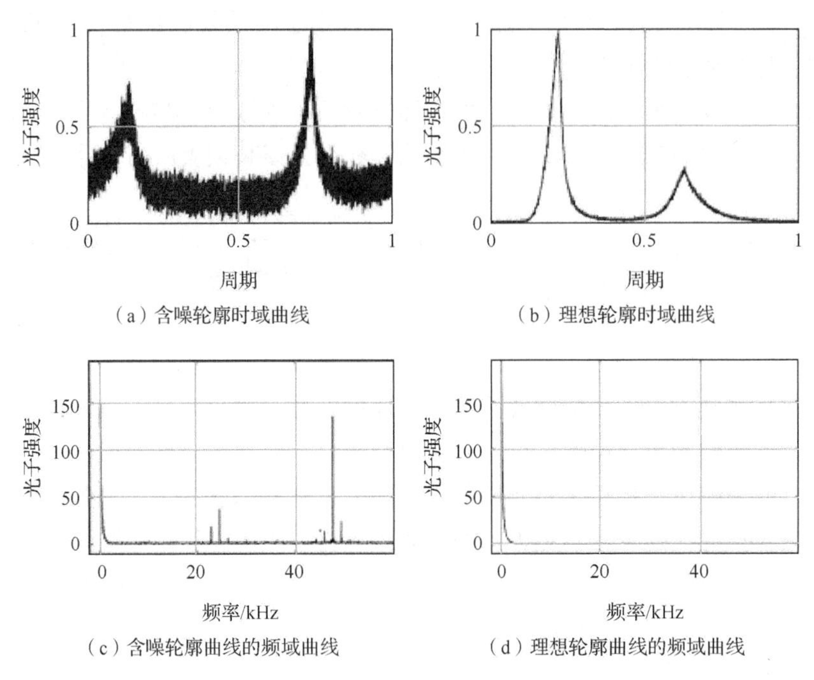

（a）含噪轮廓时域曲线　（b）理想轮廓时域曲线

（c）含噪轮廓曲线的频域曲线　（d）理想轮廓曲线的频域曲线

图 4.2　理想轮廓和真实轮廓的时频域曲线

除了考虑滤波器阶数，在构造小波基时还必须判断是否为线性相位和是否收敛这两个方面。这样做有两个原因：一是如果存在相位失真就会降低相位估计的精度，进而降低脉冲星信号的 TOA 估计精度，最终降低导航的定位精度和定时精度，所以在对脉冲星信号去噪时不能产生相位失真；二是如果滤波后的曲线不收敛，那么就达不到滤波的效果，甚至会引入更多的噪声，也会产生形变，所以滤波后的曲线应该收敛。

综合以上限制条件，选择汉明窗法设计的小波基，由于研究的对象是 Crab 脉冲轮廓信号，所以将其命名为 Crab 脉冲星小波基（Crab pulsar，CP*n* wavelet basis，*n* 为小波基长度），不同长度的 Db*n* 和 CP*n* 对比如图 4.3 所示。图 4.3（a）～（d）分别对应于长度为 4、6、8 和 10 的 Db*n* 和 CP*n*。从图中可以看出，Db*n* 既不奇数对称也不偶数对称，而 CP*n* 的系数遵循偶数或奇数对称性。因此，CP*n* 的相位延迟和群延迟在时域上相等且为常数。对于 *n* 阶线性相位的 CP*n*，群延迟为 $n/2$ 。也就是说，小波变换之后的信号仅被逐步延迟 $n/2$ 。该特性能够保留低频信号的波形，因此不存在相位失真。

分析完 Db*n* 和 CP*n* 小波基的时域特性，再来看看它们的频域特性。不同长度的 Db*n* 和 CP*n* 小波基 FFT 曲线对比如图 4.4 所示。图中长度为 4、6、8 和 10 的小波 FFT 曲线分别对应于图 4.4（a）～（d）。通过对比长度相同的两个小波基，所有 CP*n* 小波基低通滤波器幅度-频率曲线 $h_{\mathrm{CP}n}$ 和高通滤波器幅度-频率曲线 $g_{\mathrm{CP}n}$

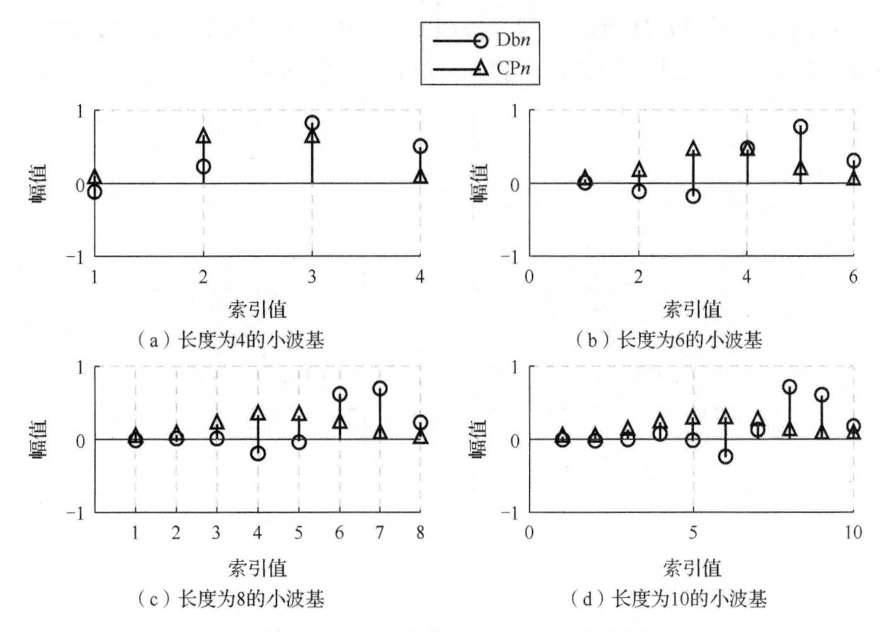

图 4.3　不同长度的 Dbn 和 CPn 对比图

分别低于 Dbn 的低通滤波器幅度-频率曲线 $h_{\mathrm{Db}n}$ 和高通滤波器幅度频率曲线 $g_{\mathrm{Db}n}$，也就是说 CPn 小波基更接近理想滤波器。前面已经分析过，越接近理想滤波器，滤波效果越好，所以 CPn 小波基的滤波性能更好一些。

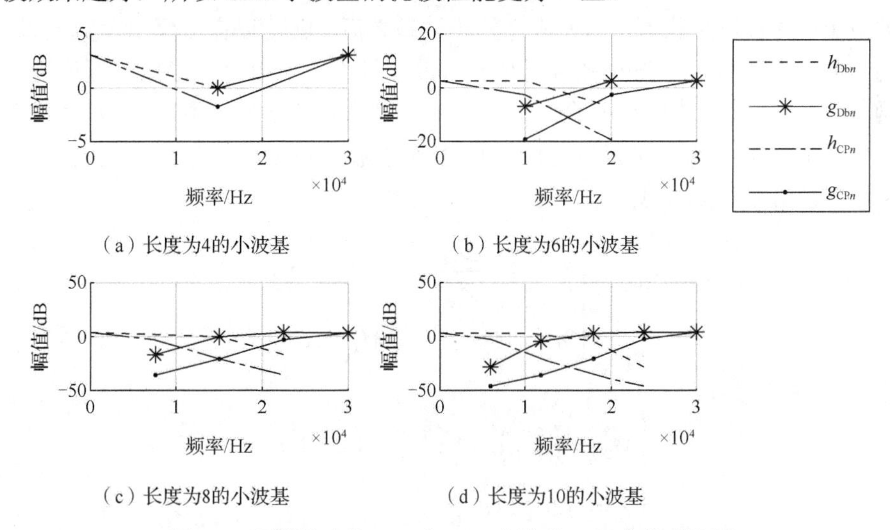

图 4.4　不同长度的 Dbn 和 CPn 小波基 FFT 曲线对比图

分析完 CPn 的时域、频域后，再分析一下它是否稳定收敛。分析方法采用的是零极点图，不同长度的 CPn 小波基的零极点图如图 4.5 所示。长度为 4、6、8

和 10 的 CPn 的零极点图对应于图 4.5（a）～（d）。从图中可以看出，CPn 的极点都在单位圆内，因此它们是稳定的，在经过小波变换后不会发散。

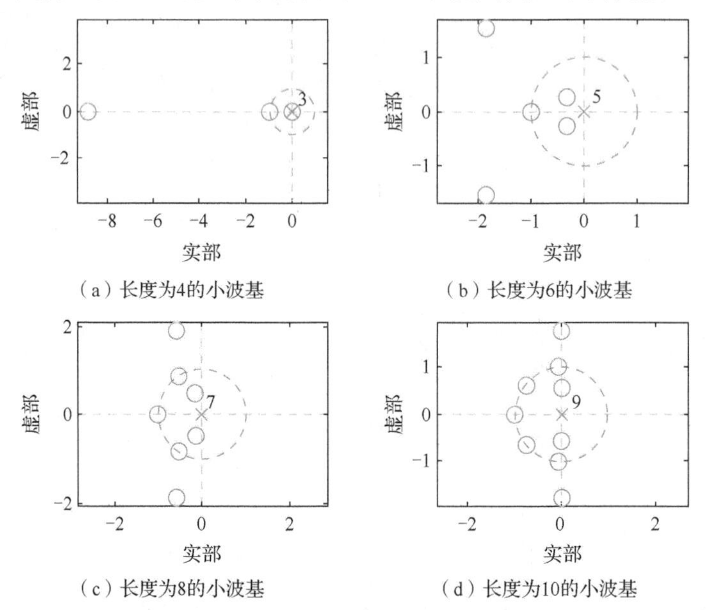

（a）长度为4的小波基　（b）长度为6的小波基

（c）长度为8的小波基　（d）长度为10的小波基

图 4.5　不同长度的 CPn 小波基的零极点图

通过前面的分析，已经明确 CPn 小波基不仅能够保持相位，而且具有更好的滤波效果，并且也是收敛的。在构造好小波基之后，就可以完成阈值函数的设计。因为脉冲轮廓信号各个 bin 的临近值相关度比较大，所以可以根据临近值设计阈值函数[72,156]。相邻系数阈值的基本原理是如果第 k 层分解的第 i 个小波系数 $\lambda_i^{(k)}$ 包含信号的有用特性，那么与它相邻的 2 个小波系数 $\lambda_{i-1}^{(k)}$ 和 $\lambda_{i+1}^{(k)}$ 也会包含信号的有用特性。其数学表示为

$$\hat{\lambda}_i^{(k)}=\begin{cases}\lambda_i^{(k)}\left(1-\dfrac{a_k^2}{M_{k,i}^2}\right), & M_{k,i}^2\geqslant a_k^2\\ 0, & M_{k,i}^2<a_k^2\end{cases},\tag{4.1}$$

其中，

$$\begin{cases}M_{k,i}^2=\left(\hat{\lambda}_{i-1}^{(k)}\right)^2+\left(\hat{\lambda}_i^{(k)}\right)^2+\left(\hat{\lambda}_{i+1}^{(k)}\right)^2\\ a_k=\sqrt{2\sigma_k^2\ln L}\end{cases},\tag{4.2}$$

其中，L 为被处理信号的长度；σ_k 为第 k 层变换得到的高频信号的标准差：

$$\sigma_k = \text{median}\left(\left|\lambda^{(k)}\right|\right) / 0.6745 \text{，} \tag{4.3}$$

其中， median(·) 为取中值运算。

4.3　小波基提升方案的实现

根据 3.2.2 小节的小波提升方法原理，将所设计的 CP*n* 小波基变成小波提升方案的表达方式。

根据第 3 章，多相矩阵可以用式（4.4）表示

$$\tilde{\boldsymbol{P}}(z) = \begin{bmatrix} K_1 & 0 \\ 0 & K_2 \end{bmatrix} \begin{bmatrix} 1 & 1 \\ 0 & 1 \end{bmatrix} \begin{bmatrix} 1 & 0 \\ -\dfrac{1}{2} & 1 \end{bmatrix} \text{，} \tag{4.4}$$

所以它的预测算子可以表示为

$$\tilde{t}(z) = 1 \text{，} \tag{4.5}$$

更新算子可以表示为

$$\tilde{s}(z) = -\frac{1}{2} \text{。} \tag{4.6}$$

CP*n* 提升算法的原理和解析解分别如图 4.6 和表 4.1 所示。通过式（4.4）及图 4.6 可以发现，本次提升算法与第 3 章有所不同，本次提升算法首先进行更新计算，之后才完成预测计算。由此可以发现提升算法设计是十分灵活的，通常不止有一种解决方法，可以由多种方法实现。

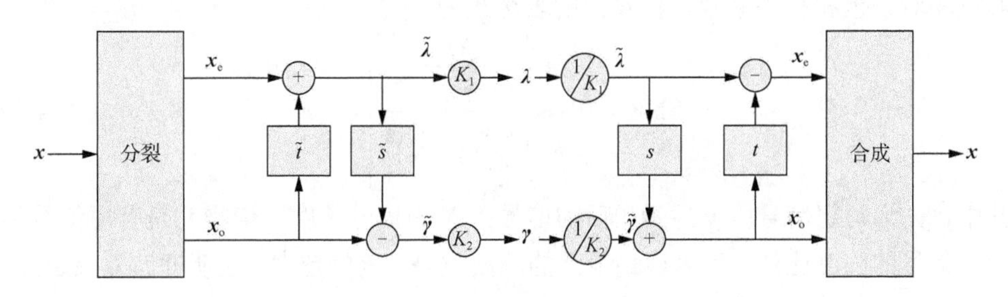

图 4.6　CP*n* 提升算法的原理图

表 4.1　CPn 提升算法的解析解

小波基	K_1	K_2
CP4	$4.56\times10^{-2}\cdot Z+4.54\times10^{-1}\cdot Z^2$	$4.56\times10^{-2}+4.54\times10^{-2}\cdot Z$
CP6	$2.64\times10^{-2}+3.33\times10^{-1}\cdot Z+1.40\times10^{-1}\cdot Z^2$	$2.64\times10^{-2}+3.33\times10^{-1}\cdot Z+1.40\times10^{-1}\cdot Z^2$
CP8	$1.74\times10^{-2}\cdot Z+1.66\times10^{-1}\cdot Z^2$ $+2.55\times10^{-2}\cdot Z^3+6.12\times10^{-2}\cdot Z^4$	$1.74\times10^{-2}+1.66\times10^{-1}\cdot Z$ $+2.55\times10^{-1}\cdot Z^2+6.12\times10^{-2}\cdot Z^3$
CP10	$1.19\times10^{-2}\cdot Z+8.88\times10^{-2}\cdot Z^2$ $+2.07\times10^{-1}\cdot Z^3+1.59\times10^{-1}\cdot Z^4$ $+3.25\times10^{-2}\cdot Z^5$	$1.19\times10^{-2}+8.88\times10^{-2}\cdot Z$ $+2.07\times10^{-1}\cdot Z^2+1.59\times10^{-1}\cdot Z^3$ $+3.25\times10^{-2}\cdot Z^4$

4.4　仿真与分析

为了验证所提方案的有效性，进行了数值仿真。脉冲轮廓信号的小波降噪仿真参数如表 4.2 所示。

表 4.2　脉冲轮廓信号的小波降噪仿真参数

名称	参数
仿真数据源	NASA 的 RXTE 数据，XPNAV-1 和 HXMT 数据
小波基	Dbn 和 CPn
小波基的长度	4、6、8 和 10
计算机配置	Win7 X64，i5-3210M，2.5GHz，16GB RAM
Matlab	R2015a

在仿真的过程中，采用多个数据源，从多个方面比较了相同长度的 Dbn 和 CPn 小波基的滤波效果。数据源包括国内“慧眼”硬 X 射线调制望远镜的 HXMT、XPNAV-1 和国外 NASA 的 RXTE 数据，具体评估指标包括信噪比、噪声方差、峰值相对误差和相关系数。信噪比的表达式为

$$\mathrm{SNR}=10\cdot\lg\left[\frac{\sum_{i=1}^{N}\boldsymbol{y}^2}{\sum_{i=1}^{N}(\boldsymbol{y}-\hat{\boldsymbol{y}})^2}\right],\tag{4.7}$$

其中，$\boldsymbol{y}$ 为理想信号；$\hat{\boldsymbol{y}}$ 为降噪后的信号；N 为信号长度。信噪比是有用信号和噪声信号的强度比值，可以衡量最终的滤波效果，该值越大，说明滤波效果越好。

噪声方差的表达式为

$$\mathrm{MSD}=\frac{\sum_{i=1}^{N}(\boldsymbol{y}-\hat{\boldsymbol{y}})^2}{N}。\tag{4.8}$$

各个符号的意义和式（4.7）一致，该指标可以衡量噪声的大小，该值越大，

说明噪声越大。

峰值相对误差的表达式为

$$\mathrm{PRE}=\frac{\left|V_0-V_\mathrm{d}\right|}{V_0}\cdot 100\%\text{，}\tag{4.9}$$

其中，V_0 为标准脉冲轮廓的脉冲峰值；V_d 为降噪后脉冲星信号的峰值。这个指标衡量波形的变化程度，可以作为滤波后曲线峰值失真程度的参考。

相关系数的表达式为

$$\mathrm{CC}=\frac{\mathrm{cov}(\boldsymbol{y},\hat{\boldsymbol{y}})}{\sqrt{\mathrm{var}(\boldsymbol{y})\,\mathrm{var}(\hat{\boldsymbol{y}})}}\text{，}\tag{4.10}$$

其中，$\mathrm{cov}(\boldsymbol{y},\hat{\boldsymbol{y}})$ 表示 $\boldsymbol{y}$ 和 $\hat{\boldsymbol{y}}$ 的协方差；$\mathrm{var}(\cdot)$ 表示求取方差。相关系数评价的是滤波后的曲线与真实曲线的近似程度，即衡量滤波后整条曲线的失真程度。

采用 RXTE 数据作为数据源，不同长度小波基一、二层小波变换的降噪效果对比分别如图 4.7 和图 4.8 所示。图 4.7 和图 4.8 中（a）～（d）分别对应 4、6、8 和 10 的小波基长度，Ideal 曲线表示理想曲线。为防止各个曲线相互重叠不易观察，将经过各小波基滤波后的曲线在垂直方向移动。经过观察对比，发现有 3 个规律：①相比一层小波，总体上二层小波滤波后曲线更加平滑；②相比 Db*n* 小波基，CP*n* 小波基的滤波曲线更加平滑，噪声更小；③Db*n* 小波基和 CP*n* 小波基都随着长度的增加，效果更加明显，更接近理想曲线 Ideal，明显降噪效果更好。

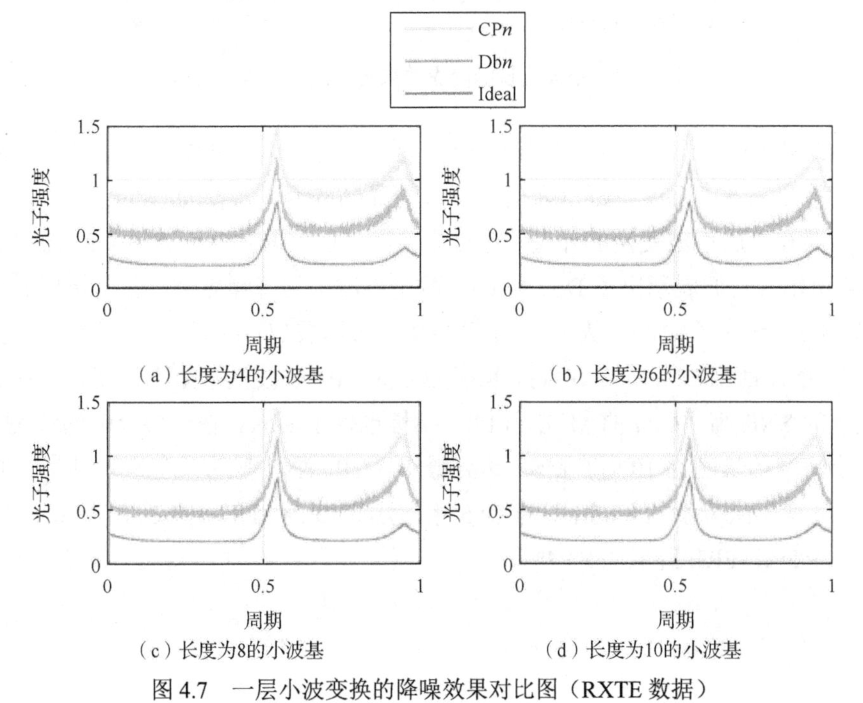

图 4.7　一层小波变换的降噪效果对比图（RXTE 数据）

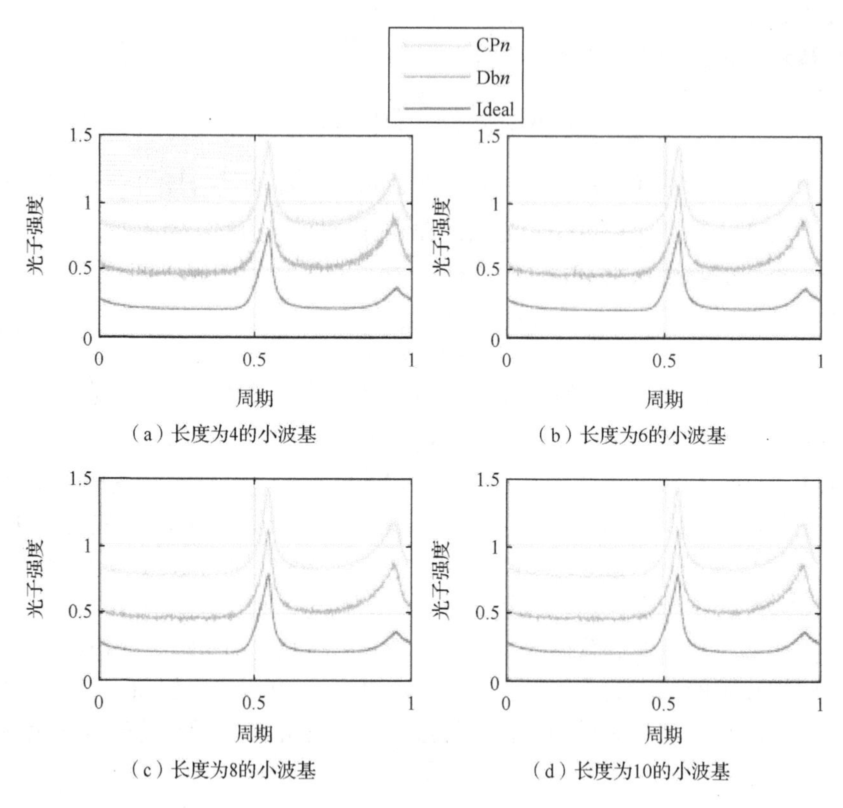

（a）长度为4的小波基　（b）长度为6的小波基
（c）长度为8的小波基　（d）长度为10的小波基

图 4.8　二层小波变换的降噪效果对比图（RXTE 数据）

从图 4.7 和图 4.8 仅能够看出滤波后的直观感觉，为了更加科学地评价滤波效果，计算出的各个曲线指标以表格和图形的形式展示。

一层和二层小波变换的降噪数值结果（RXTE 数据）对比如图 4.9、表 4.3 和表 4.4 所示。它们展示出了 Db*n* 和 CP*n* 两个小波基的降噪效果，各个指标的定义见式（4.7）～式（4.10）。从表 4.3 和表 4.4 中可以看出，在长度相同的小波基中，CP*n* 的 SNR 都比 Db*n* 的 SNR 高。长度为 4 的 CP4 小波基甚至比长度为 6 的 Db3 小波基的 SNR 高。CP*n* 的 MSE 和 PRE 指标也优于 Db*n*。在一层分解的情况下，CP*n* 小波基的长度为 10 时，MSE 达到最小，CP*n* 小波基的长度为 8 时，PRE 达到最小。在一层分解的情况下，与 Db5 相比，CP10 的 SNR 高（2.6E−2）dB，MSE 降低了 9.5%，PRE 降低了 93.4%。

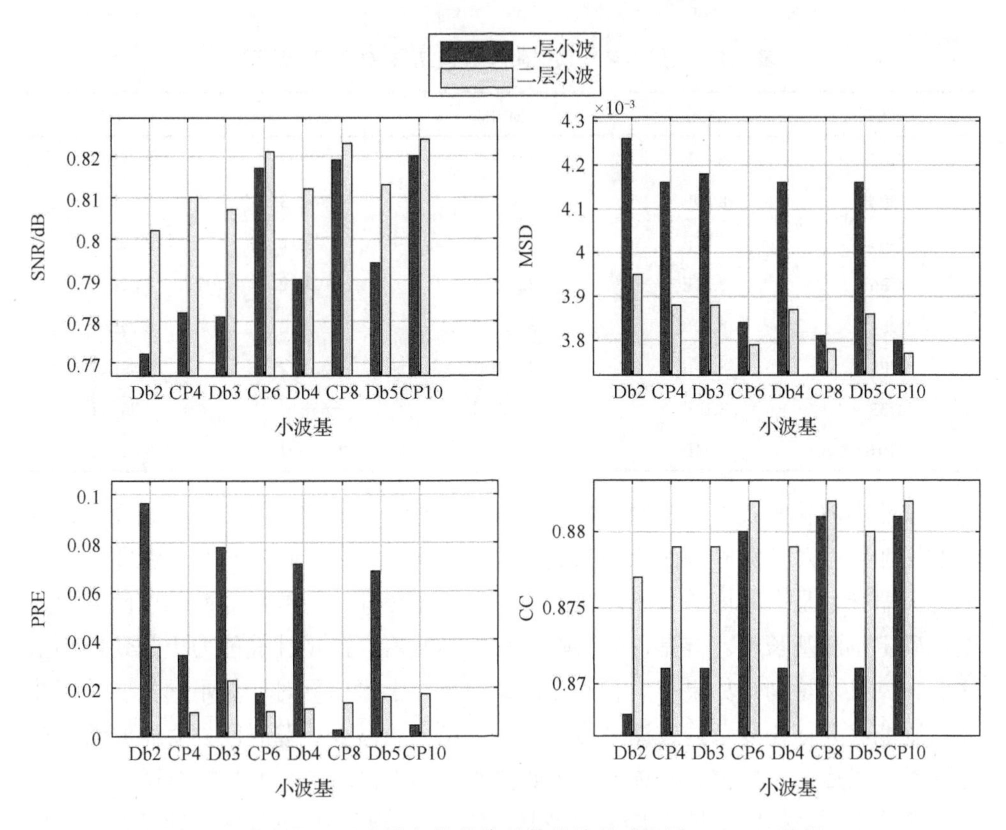

图 4.9　一层和二层小波变换的降噪数值结果对比图（RXTE 数据）

表 4.3　一层小波变换的降噪数值结果（RXTE 数据）

小波基	SNR/dB	MSD	PRE	CC
Db2	7.72E−1	4.26E−3	9.62E−2	8.68E−1
CP4	7.82E−1	4.16E−3	3.34E−2	8.71E−1
Db3	7.81E−1	4.18E−3	7.79E−2	8.71E−1
CP6	8.17E−1	3.84E−3	1.76E−2	8.80E−1
Db4	7.90E−1	4.16E−3	7.11E−2	8.71E−1
CP8	8.19E−1	3.81E−3	2.55E−3	8.81E−1
Db5	7.94E−1	4.16E−3	6.82E−2	8.71E−1
CP10	8.20E−1	3.80E−3	4.48E−3	8.81E−1

表 4.4　二层小波变换的降噪数值结果（RXTE 数据）

小波基	SNR/dB	MSD	PRE	CC
Db2	8.02E−1	3.95E−3	3.70E−2	8.77E−1
CP4	8.10E−1	3.88E−3	9.84E−3	8.79E−1
Db3	8.07E−1	3.88E−3	2.28E−2	8.79E−1
CP6	8.21E−1	3.79E−3	1.02E−2	8.82E−1
Db4	8.12E−1	3.87E−3	1.13E−2	8.79E−1
CP8	8.23E−1	3.78E−3	1.38E−2	8.82E−1
Db5	8.13E−1	3.86E−3	1.63E−2	8.80E−1
CP10	8.24E−1	3.77E−3	1.75E−2	8.82E−1

虽然小波基的长度越长滤波效果越好，但是长度的增加不可避免地导致计算量的增加，以及计算时间的增加和更多硬件资源的占用。这对计算资源非常宝贵的航天器来说是有难度的，所以在应用时需要平衡计算资源和导航精度两方面因素以确定小波基长度。但是，如果随着科技的发展，出现计算能力更强劲、小型化的计算机，特别是如果在具有并行计算的平台上可以同时计算不同长度的滤波器，则能够并行化复杂的过滤过程，从而可以大大减少计算时间并对滤波结果进行比对，然后通过代价函数选择最优滤波器，实现自适应小波基的选择。

总体来说，相比常见的 Db*n* 小波基，CP*n* 小波基不但降噪的性能良好，而且计算量也没有增加。原因是当待处理信号的长度确定，并且阈值处理算法设计好后，小波降噪算法的计算复杂度仅和小波基的长度有关，小波基的长度越长，计算量越大。因此，当 CP*n* 小波基和 Db*n* 小波基具有相同的长度时，它们的算法复杂度是相同的，即算法的时间消耗基本相同。

为了考核 CP*n* 小波基的性能，也采用了国内的数据进行进一步的验证。XPNAV-1 和 HXMT 数据的仿真实验结果如图 4.10～图 4.15 和表 4.5～表 4.8 所示。从这些图、表可得仿真实验结果，同样可以证明 RXTE 数据实验结果的结论：①随着小波基长度的增加，CP*n* 和 Db*n* 小波基的 SNR、MSD 和 CC 等各个滤波后曲线的性能指标越来越好；②当小波基的长度相等时，相比 Db*n* 小波基，CP*n* 小波基的滤波效果更好，甚至有些时候，当 CP*n* 的滤波器长度小于 Db*n* 的长度时，CP*n* 的一些指标能够优于 Db*n*。例如，在 XPNAV-1 数据的二层小波变换的图中，CP4 的 SNR 指标要优于 Db5。

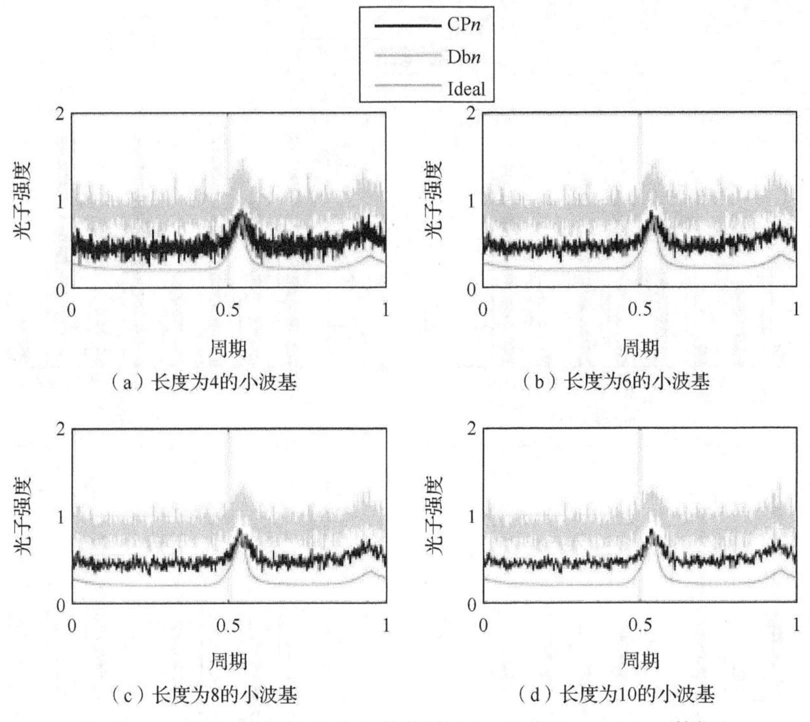

（a）长度为4的小波基　（b）长度为6的小波基

（c）长度为8的小波基　（d）长度为10的小波基

图 4.10　一层小波变换的降噪数值结果对比图（XPNAV-1 数据）

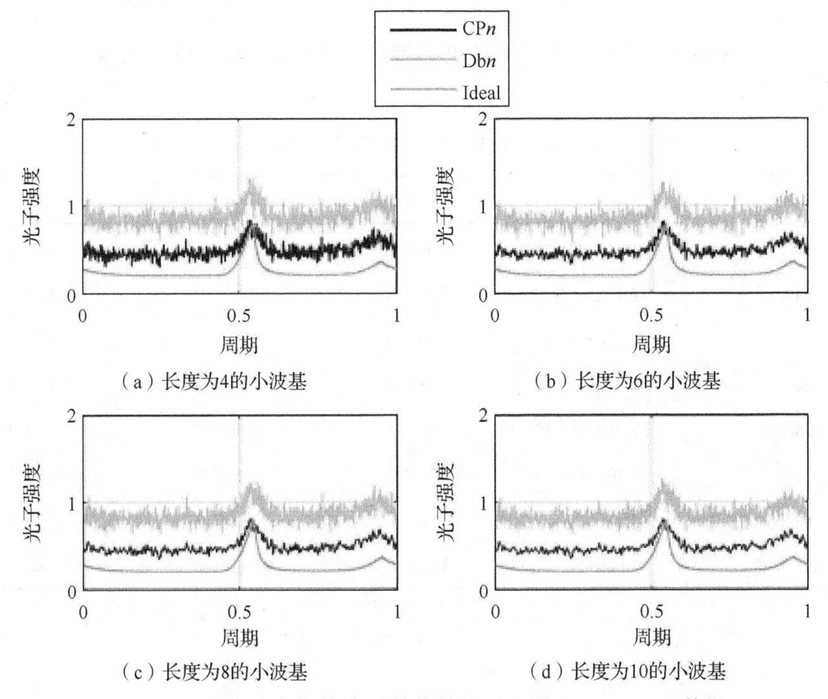

（a）长度为4的小波基　（b）长度为6的小波基

（c）长度为8的小波基　（d）长度为10的小波基

图 4.11　二层小波变换的降噪数值结果对比图（XPNAV-1 数据）

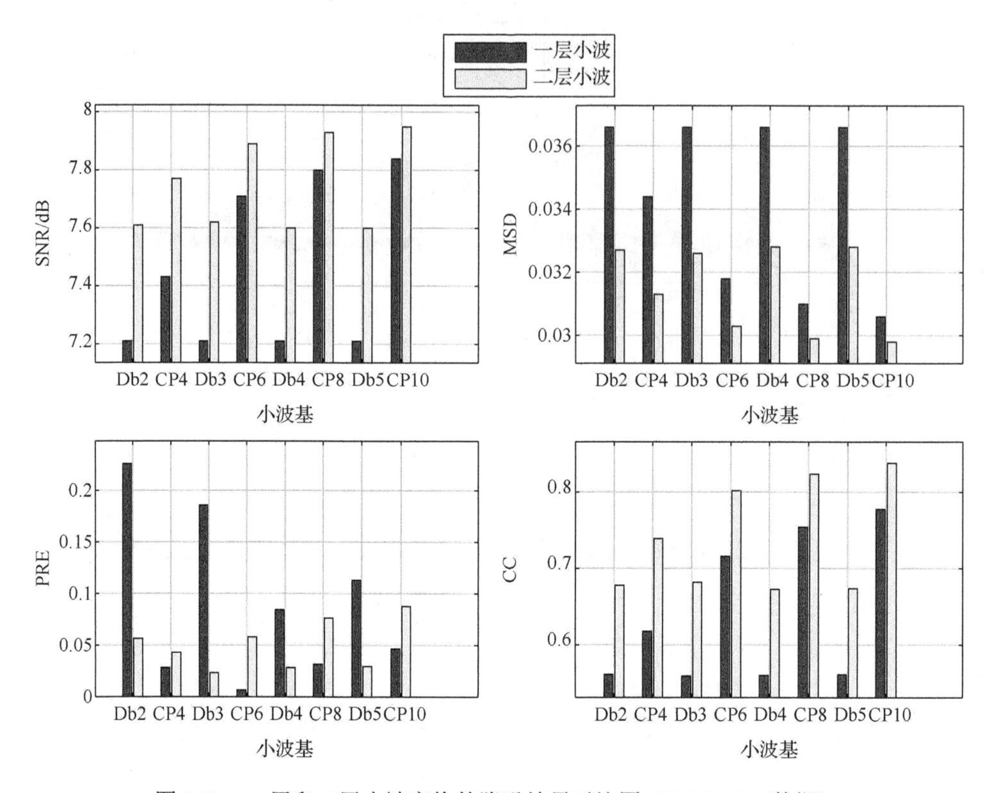

图 4.12　一层和二层小波变换的降噪结果对比图（XPNAV-1 数据）

表 4.5　一层小波变换的降噪数值结果（XPNAV-1 数据）

小波基	SNR/dB	MSD	PRE	CC
Db2	7.21E+0	3.66E−2	2.26E−1	5.61E−1
CP4	7.43E+0	3.44E−2	2.81E−2	6.18E−1
Db3	7.21E+0	3.66E−2	1.86E−1	5.59E−1
CP6	7.71E+0	3.18E−2	6.39E−3	7.16E−1
Db4	7.21E+0	3.66E−2	8.46E−2	5.60E−1
CP8	7.80E+0	3.10E−2	3.16E−2	7.54E−1
Db5	7.21E+0	3.66E−2	1.13E−1	5.61E−1
CP10	7.84E+0	3.06E−2	4.66E−2	7.78E−1

表 4.6　二层小波变换的降噪数值结果（XPNAV-1 数据）

小波基	SNR/dB	MSD	PRE	CC
Db2	7.61E+0	3.27E−2	5.66E−2	6.78E−1
CP4	7.77E+0	3.13E−2	4.29E−2	7.39E−1
Db3	7.62E+0	3.26E−2	2.30E−2	6.82E−1
CP6	7.89E+0	3.03E−2	5.82E−2	8.02E−1
Db4	7.60E+0	3.28E−2	2.80E−2	6.73E−1
CP8	7.93E+0	2.99E−2	7.65E−2	8.24E−1
Db5	7.60E+0	3.28E−2	2.93E−2	6.74E−1
CP10	7.95E+0	2.98E−2	8.78E−2	8.38E−1

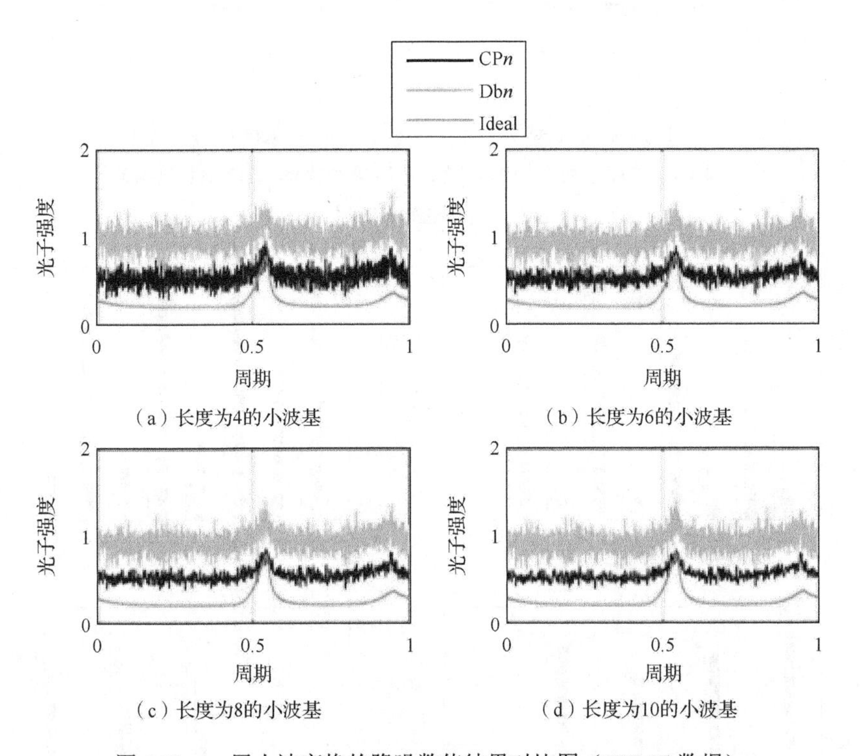

（a）长度为4的小波基　（b）长度为6的小波基

（c）长度为8的小波基　（d）长度为10的小波基

图 4.13　一层小波变换的降噪数值结果对比图（HXMT 数据）

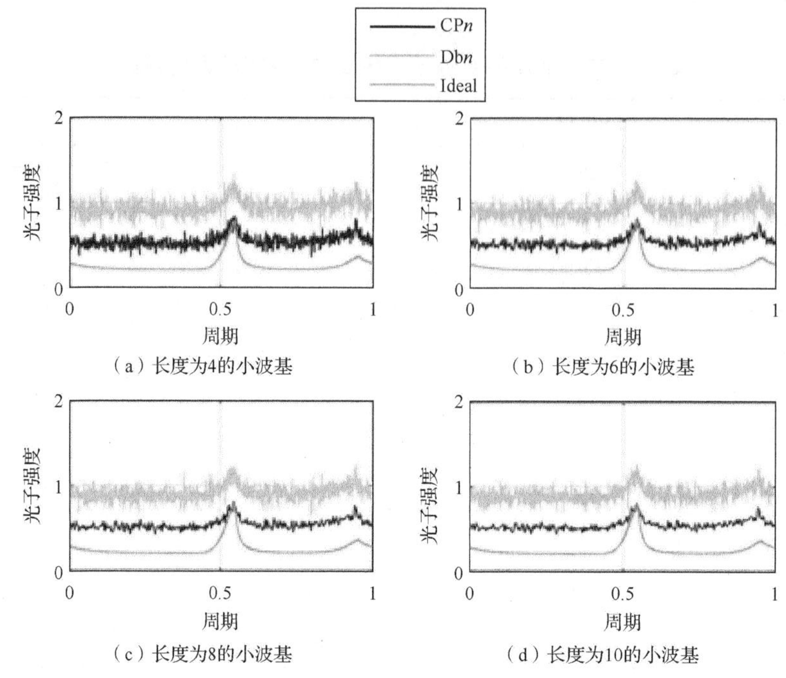

图 4.14　二层小波变换的降噪数值结果对比图（HXMT 数据）

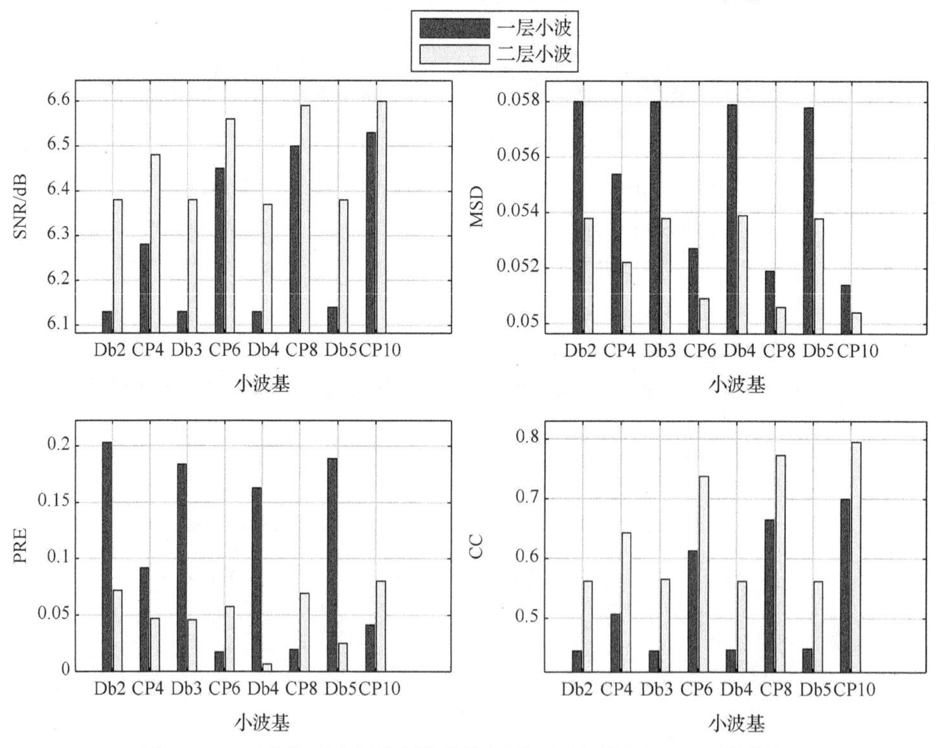

图 4.15　一层和二层小波变换的降噪结果对比图（HXMT 数据）

表 4.7　一层小波变换的降噪数值结果（HXMT 数据）

小波基	SNR/dB	MSD	PRE	CC
Db2	6.13E+0	5.80E−2	2.03E−1	4.45E−1
CP4	6.28E+0	5.54E−2	9.18E−2	5.07E−1
Db3	6.13E+0	5.80E−2	1.84E−1	4.45E−1
CP6	6.45E+0	5.27E−2	1.73E−2	6.13E−1
Db4	6.13E+0	5.79E−2	1.63E−1	4.47E−1
CP8	6.50E+0	5.19E−2	1.95E−2	6.65E−1
Db5	6.14E+0	5.78E−2	1.89E−1	4.49E−1
CP10	6.53E+0	5.14E−2	4.15E−2	7.00E−1

表 4.8　二层小波变换的降噪数值结果（HXMT 数据）

小波基	SNR/dB	MSD	PRE	CC
Db2	6.38E+0	5.38E−2	7.21E−2	5.62E−1
CP4	6.48E+0	5.22E−2	4.70E−2	6.43E−1
Db3	6.38E+0	5.38E−2	4.59E−2	5.65E−1
CP6	6.56E+0	5.09E−2	5.74E−2	7.38E−1
Db4	6.37E+0	5.39E−2	6.48E−3	5.62E−1
CP8	6.59E+0	5.06E−2	6.93E−2	7.73E−1
Db5	6.38E+0	5.38E−2	2.53E−2	5.62E−1
CP10	6.60E+0	5.04E−2	8.03E−2	7.95E−1

滤波的目标是对 TOA 进行估计，所以为了检测提出的 CP*n* 小波基性能对 TOA 估计的影响，将 CP*n* 和 Db*n* 分别对多组具有不同信噪比的信号进行滤波，然后用相关系数方法作为评价函数来搜索 TOA[58]。CP*n* 和 Db*n* 小波基滤波后的 TOA 估计误差曲线如图 4.16 所示，图中显示了通过两种方法过滤的 100 组轮廓曲线估计出 TOA 的仿真结果。图 4.16（a）～（d）分别对应于小波基长度为 4、6、8 和 10 的 TOA 估计误差曲线，图中横坐标表示脉冲轮廓数据的组序号，纵坐标表示 TOA 估计误差。从图中可以看出：①大部分 CP*n* 方法获得的 TOA 估计误差要小于 Db*n* 方法；②图中每条 CP*n* 曲线在稳定性方面均优于 Db*n* 曲线。因此，CP*n* 方法对 TOA 估计有更好的效果。

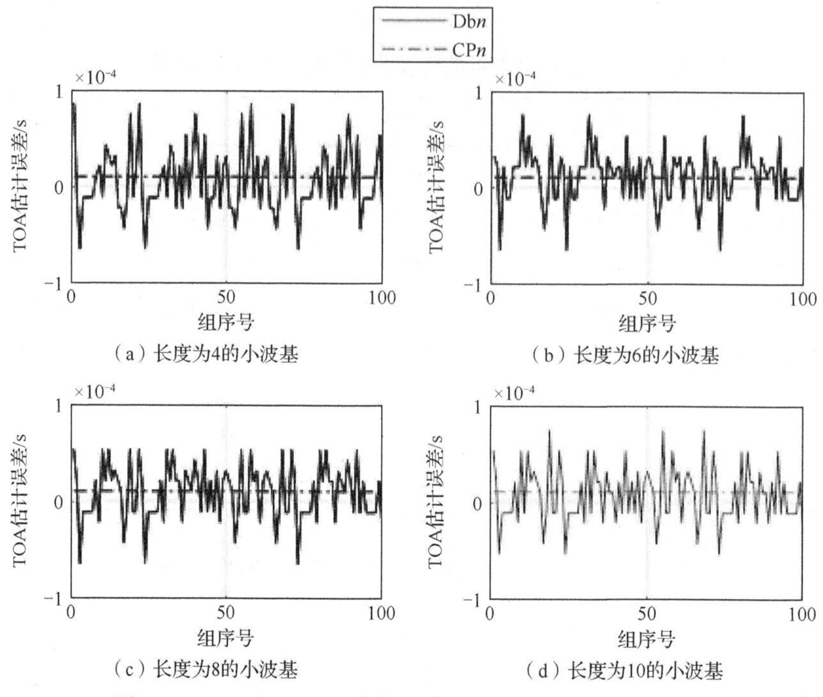

（a）长度为4的小波基　（b）长度为6的小波基
（c）长度为8的小波基　（d）长度为10的小波基

图 4.16　CP*n* 和 Db*n* 小波基滤波后的 TOA 估计误差曲线图

4.5　小　　结

在短航时航天器的应用环境中，会给脉冲星导航带来累积观测时间更短的挑战，从而导致计算的脉冲轮廓信号带有更多噪声，仅通过在现有小波基集合中筛选，以及优化阈值函数的小波降噪方法已经无法满足降噪要求。为此，在分析脉冲轮廓信号特性的基础上，设计了 Crab 脉冲星（CP*n*）小波基。该方法首先用 FFT 分析了轮廓信号在频域的分布特性；其次利用频域特性借用 FIR 滤波器思想设计了小波基；再次根据脉冲轮廓相邻 bin 值之间的相关性，应用相邻系数阈值算法设计了阈值函数；最后针对小波变换计算量大的问题，为减少算法计算量，最终实现了小波基的提升方案。仿真结果显示，与传统的应用广泛的 Db*n* 小波基的降噪效果相比，CP*n* 对 Crab 脉冲轮廓降噪后的 SNR、MSD 和 PRE 等指标都有改进。在选择小波基长度时，可以根据应用场景的滤波效果和计算量这两个方面选择 CP*n* 小波基的长度。该小波基先分析频域特性再设计小波基的思路不仅可以用于 Crab 脉冲轮廓信号，而且可以用于其他脉冲星轮廓信号，并且对于有用信号处于低频，噪声为高频的信号，理论上 CP*n* 小波基同样适用。由于该方法能够为 TOA 估计过程提供具有更高信噪比的信号源，因此能够得到更高精度的 TOA 估计值，最终达到提高脉冲星导航精度的目的。

第 5 章　基于压缩感知的 TOA 估计算法

第 4 章已经对脉冲轮廓进行了降噪，之后就需要估计 TOA。TOA 是指脉冲星信号到达探测器的时间。TOA 是 XNAV 的关键量，根据它可以解算出时间和位置。解算的过程可以概括为把所有光子撞击探测器得到的时间组成一个序列，在这个序列中解算出 TOA 的算法就是 TOA 估计。解决这个问题的常规方法是用最小方差估计器作为代价函数，然后通过搜索的方法得到最优解。光子序列的数据非常庞大，并且其需要大量搜索计算，这就导致传统方法计算量很大，因此会消耗航天器上很多的宝贵计算资源和时间，特别是无法满足短航时航天器对 XNAV 的导航要求。因此，需要设计算法减少计算量。

本章根据脉冲星轮廓信号的特点，从时域和小波域两个角度对 TOA 的估计算法展开了研究。为了降低搜索次数，基于时域的方法提出了基于双字典和同尺度 1-范数的 TOA 估计方法（TOA estimation method based on double dictionaries and same scale L_1 norms，DD&SSL$_1$）：该方法首先构建了两级字典，使用两次搜索能够明显减少搜索次数，从而减少计算量，增加了系统的实时性；其次构建了 0-1 二元随机观测矩阵，与传统基于阿达马（Hadamard）的观测矩阵对比，计算量明显减少；最后为降低 2-范数评价函数的计算量，构建了 1-范数评价函数，为解决脉冲轮廓不在同一尺度的问题，将不同尺度的脉冲轮廓化为同一尺度，设计了同尺度 1-范数作为代价函数完成了重构算法，比 2-范数计算量更小。在基于小波域方面提出了基于小波域压缩感知的 TOA 估计方法（TOA estimation method based on wavelet domain compressed sensing，WCST）：该方法首先设计了小波域的多级字典，当小波变换层数达到一定值时，比 DD&SSL$_1$ 的计算量更小；其次当小波变换的层数增加时，级数越高的字典维度越小，若依然采用维度与小波系数个数固定比例的观测矩阵，那么可能会影响 TOA 的估计精度，因此设计了维数随小波变换层数变化的观测矩阵，能够完成不同层数的降维观测；最后在小波域通过评价函数搜索实现重构算法，计算出 TOA 的估计值。

5.1　基于压缩感知的 TOA 估计算法的框架

基于压缩感知的 TOA 估计算法的流程如图 5.1 所示。该方法首先对被第 3、4 章的周期估计和去除噪声算法处理后获得的脉冲轮廓曲线 $\hat{\lambda}$ 和脉冲星光子流量曲线进行初步处理，其处理目标是依据两条曲线的特征检验它们是否合格。曲线合格的具体要求是指轮廓曲线相比标准轮廓曲线保留了曲线起伏的波形特征，也就是当相位相同时，与标准轮廓曲线的相关系数较大，主要不同表现在两条曲线上下平移或比例尺度缩放。异常轮廓曲线是指已经失去了轮廓曲线的特征，与标准轮廓曲线的相关系数较小。判断是否为正常曲线的过程可以概括为在航天器首次使用 XNAV 进行导航时，需要判断探测器所接收到的光子到达序列是否为正常信号，主要从光子流量曲线和历元折叠后的轮廓曲线两个方面进行判断。因为光子流量不发生改变而信号异常的可能性比较小，所以首次曲线特征判断结果如果为正常曲线，那么此后可以检测光子流量曲线是否平稳，如果平稳则为正常曲线，否则需要判断历元折叠曲线是否为正常曲线。

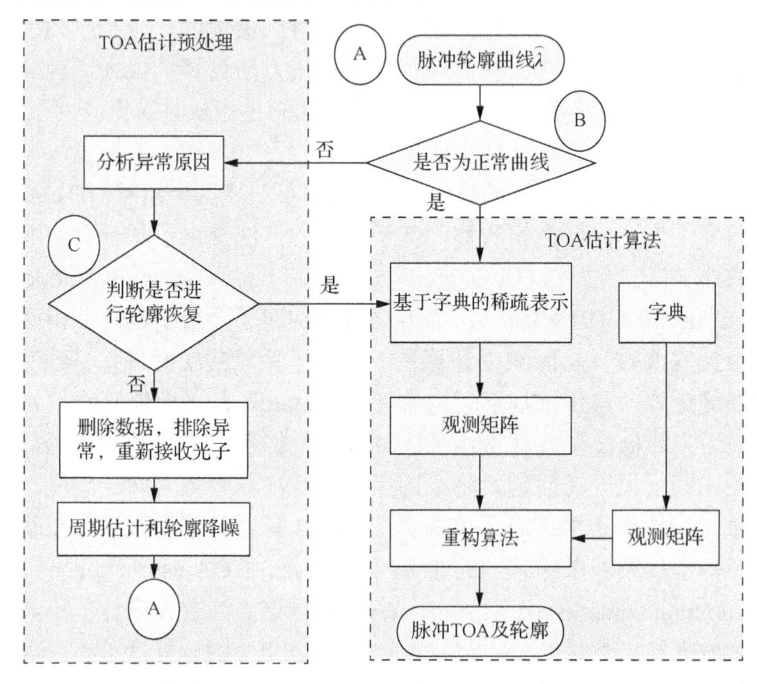

图 5.1　基于压缩感知的 TOA 估计算法的流程图

如果不是正常曲线，那么就删除之前的光子流量曲线不平稳的光子到达时间数据，重新接收光子进行周期估计与信号降噪获取 $\hat{\lambda}$，返回步骤 A。判定步骤 B 或 C 的判断结果如果为是，则进行基于压缩感知的 TOA 估计流程，其流程分为三步：首先进入轮廓恢复到第一步是通过字典进行稀疏表示；其次经过观测矩阵降低数据的维度以减少计算量，可以得到观测量 $\hat{\boldsymbol{y}}$；最后通过重构算法将 $\hat{\boldsymbol{y}}$ 与字典经过观测矩阵降维后的结果输入给代价函数，就可以搜索出最优值，最终可以计算出 TOA。根据 3.2 节对压缩感知的分析，压缩感知主要分为信号稀疏化、随机观测和重构算法三个部分，就这三个部分对时域方法和小波域方法分别进行研究。

5.2　TOA 估计预处理

研究 TOA 估计时通常是在光子比较稳定的理想情况下进行的，但实际上航天器的传感器采集到的 X 射线由于各方面因素并不是完全稳定的。通过对 RXTE 数据和 XPNAV-1 数据的流量进行仿真，单位时间光子流量曲线图如图 5.2 和图 5.3 所示。图 5.2 中的圆圈标记部分为明显不平稳点，而图 5.3 整体明显不够平稳。

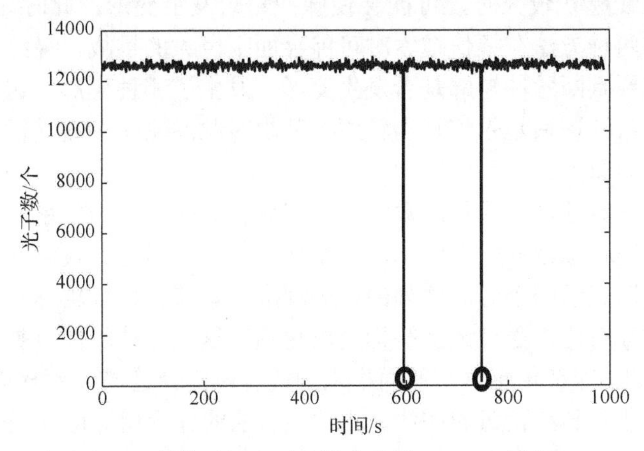

图 5.2　单位时间光子流量曲线图（RXTE 数据）

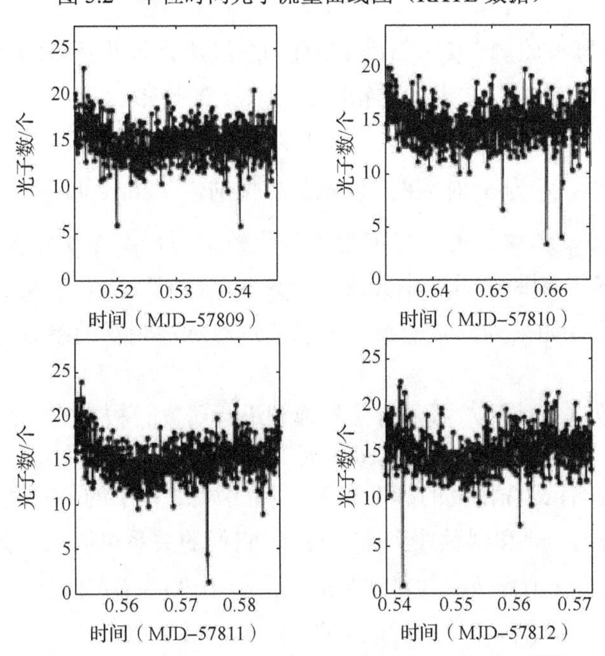

图 5.3　单位时间光子流量曲线图（XPNAV-1 数据[53]）

图 5.2 的流量曲线虽然有几处明显的不稳定部分，但是和图 5.3 的流量曲线对比发现，大体上比较平稳。产生这种现象的主要因素是曲线的稳定程度会受到探测器有效面积的影响。RXTE 的传感器有效面积大概为 $0.7\,\mathrm{m}^2$，相比 XPNAV-1 的 $30\,\mathrm{cm}^2$ 的探测器要大很多。上述是探测器自身的因素，但还有一些外部因素，如背景光子流量的变化或者部分探测器被遮挡，也会使流量曲线产生异常，并且这些因素还会影响脉冲轮廓的变化。分析出这些现象产生的原因可以为消除异常提供依据。

当流量曲线起伏较大时，可能会使脉冲轮廓发生变形，此时 FACS、ORCS 方法和本章的两种方法在幅值搜索时可能会面临巨大的挑战，最终导致轮廓恢复失败。因此需要判断脉冲轮廓是否发生变形，发生了哪种变形。这个问题可以首先通过相关系数法评估是否恢复出轮廓，其次对脉冲轮廓参数进行估计，最后分析出异常产生的原因。

使用相关系数法建立代价函数，进行积分轮廓匹配。相关系数是用来表示两个时间序列之间相似性的一个度量，通常通过与已知信号比较，寻找位置信号中的特性，它可以表示两个时间序列的相关程度。本节将标准轮廓与积分轮廓根据相关系数法进行对比，通过最优解构建出轮廓。这种方法的优点是不需要对积分轮廓进行标准化，即使传感器有效面积未知或者被部分遮挡或者背景噪声有异常，都不影响该方法对脉冲轮廓的评估。相关系数法的评价指标可以表示为

$$[\sigma_c \quad p_\sigma] = \max\left(\mathrm{corrcoef}_{i=1}^{n}\left(\boldsymbol{\lambda}, \widehat{\boldsymbol{\lambda}}_i\right)\right), \tag{5.1}$$

其中，$\boldsymbol{\lambda}$ 为标准脉冲轮廓；$\widehat{\boldsymbol{\lambda}}_i = \widehat{\boldsymbol{\lambda}}(t + i \cdot \Delta t)$ 为通过历元折叠获得的实际轮廓。$\boldsymbol{\Psi}_{n\times n}$ 为 5.2 节所构造的字典，$\widehat{\boldsymbol{A}}$ 为标准轮廓在字典上的投影。σ_c 代表观测值 $\boldsymbol{y}$ 和各标准轮廓 $\boldsymbol{\Psi}_{n\times n}\widehat{\boldsymbol{A}}$ 的相关系数的最大值，正相关为 1，负相关为−1，不相关为 0，越接近 1 说明越相关。p_σ 为 σ_c 对应的 i 值就是相位的值。$\mathrm{corrcoef}_{i=1}^{n}\left(\boldsymbol{y}, \boldsymbol{\Psi}_{n\times n}\widehat{\boldsymbol{A}}_i\right)$ 表示从 $i=1$ 到 $i=n$ 计算 $\boldsymbol{y}$ 和 $\boldsymbol{\Psi}_{n\times n}\widehat{\boldsymbol{A}}_i$。当搜索到最优轮廓与标准轮廓相关系数最高值 σ_c 时，就可以根据 σ_c 判断是否产生异常。如果 σ_c 比较接近 1，说明为正常轮廓，反之则为异常轮廓。如果为异常轮廓，可以通过对脉冲轮廓的参数进行估计来分析异常产生原因。

为了对参数进行估计，需要对信号模型进行研究。根据式（3.10）可得

$$\boldsymbol{x}(t) = b + a \cdot \boldsymbol{p}_1(t) + \hat{n}(t), \quad t \in \{1, 2, \cdots, N\}, \tag{5.2}$$

其中，$\boldsymbol{p}_1(t)$ 为具有 $\boldsymbol{x}(t)$ 相位的标准轮廓。将式（5.2）中的 $\boldsymbol{x}(t)$ 和 $\boldsymbol{p}_1(t)$ 按照序列分解奇数序列 $\boldsymbol{x}^{\mathrm{o}}$、$\boldsymbol{p}_1^{\mathrm{o}}$ 和偶数序列 $\boldsymbol{x}^{\mathrm{e}}$、$\boldsymbol{p}_1^{\mathrm{e}}$，它们的关系可以表示为

$$\boldsymbol{x}^{\mathrm{e}}(t) = b + a \cdot \boldsymbol{p}_1^{\mathrm{e}}(t) + \hat{n}^{\mathrm{e}}(t), \quad t \in \{1, 2, \cdots, N/2\}, \tag{5.3}$$

$$\boldsymbol{x}^{\mathrm{o}}(t) = b + a \cdot \boldsymbol{p}_1^{\mathrm{o}}(t) + \hat{n}^{\mathrm{o}}(t), \quad t \in \{1, 2, \cdots, N/2\}。 \tag{5.4}$$

式（5.4）与式（5.3）做差可得

$$\boldsymbol{x}^{\mathrm{e}}(t)-\boldsymbol{x}^{\mathrm{o}}(t)=a\cdot\left(\boldsymbol{p}_1^{\mathrm{e}}(t)-\boldsymbol{p}_1^{\mathrm{o}}(t)\right)+\left(\hat{n}^{\mathrm{e}}(t)-\hat{n}^{\mathrm{o}}(t)\right),\quad t\in\{1,2,\cdots,N/2\}。\tag{5.5}$$

将式（5.5）等号两边进行取和运算：

$$\operatorname{sum}\left(\boldsymbol{x}^{\mathrm{e}}(t)-\boldsymbol{x}^{\mathrm{o}}(t)\right)=\operatorname{sum}\left(a\cdot\left(\boldsymbol{p}_1^{\mathrm{e}}(t)-\boldsymbol{p}_1^{\mathrm{o}}(t)\right)\right)+\operatorname{sum}\left(\left(\hat{n}^{\mathrm{e}}(t)-\hat{n}^{\mathrm{o}}(t)\right)\right),\quad t\in\{1,2,\cdots,N/2\}。\tag{5.6}$$

因为 $\hat{n}(t)$ 为高斯白噪声，所以

$$E\left(\operatorname{sum}\left(\hat{n}^{\mathrm{e}}(t)-\hat{n}^{\mathrm{o}}(t)\right)\right)=0。\tag{5.7}$$

将式（5.6）等号两边取数学期望可得

$$\begin{aligned}E\left(\operatorname{sum}\left(\boldsymbol{x}^{\mathrm{e}}(t)-\boldsymbol{x}^{\mathrm{o}}(t)\right)\right)&=\hat{a}\cdot\operatorname{sum}\left(\boldsymbol{p}_1^{\mathrm{e}}(t)-\boldsymbol{p}_1^{\mathrm{o}}(t)\right)+E\left(\operatorname{sum}\left(\hat{n}^{\mathrm{e}}(t)-\hat{n}^{\mathrm{o}}(t)\right)\right)\\&=\hat{a}\cdot\operatorname{sum}\left(\boldsymbol{p}_1^{\mathrm{e}}(t)-\boldsymbol{p}_1^{\mathrm{o}}(t)\right),\quad t\in\{1,2,\cdots,N/2\},\end{aligned}\tag{5.8}$$

那么

$$\hat{a}=\frac{\operatorname{sum}\left(\boldsymbol{x}^{\mathrm{e}}(t)-\boldsymbol{x}^{\mathrm{o}}(t)\right)}{\operatorname{sum}\left(\boldsymbol{p}_1^{\mathrm{e}}(t)-\boldsymbol{p}_1^{\mathrm{o}}(t)\right)}。\tag{5.9}$$

将式（5.2）两边取和再取期望可得

$$\begin{aligned}E\left(\operatorname{sum}\left(\boldsymbol{x}(t)\right)\right)&=N\cdot\hat{b}+E\left(\operatorname{sum}\left(a\cdot\boldsymbol{p}_1(t)\right)\right)+E\left(\operatorname{sum}\left(\hat{n}(t)\right)\right)\\&=N\cdot\hat{b}+\hat{a}\operatorname{sum}\left(\boldsymbol{p}_1(t)\right),\quad t\in\{1,2,\cdots,N\},\end{aligned}\tag{5.10}$$

那么

$$\hat{b}=\frac{\operatorname{sum}\left(\boldsymbol{x}(t)\right)-\hat{a}\operatorname{sum}\left(\boldsymbol{p}_1(t)\right)}{N}。\tag{5.11}$$

5.3　基于双字典和同尺度 1-范数的 TOA 估计

本节在时域方面将压缩感知算法引入 TOA 的恢复算法中，提出了基于双字典（dual dictionary，DD）和同尺度 1-范数（same scale L_1 norm，SSL_1）的脉冲轮廓的恢复算法。本节从两个方面进行了改进：双字典搜索方法和同尺度 1-范数代价函数。给出了 DD 最佳维数的计算方法。设计了一个随机观察矩阵，并给出了方法的分析和实验证据。算法的具体流程如图 5.4 所示，具体步骤如下。

步骤 1：将降噪后的轮廓用粗字典表示出来；

步骤 2：通过二元随机观测矩阵进行降维观测；

步骤 3：用同尺度 1-范数法搜索出在粗字典上的 TOA 最优值 t_c；

步骤 4：将降噪后的轮廓用精字典表示出来；

步骤 5：通过二元随机观测矩阵实现观测的降维；

步骤6：用同尺度1-范数法搜索出在精字典上的TOA最优值t_j，将t_j作为TOA的估计值。

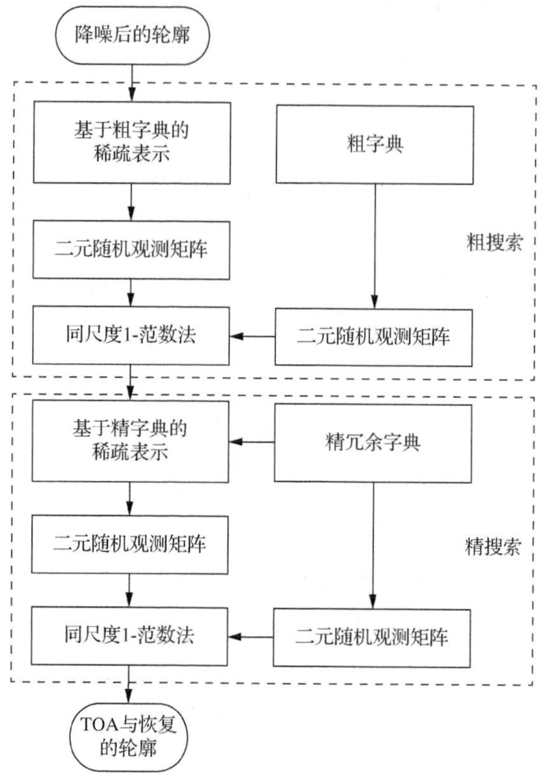

图5.4　基于双字典和同尺度1-范数的TOA估计算法流程图

5.3.1　基于双字典的信号稀疏化

信号$\boldsymbol{x}$的稀疏表达就是找到一个正交基$\boldsymbol{\Psi}$，让$\boldsymbol{x}$可以用稀疏向量$\boldsymbol{A}$表达，也就是说$\boldsymbol{A}$中多数元素为0或者非常小的值，即有很少的非0元素。建立字典的原则是字典的每个元素包含的有用信息越多，则$\boldsymbol{A}$越稀疏。从式（3.10）中可以看出，想要建立$\boldsymbol{x}$的字典，主要对$p(\cdot)$进行分析。$p(\cdot)$是一个周期性的信号，并且具有单个或者多个峰值，很大一部分处于零状态（当脉冲星没有扫过接收器时，则没有接受光子），传统做法是建立一个字典：

$$\boldsymbol{\Psi} = \{\varphi(t) \mid \varphi(t) = p(t - n\tau)\}, \quad n \in \{1, 2, \cdots, N\}, \tag{5.12}$$

其中，$p(\cdot)$为标准脉冲轮廓，它可以看作是周期性的连续曲线。由于计算机只能处理数字信号，假设用历元折叠方法将周期P平均分成N_{b}个bin，每个bin的长度为τ，这样就可以通过N次搜索遍历整个标准轮廓，即计算复杂度为$O(N)$。

为了减少搜索次数，降低算法复杂度，本章设计了两个字典：

$$\boldsymbol{\Psi}_1 = \{\varphi_1(t) \mid \varphi_1(t) = p(t - n_1\tau_1)\},\quad n_1 \in \{1, 2, \cdots, N_1\}\,, \tag{5.13}$$

$$\boldsymbol{\Psi}_2 = \{\varphi_2(t) \mid \varphi_2(t) = p(t - n_2\tau_2)\},\quad n_2 \in \{1, 2, \cdots, N_2\}\,, \tag{5.14}$$

其中，$\boldsymbol{\Psi}_1$ 用来粗搜索；$\boldsymbol{\Psi}_2$ 用来精搜索。脉冲轮廓 $\boldsymbol{x}(n)$ 分别对应的稀疏表达为 $\boldsymbol{x}(n) = \boldsymbol{\Psi}_1 \cdot \boldsymbol{A}_1$ 和 $\boldsymbol{x}(n) = \boldsymbol{\Psi}_2 \cdot \boldsymbol{A}_2$，即通过设置 $\boldsymbol{A}_1$ 和 $\boldsymbol{A}_2$ 可以完成对 $\boldsymbol{\Psi}_1$ 和 $\boldsymbol{\Psi}_2$ 的搜索。遍历 $\boldsymbol{\Psi}_1$ 的复杂度为 $O(N_1)$，遍历 $\boldsymbol{\Psi}_2$ 的复杂度为 $O(N_2)$。因此，所提方法的计算复杂度为 $O(N_1 + N_2)$，并且 $N = N_1 \cdot N_2$ $(N_1, N_2 > 2)$，精搜索的步长 $\tau_2 = \tau$，与 FACS 和 ORCS 方法最终的精度是一样的。下面证明所提算法更简单。

假设

$$\bar{N} = \max(N_1, N_2)\,, \tag{5.15}$$

$$\underline{N} = \min(N_1, N_2)\,, \tag{5.16}$$

那么

$$N_1 + N_2 \leqslant 2\bar{N}\,, \tag{5.17}$$

并且由于实际情况中

$$N_1 > 2,\quad N_2 > 2\,, \tag{5.18}$$

那么

$$2\bar{N} < \bar{N} \cdot \underline{N} = N_1 \cdot N_2\,, \tag{5.19}$$

所以

$$O(N_1 + N_2) < O(N)\,。 \tag{5.20}$$

下面开始找出最优的 N_1 和 N_2 值，因为

$$N_1 \cdot N_2 = N_\mathrm{b}(N_\mathrm{b}\ \text{为常数},\ N_1, N_2, N_\mathrm{b} \in (0, +\infty))\,, \tag{5.21}$$

所以

$$N_1 + N_2 \geqslant 2\sqrt{N_1 \cdot N_2} = 2\sqrt{N}\,, \tag{5.22}$$

因此

$$\min(N_1 + N_2) = 2\sqrt{N}\,。 \tag{5.23}$$

当且仅当 $N_1 = N_2$ 时，可以达到最小值。

本章取 $\text{bin} = 10\mu\text{s}$，脉冲数据的周期 $P = 33663.8\mu\text{s}$，$N = 3367$，所以 $N_1 = N_2 = 59$。粗搜索和精搜索的轮廓曲线分别如图 5.5 和图 5.6 所示。从图 5.5 中可以看出粗搜索的轮廓可以大体反映脉冲星轮廓的特点：包含的噪声较少，仅用一次简单滤波就可以达到预期效果，可以作为粗识别的字典。图 5.6 为精搜索的轮廓曲线，包含更多的噪声，经过多次滤波后达到较平滑的曲线，也可以作为字典。

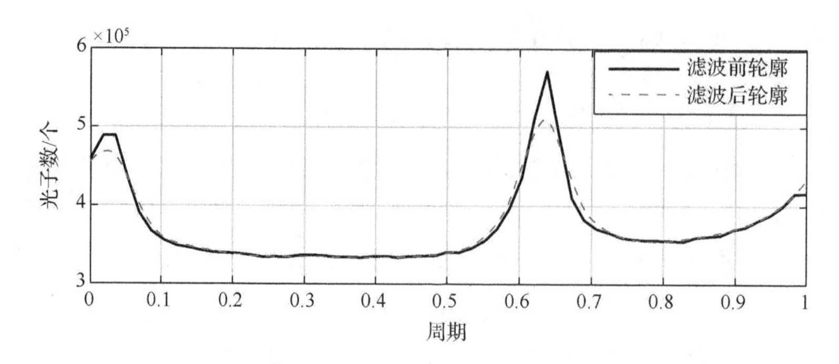

图 5.5　粗搜索的轮廓曲线图

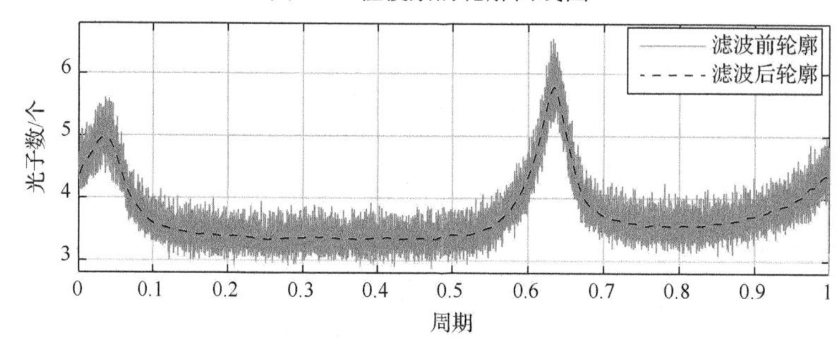

图 5.6　精搜索的轮廓曲线图

5.3.2　二元随机观测矩阵

对信号 $\boldsymbol{x}$ 的随机观测就是如何设计和字典 $\boldsymbol{\Psi}$ 不相关的观测矩阵 $\boldsymbol{\Phi}$，这样 $\boldsymbol{x}$ 的信息就不会被破坏。在实际中还要考虑矩阵实现的难易程度。FACS 的观测矩阵功能是挑选出字典的列，然后通过改变观测矩阵完成对字典的搜索。这种方法的算法复杂度为 $O(N)$。

在工程应用中，构造观测矩阵 $\boldsymbol{\Phi}$ 时，原则上既要减少采样数，又不能影响信号的重构。很多学者在此领域做了一些研究。FACS 提出的观测方法实际上就是将曲线进行稀疏表示。ORCS 方法设计了根据 Hadamard 矩阵优化的观测矩阵，并分析了采样率大小对轮廓恢复的影响。

本章提出了一种更简洁的二元随机观测矩阵，计算量更小。假设采样率为 $R_S = M_{\mathrm{b}}/N_{\mathrm{b}}$，$M_{\mathrm{b}}$ 为采样量，N_{b} 为信号维度。首先挑选 M_{b} 个在 1 和 N_{b} 之间两两不同的随机整数，并按从小到大排列得到 M_{b} 维向量 $\boldsymbol{e}$。$N_{\mathrm{b}} \times M_{\mathrm{b}}$ 维的观测矩阵 $\boldsymbol{\Phi}$ 的第 (i,e_i) 个元素为 1，其余元素全部为 0，其中 e_i 代表 $\boldsymbol{e}$ 的第 i 个元素，也就是 $\boldsymbol{\Phi}$ 每一行只有 1 个元素为 1，每一列至多有 1 个元素为 1，任意两行都是正交的。这样就能保证得到的观测值 $\boldsymbol{y}$ 对 $\boldsymbol{x}$ 的抽样信息不会进一步损失，$\boldsymbol{\Phi}$ 的行数根据抽样的多少确定，它等于 $\boldsymbol{y}$ 的行数 M_{b}。脉冲星检测可以看作从离散积分轮廓中进行

随机采样，则 X 射线脉冲轮廓观测值 $\boldsymbol{y}(m)=\boldsymbol{\Phi}\cdot\boldsymbol{x}(n)$。与 FACS 和 ORCS 方法比，观测值 $\boldsymbol{y}$ 从 N_{b} 维降到 M_{b} 维，即观测矩阵将搜索算法复杂度的影响由 $O(N_{\mathrm{b}})$ 降低到 $O(M_{\mathrm{b}})$。为了与 ORCS 方法对比，采样率假设为 0.7。

5.3.3　基于 SSL_1 的重构算法

信号的重构算法就是如何快速和准确地重构信号。虽然将 1-范数作为代价函数的计算量小于 FACS 和 ORCS 方法的 2-范数代价函数，但是求解标准脉冲轮廓和积分脉冲轮廓之间的 1-范数可能会遇到不能求解的情况。当标准曲线和积分曲线使用 1-范数法不能求解时，如图 5.7 所示，当灰色的理想轮廓的最高点低于黑色实测轮廓的最低点时，根据式（5.24）可得 1-范数为一个常值，其中 $\tilde{\boldsymbol{x}}$ 代表标准轮廓，$\boldsymbol{x}$ 代表积分轮廓。因此使用 1-范数法不能算出最优解。

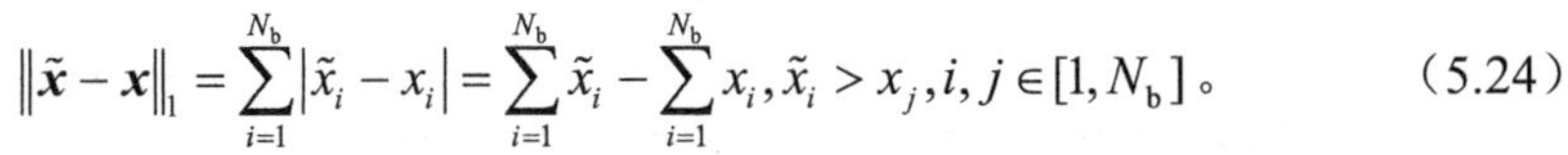

$$\|\tilde{\boldsymbol{x}}-\boldsymbol{x}\|_1=\sum_{i=1}^{N_{\mathrm{b}}}|\tilde{x}_i-x_i|=\sum_{i=1}^{N_{\mathrm{b}}}\tilde{x}_i-\sum_{i=1}^{N_{\mathrm{b}}}x_i,\tilde{x}_i>x_j,i,j\in[1,N_{\mathrm{b}}]。\tag{5.24}$$

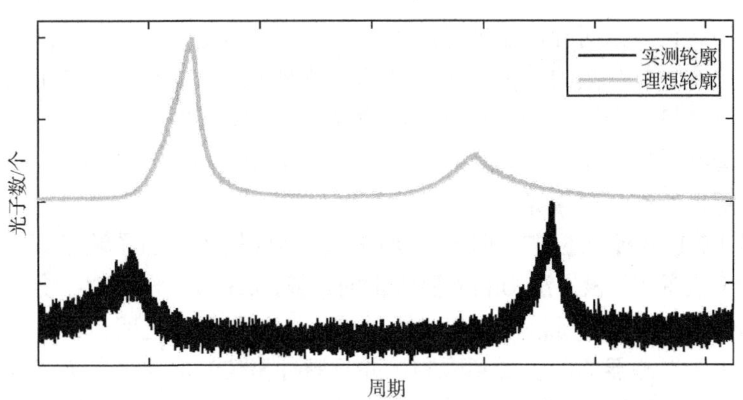

图 5.7　理想轮廓和实测轮廓使用 1-范数法不能求解时示意图

为了防止上述情况发生，本章在 1-范数法的基础上设置了一个参数 $\eta=\mathrm{mean}(\tilde{\boldsymbol{x}})/\mathrm{mean}(\boldsymbol{x})$，这样就可以将 $\tilde{\boldsymbol{x}}$ 和 $\eta\boldsymbol{x}$ 转化到同一尺度，然后求解 $\arg\min\left(\|\tilde{\boldsymbol{x}}-\eta\boldsymbol{x}\|_1\right)$，就能得到当前的相位值。

积分轮廓曲线和标准轮廓曲线的偏差与相位差的关系曲线如图 5.8 所示。图 5.8 为采集到的脉冲曲线和标准曲线的相位差用同尺度 1-范数法判定的理想曲线，刚开始相位差为 0 时，偏差很小，随着相位差的增大，偏差会逐渐增大，并且在相位差为半个周期时达到最大值，然后又继续减小，最后当相位差达到近一个周期时，逐渐趋近于 0。

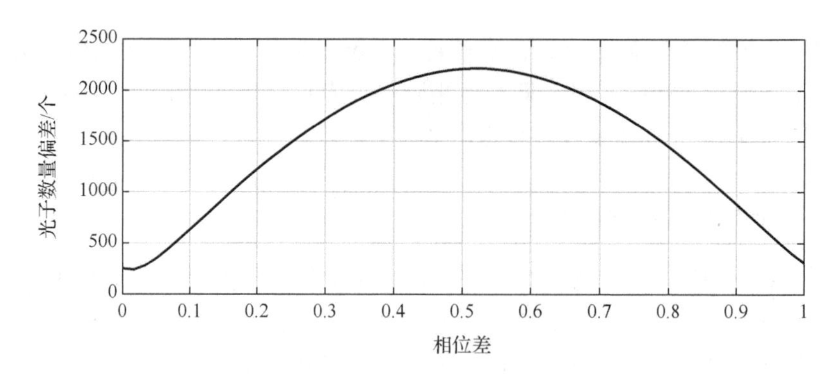

图 5.8　积分轮廓曲线和标准轮廓曲线的偏差与相位差的关系曲线图

5.4　基于小波域压缩感知的 TOA 估计

为提高 TOA 估计算法的精度与实时性，提出一种基于小波域压缩感知的 TOA 估计的方法。该方法对标准脉冲轮廓使用小波变换构造多级字典，通过信号重构算法估计出实际脉冲星的 TOA。该方法的算法复杂度低于传统的 TOA 估计方法，并且随着脉冲星信号周期内 bin 数量的增加，算法的实时性更好。该方法改变了传统的先降噪再估计 TOA 的思路，其可以嵌入到信号降噪的过程中，还可以和小波降噪的阈值处理并行计算。

根据 1.2.1 小节论述，文献[67]利用 Hadamard 矩阵构造了测量矩阵，这种矩阵元素为 1 或者−1，该方法仍然需要大量的计算。5.3 节提出的双字典方法的计算量明显降低，并且随着脉冲星轮廓数据的增大，效果也随之明显。

但是由于探测器的面积受到限制，并且脉冲星信号非常弱，而且受宇宙噪声的影响，重构的脉冲轮廓有大量的噪声，数据的累计时长越短，噪声越明显。要想估计出精确的 TOA，必须进行信号降噪。以上两种方法均未提及降噪问题。通常做法是先降噪，然后估计 TOA。当前基于小波的脉冲星信号降噪方法已经很成熟[75]。因为小波变换后不但有频率信息，还有时间信息，并且信号长度减半，可以减少计算量，所以将降噪和 TOA 估计结合起来是可行的。本节提出的将小波变换与压缩感知相结合的方法的具体过程详见 5.4.3 小节。这种方法可以在小波降噪过程中完成，并且本章构建的测量矩阵可以进一步降低计算量。

5.4.1　小波域的多级字典

为减少计算量，本章构建了多级小波变换的字典，具体方法：将标准的脉冲轮廓进行多层小波变换，通过标准轮廓和小波变换后的低频系数构建 N_C 级字典 $\boldsymbol{\Psi}^j, j \in [0, N_C]$，其中 j 代表字典的层数，也对应小波变换的层数。当 $j=0$ 时，

表示未作小波变换的标准脉冲轮廓，对应的 0 级字典 $\boldsymbol{\Psi}^0$ 为

$$\boldsymbol{\Psi}^0=\left[\boldsymbol{\psi}_1^0,\boldsymbol{\psi}_2^0,\cdots,\boldsymbol{\psi}_i^0,\cdots,\boldsymbol{\psi}_N^0\right], \tag{5.25}$$

其中，$i\in[1,N]$，N 是 TOA 信号历元折叠后 1 个周期 bin 的个数。0 级字典 $\boldsymbol{\Psi}^0$ 的各元素 $\boldsymbol{\psi}_i^0$ 为不同相位的标准轮廓：

$$\boldsymbol{\psi}_i^0=s\left(\frac{i\times l_\mathrm{b}}{P}\right), \tag{5.26}$$

其中，$s(\theta),\theta\in[0,\ 1]$ 代表一个周期为 P 的标准脉冲轮廓函数；l_b 代表历元折叠之后每个 bin 的长度。

当 $j\geqslant1$ 时，j 级字典 $\boldsymbol{\Psi}^j$ 为 $N^j\times N^j$ 维矩阵，N^j 代表第 j 层小波变换后低频信号的长度，也对应第 j 级字典的维数。$\boldsymbol{\psi}_1^j=\mathrm{dec}(\boldsymbol{\psi}_1^0,j)$，其中 $\mathrm{dec}(\cdot)$ 为小波变换函数，表示对 $\boldsymbol{\psi}_1^0$ 进行 j 层小波变换并返回低频信号 $\boldsymbol{\psi}_1^j$。$\boldsymbol{\Psi}^j$ 的第 k 个元素为 $\boldsymbol{\psi}_1^j$ 的第 k 个元素到最后一个元素所构成的向量 $\boldsymbol{\psi}_1^j(k:\mathrm{end})$，与第一个元素到第 $k-1$ 个元素所构成的向量 $\boldsymbol{\psi}_1^j(1:(k-1))$ 拼接成的新的向量：

$$\boldsymbol{\psi}_k^j=\left[\boldsymbol{\psi}_1^j(k:\mathrm{end});\boldsymbol{\psi}_1^j(1:(k-1))\right],\quad k\in\left[1,N^j\right], \tag{5.27}$$

其中，$\boldsymbol{\psi}_1^j(k:\mathrm{end})$ 代表提取 $\boldsymbol{\psi}_1^j$ 向量中序号为从 k 到最后的元素而生成新的向量；$\boldsymbol{\psi}_1^j(1:(k-1))$ 代表提取 $\boldsymbol{\psi}_1^j$ 向量中序号为从 1 到 $k-1$ 的元素而生成新的向量。

下面通过实验的方法验证多级字典的可行性。标准脉冲轮廓 $s(\theta)$ 和实际脉冲轮廓 $\overline{s}(\theta)$ 的关系可以表示为

$$\overline{s}(\theta)=s(\theta)+\varepsilon_s(\theta), \tag{5.28}$$

其中，$\varepsilon_s(\theta)$ 为信号噪声。为了验证多级字典和实际信号的相关性，将具有相同相位的标准脉冲轮廓和实际脉冲轮廓的多层小波分解进行对比，相同相位的脉冲星标准脉冲轮廓与时长为 580s 的实际脉冲轮廓的相关系数如表 5.1 所示。表 5.1 表示每一层小波变换后标准脉冲轮廓和实际脉冲轮廓的相似系数。标准脉冲轮廓与时长为 580s 的实际脉冲轮廓的小波分解对比如图 5.9 所示。子图序号与小波分解的层数一致，即第 $i|i=1,2,\cdots,9$ 个子图对应第 i 层分解。可以看出表 5.1 显示标准脉冲轮廓与实际脉冲轮廓高度相关，绘制的各层小波分解曲线基本重合，不便于显示和区分。为了表示清晰，将两条曲线上下平移。从图 5.9 中可以看出标准曲线和实际曲线多层小波变换后的曲线都有一定变化，但是变换后的曲线也非常相似，所以通过小波变换构造多级字典来估计 TOA 是可行的。

表 5.1　相同相位的脉冲星标准脉冲轮廓与时长为 580s 的实际脉冲轮廓的相关系数

子图序号	相关系数				
(a) ~ (e)	9.984E−1	9.991E−1	9.994E−1	9.996E−1	9.997E−1
(f) ~ (i)	9.998E−1	9.997E−1	9.994E−1	9.981E−1	—

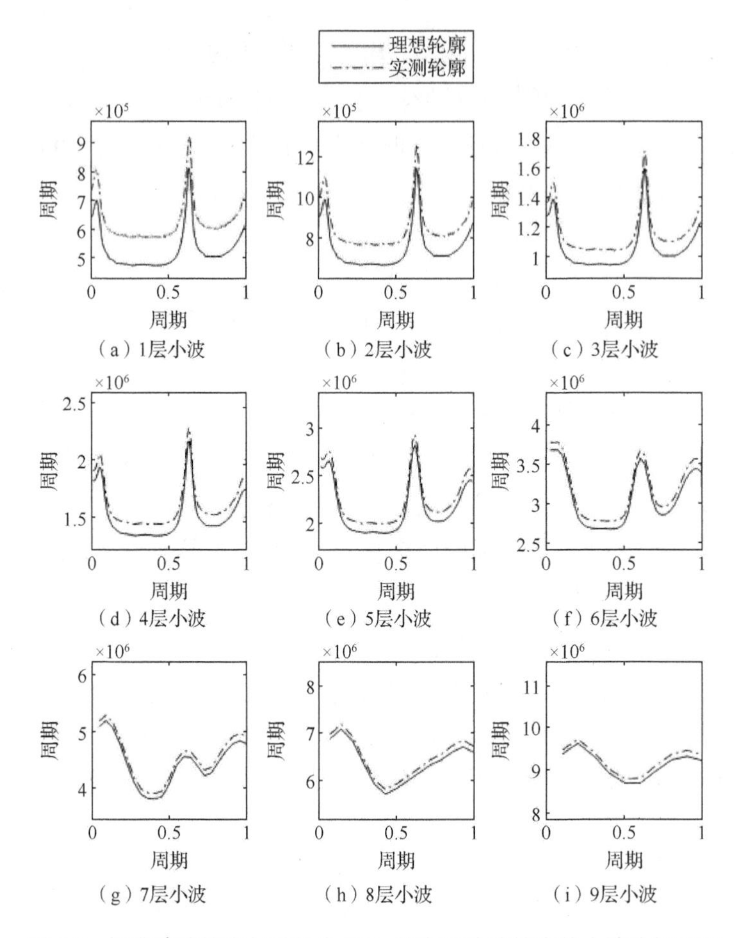

图 5.9 标准脉冲轮廓与时长为 580s 的实际脉冲轮廓的小波分解对比

5.4.2 小波层数相关的随机观测矩阵

经过多层小波变换后，轮廓信号的长度不同，所以观测矩阵的维度应该也不同。第 j 层测量矩阵 $\boldsymbol{\Phi}^j$ 的维度为 $M^j \times N^j$，采用随机采样的方法，具体方法为第 j 层维数为 $N^j \times N^j$ 的字典，采样率为 $\mu^j = M/N, \mu^j \in [0,1]$。因为每级字典的维数不同，层数较高的字典对应的维数比较低，测量矩阵随机抽取元素对减少计算量的效果就比较弱，并且还容易造成结果的误估计。因此测量矩阵的采样率应该和字典的长度相关，长度越长，采样率越低。μ^j 可以构造为

$$\mu^j = c_\mu^j \mu_L + (1 - c_\mu^j)\mu_H \text{，} \tag{5.29}$$

其中，$c_\mu^j = \dfrac{(2^j - 1) \times 2^{N_C - j}}{2^{N_C} - 1}$；$\mu_L$ 为 $j = m$ 时的采样率；μ_H 为 $j = 0$ 时的采样率。

第一步：构造向量$\left[1:N^j\right]$，其作用是生成从 1 到N^j的差值为 1 的等差数列构成的向量，并将其随机排序得到向量为

$$\mathbf{rs}=\mathrm{RandSort}\left(\left[1:N^j\right]\right),\tag{5.30}$$

其中，$\mathrm{RandSort}(\cdot)$表示对某一向量进行随机排序。

第二步：提取序号为$1:M$的元素构造向量为

$$\mathbf{rm}=\mathbf{rs}(1:M)\text{。}\tag{5.31}$$

第三步：构造$\boldsymbol{\Phi}^j$。令$\boldsymbol{\Phi}^j(k,\mathbf{rm}(k))=1,\ k\in[1,M^j]$，$\boldsymbol{\Phi}$的其余元素置零。

$\boldsymbol{\Phi}^j$的构造可以在脉冲星轮廓信号采集之前完成，所以不会为轮廓恢复和 TOA 估计增加计算量。

5.4.3　基于小波域的重构算法

第j层小波变换对应的代价函数为

$$h^j(\cdot)=\left\|\boldsymbol{\Phi}^j\mathbf{cA}^j-\boldsymbol{\Phi}^j\boldsymbol{\Psi}_i^j\right\|_2,\tag{5.32}$$

其中，$\|\cdot\|_2$表示 2-范数；$\mathbf{cA}^j$表示经过j层小波变换得到的低频信号；$\boldsymbol{\Psi}_i^j$表示字典$\boldsymbol{\Psi}^j$的第i个原子。

假设当$j=m$时，通过$h^j(\cdot)$得到的解为$\hat{t}_{\mathrm{TOA}}^{\mathrm{MAX}}$，当$j\in[1,\ m-1]$时，搜索区间为$L=\left[\hat{t}_{\mathrm{TOA}}^{\mathrm{MAX}}-r,\hat{t}_{\mathrm{TOA}}^{\mathrm{MAX}}+r\right]$，$r$是一个很小的值，其可以通过实验获得。通过代价函数$h(\cdot)$得到解$\hat{t}_{\mathrm{TOA}}^j$，最终可以得到未进行小波分解的脉冲到达时间$\hat{t}_{\mathrm{TOA}}^0$。

重构算法的流程如图 5.10 所示。基于历元折叠的 X 射线脉冲星信号的处理过程按时间顺序通常是周期估计、信号降噪、轮廓恢复和 TOA 估计。但是本章采用的基于小波变换的字典设计方法是可以与第 4 章所设计的小波降噪方法交叉在一起计算的。根据第 4 章信号降噪中频域法小波变换的分析，脉冲星轮廓信号主要分布在低频，噪声信号主要分布在高频。在运行该算法进行估计脉冲星轮廓时，可以与第 4 章的降噪算法同步进行，这样可以降低总体的计算量。图 5.10 中步骤 A 为压缩感知的重构算法，B 为小波降噪。A 与 B 在硬件支持并行计算的条件下是可以并行处理的，所以整个算法可以在降噪的过程中就完成对 TOA 的估计，也可以说本章所提的方法可以嵌入到信号降噪过程中。算法的具体步骤如下。

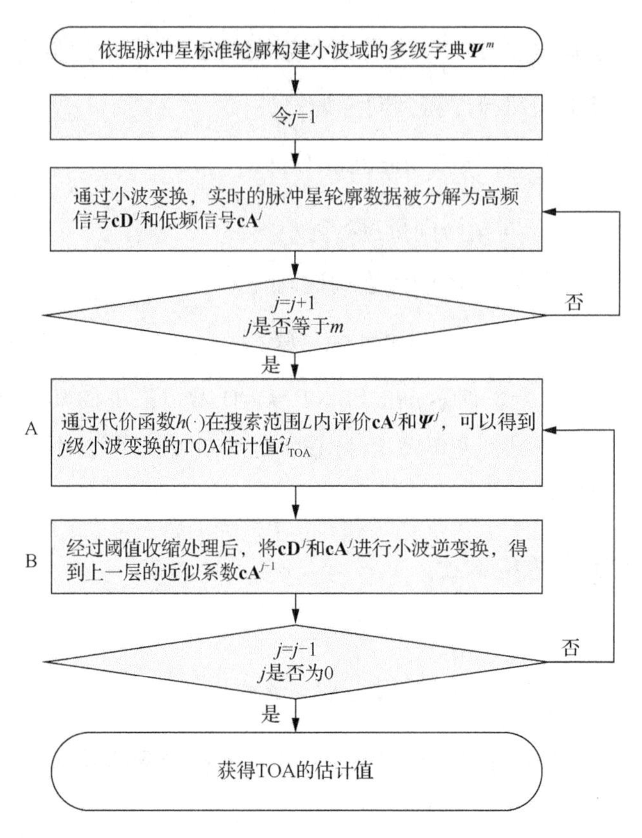

图 5.10　重构算法的流程图

步骤 1：构建小波域的多级字典，这是在导航之前完成的。

步骤 2：根据前面周期估计章节获得周期估计值，通过历元折叠获得含噪的实时脉冲星轮廓数据，令小波层数变量 $j=1$。

步骤 3：通过小波变换，得到高频数据和低频数据。

步骤 4： j 自加 1，判断是否达到最高小波变换层数。

步骤 5：通过代价函数搜索得到各个层数小波变换的 TOA 估计值。

步骤 6：经过对各个层数小波高频信号进行阈值化处理进行逆变换即可重构出经过降噪的轮廓。

5.5　预处理与性能分析

5.5.1　算法复杂度分析

TOA 估计算法通常不仅可以估计出 TOA，还可以重构出脉冲星轮廓信号。

FACS 通过 2-范数代价函数使用搜索幅值和相位相结合的方法来确定幅值，进而搜索出积分轮廓的相位值。FACS 在稀疏表示阶段没有进行基变换，所以在稀疏表示时计算量为 0。在降维观测时将长度为N_{b}的轮廓向量提取出M_{b}个元素得到维数为$M_{\text{b}}\times 1$维观测量$\boldsymbol{y}$，采样率为$r_M = M_{\text{b}}/N_{\text{b}}$，提取过程实质是通过指针完成取址操作，每一次取址需要一次浮点运算，所以整个降维观测需要M_{b}次浮点运算，其算法复杂度为$O(M_{\text{b}})$。重构算法的残差方程为$r_n^k = \left\|\boldsymbol{y}-\boldsymbol{\Theta}a_n^k\right\|_2$，其中$\boldsymbol{\Theta}$为感知矩阵，$\boldsymbol{\Theta}$的构造可以在导航之前计算完成，所以它不需要消耗计算量。a_n^k为 1 稀疏向量，所以$\boldsymbol{\Theta}a_n^k$的浮点运算次数为M_{b}，$\boldsymbol{y}-\boldsymbol{\Theta}a_n^k$的浮点运算次数为$2\cdot M_{\text{b}}$，而$\left\|\boldsymbol{y}-\boldsymbol{\Theta}a_n^k\right\|_2$需要的浮点运算次数为$4\cdot M_{\text{b}}-1=4\cdot N_{\text{b}}\cdot r_M -1$。考虑到幅值的搜索次数$N_{\text{A}}$和相位的搜索次数$N_{\text{b}}$，重构算法总共需要的浮点运算次数为$N_{\text{A}}N_{\text{b}}\left(4\cdot N_{\text{b}}\cdot r_M -1\right)$，重构算法的算法复杂度为$O\left(4N_{\text{A}}N_{\text{b}}^2 r_M\right)$。

ORCS 方法在构建字典时可以在地面完成，不需要在导航过程实时计算，所以构建的时间可以忽略不计。ORCS 方法需要导航过程中实时计算的内容有信号预处理，预处理又包括去除无脉冲星信号和预估计相位两个过程。去除无脉冲星信号的过程需要首先找到峰值和峰值需要的N_{b}次浮点运算，根据脉冲宽度及峰值个数等先验知识，用指针方法基本不需要消耗计算量就能完成去除无脉冲星信号的工作。设经过预处理之后脉冲轮廓的 bin 数为N_{S}，观测向量的获取需要$M_{\text{S}}\left(2N_{\text{S}}-1\right)\approx 2M_{\text{S}}N_{\text{S}}$次浮点运算，TOA 匹配估计需要$4\cdot Q\cdot M_{\text{S}}\cdot N_{\text{S}}$次浮点运算。忽略次要因素，最终 ORCS 方法的算法复杂度为$O\left(4\cdot Q\cdot M_{\text{S}}\cdot N_{\text{S}}\right)$，其中$Q$为 100，$M_{\text{S}}$为 10，$N_{\text{S}}$为 512。

本章所提时域方法——DD&SSL$_1$，在遍历字典时计算复杂度进一步降低，根据式（5.23）可得算法复杂度为$O(2\sqrt{N_{\text{b}}})$。和 ORCS 方法类似，采用随机观测将维度由N_{b}变为M_{b}，同尺度 2-范数作为代价函数，其计算复杂度为$O\left(2M_{\text{b}}-1\right)$。总的计算复杂度为$O\left(2\sqrt{N_{\text{b}}}\cdot\left(2M_{\text{b}}-1\right)\right)\approx O\left(4N_{\text{b}}r_M\sqrt{N_{\text{b}}}\right)$。虽然本章所提方法的信号稀疏化和随机观测的计算复杂度与 ORCS 方法一样，但是 2-范数比同尺度 1-范数要多一次浮点数的开方运算，而开方运算的计算量通常很大。

本章所提小波域方法 WCST 的小波变换方案为提升小波，假设信号长度为N_{b}，小波基长度为l_{w}，小波变换层数为N_{C}，那么根据 3.2 节的分析，考虑$N_{\text{b}}\gg 1$并且$N_{\text{b}}\gg l_{\text{w}}$，在稀疏表示阶段的小波变换总共所需的浮点运算次数为

$$
\begin{aligned}
N_{\mathrm{F}}^{4,1} &= 2\times\sum_{i=1}^{N_{\mathrm{C}}}\left(\frac{N_{\mathrm{b}}}{2^{i}}\cdot\frac{l_{\mathrm{w}}}{2}\times 2+\left(\frac{N_{\mathrm{b}}}{2^{i}}-1+\frac{l_{\mathrm{w}}}{2}-1\right)\left(\frac{l_{\mathrm{w}}}{2}-1\right)\right)\\
&\approx\sum_{i=1}^{N_{\mathrm{C}}}\left(N_{\mathrm{b}}\cdot l_{\mathrm{w}}\cdot\frac{3}{2^{i+1}}-\frac{N_{\mathrm{b}}}{2^{i-1}}\right)\\
&= N_{\mathrm{b}}\cdot\left(\frac{3}{4}\cdot l_{\mathrm{w}}-1\right)\cdot\sum_{i=1}^{N_{\mathrm{C}}}\left(\frac{1}{2^{i-1}}\right)\\
&= N_{\mathrm{b}}\cdot K_{\mathrm{w}},
\end{aligned}
\tag{5.33}
$$

其中，$K_{\mathrm{w}}=\left(\frac{3}{4}\cdot l_{\mathrm{w}}-1\right)\cdot\sum_{i=1}^{N_{\mathrm{C}}}\left(\frac{1}{2^{i-1}}\right)$，通常$l_{\mathrm{w}}\leqslant 10$，$1\leqslant N_{\mathrm{C}}\leqslant 10$，所以$K_{\mathrm{w}}\leqslant 13$。根据 5.3 节的分析，随机观测矩阵本身是在地面设计好的，所以不用消耗计算时间。只有在进行随机提取的时候才有计算量，经过第j层小波变换需要提取M^{j}次。因此，随机观测所需要的浮点运算次数可以表示为

$$
N_{\mathrm{F}}^{4,2}=\sum_{j=1}^{N_{\mathrm{C}}}M^{j},
\tag{5.34}
$$

重构算法的浮点运算次数包括小波逆变换和搜索计算两部分，小波逆变换的计算量和小波变换的计算量是一样的：

$$
\begin{aligned}
N_{\mathrm{F}}^{4,3} &= N_{\mathrm{F}}^{4,1}+\underbrace{\sum_{i=1}^{N_{\mathrm{C}}-1}\left(l_{j}\cdot\left(4\cdot M^{j}-1\right)\right)}_{N_{\mathrm{F}}^{1,N_{\mathrm{C}}-1}}+\underbrace{M^{N_{\mathrm{C}}}\left(4\cdot M^{N_{\mathrm{C}}}-1\right)}_{N_{\mathrm{F}}^{N_{\mathrm{C}}}}\\
&\approx N_{\mathrm{F}}^{4,1}+\underbrace{\sum_{i=1}^{N_{\mathrm{C}}-1}\left(4\cdot l_{j}\cdot M^{j}\right)}_{N_{\mathrm{F}}^{1,N_{\mathrm{C}}-1}}+\underbrace{4\cdot\left(M^{N_{\mathrm{C}}}\right)^{2}}_{N_{\mathrm{F}}^{N_{\mathrm{C}}}},
\end{aligned}
\tag{5.35}
$$

其中，l_{j}表示在第j层进行搜索的范围，根据实验结果通常$l_{j}\leqslant 10$。当N_{C}较小时，$l_{j}\ll M^{N_{\mathrm{C}}}$，$N_{\mathrm{F}}^{1,N_{\mathrm{C}-1}}$ 的算法复杂度为$O\left(4\cdot l_{j}\sum_{j=0}^{N_{\mathrm{C}}-1}M^{j}\right)$，$N_{\mathrm{F}}^{N_{\mathrm{C}}}$ 的算法复杂度为$O\left(4\cdot\left(M^{N_{\mathrm{C}}}\right)^{2}\right)$，$N_{\mathrm{F}}^{4,3}$的算法复杂度最高为$O\left(N_{\mathrm{b}}\times 13\right)$，$N_{\mathrm{F}}^{4,3}$的算法复杂度主要受$N_{\mathrm{F}}^{1,N_{\mathrm{C}}-1}$的影响，如果忽略次要因素，$N_{\mathrm{F}}^{4,3}=O\left(\left(M^{N_{\mathrm{C}}}\right)^{3}\right)$，所以$N_{\mathrm{F}}^{1,N_{\mathrm{C}}-1}$比$N_{\mathrm{F}}^{N_{\mathrm{C}}}$小很多。当$N_{\mathrm{C}}$较大时，$N_{\mathrm{F}}^{4,1}$和$N_{\mathrm{F}}^{4,N_{\mathrm{C}}-1}$不能忽略。$M^{j}\Big|_{j=1:9}=[13,19,32,58,110,214,421,836,1666]$。

综上所述，本章可以得到四种压缩感知方法的算法复杂度对比，如表 5.2 所示。

表 5.2　四种压缩感知方法的算法复杂度对比

方法	总体复杂度	参数的值
FACS	$O\left(4N_{\mathrm{A}}N_{\mathrm{b}}^{2}r_{M}\right)=O(3.09743728+\mathrm{E9})$	$N_{\mathrm{A}}=100, N_{\mathrm{b}}=3326, r_{M}=0.7$
ORCS	$O(4\cdot Q\cdot M_{\mathrm{S}}\cdot N_{\mathrm{S}})=O(2.048+\mathrm{E6})$	$Q=100, M_{\mathrm{S}}=10, N_{\mathrm{S}}=512$
DD&SSL$_1$	$O\left(4N_{\mathrm{b}}r_{M}\sqrt{N_{\mathrm{b}}}\right)=O(5.37082+\mathrm{E5})$	$N_{\mathrm{b}}=3326, r_{M}=0.7$
WCST	$O\left(N_{\mathrm{F}}^{4,1}+N_{\mathrm{F}}^{1,N_{\mathrm{C}}-1}+N_{\mathrm{F}}^{N_{\mathrm{C}}}\right)=O(3.7+\mathrm{E5})$	$K_{\mathrm{w}}=13, N_{\mathrm{F}}^{4,1}=O(4.3238+\mathrm{E4})$ $l_j=10, N_{\mathrm{C}}=9,$ $N_{\mathrm{F}}^{4,N_{\mathrm{C}}-1}=O(2.6728+\mathrm{E5})$ $N_{\mathrm{F}}^{N_{\mathrm{C}}}=O(676)$ $O\left(N_{\mathrm{F}}^{4,2}\right)\approx O(6.682+\mathrm{E3})$ $O\left(N_{\mathrm{F}}^{4,3}\right)\approx O(3.2+\mathrm{E5})$

5.5.2　仿真与分析

1. 脉冲轮廓参数估计

为了验证所提轮廓参数估计效果，对其进行数值仿真。a 和 b 均取 $[0.1,1]$，步长为 0.1，估计值及相对误差如表 5.3 所示。其中，err_a 和 err_b 分别表示估计值 $\hat{a}$ 和 $\hat{b}$ 的相对误差，它们定义为

$$\begin{cases}\mathrm{err}_a=\mathrm{abs}(a-\hat{a})/a\\ \mathrm{err}_b=\mathrm{abs}\left(b-\hat{b}\right)/b\end{cases}\text{。} \tag{5.36}$$

表 5.3　a 和 b 的估计值及相对误差

a	err_a	b	err_b
1.0E−1	2.468279E−2	1.0E−1	5.252230E−2
2.0E−1	2.468279E−2	2.0E−1	5.252230E−2
3.0E−1	2.468241E−2	3.0E−1	5.252139E−2
4.0E−1	2.468279E−2	4.0E−1	5.252230E−2
5.0E−1	2.468269E−2	5.0E−1	5.252205E−2
6.0E−1	2.468256E−2	6.0E−1	5.252173E−2
7.0E−1	2.468283E−2	7.0E−1	5.252239E−2
8.0E−1	2.468279E−2	8.0E−1	5.252230E−2
9.0E−1	2.468269E−2	9.0E−1	5.252206E−2
1	2.468269E−2	1	5.252205E−2

从表 5.3 中可以看出 err_a 和 err_b 都在 1E−2 级别。因此可以通过式（5.9）和式（5.11）获得的 $\hat{a}$ 和 $\hat{b}$ 分析异常产生的原因。$\hat{b}$ 对应轮廓曲线的上下平移，$\hat{b}$ 与标准的背景噪声相比越小，说明背景噪声越接近理想的背景噪声。$\hat{a}$ 对应轮廓的尺度缩放，当 $\hat{a}$ 越接近于 1 时，说明获得的轮廓为正常轮廓，当 $\hat{a}$ 由 1 向 0 接近时，说明探测器有遮挡或部分异常以至于不能充分接收光子。

2. TOA 估计算法的仿真

为了验证 DD&SSL_1 中的双字典和同尺度 1-范数的有效性和实时性，将 FACS、ORCS 和 DD&SSL_1 三种压缩感知方法与两个代价函数分别结合进行仿真。采用数值模拟的 Crab 数据在 Matlab 软件上进行算法仿真。计算机配置如下：AMD Sempron（tm）X2 190 Processor，2.5G，RAM 为 6G，操作系统为 64 位 WIN7 系统。Matlab 版本为 R2015a。

经过仿真，FACS 对幅值搜索的次数会因为脉冲轮廓 bin 数 N_b 的不同而有所不同。为了对比各种方法的运行时间，假设 FACS 只需要搜索 1 次幅值。三种方法代价函数的性能比较如表 5.4 所示。通过表 5.4 可以看出：因为没有进一步的稀疏采样，在通过比对采用相同代价函数的情况下，FACS+2-范数方法的搜索次数比 ORCS+2-范数方法多用 1566.7%，FACS+SSL_1 的搜索次数比 ORCS+SSL_1 多用 1450%。因此可以看出，压缩采样对搜索时间有很大的提升效果。本章所提的双字典运行时间，在通过比对采用相同代价函数的情况下，FACS+2-范数方法的运行时间比 DD+2-范数方法多用 1760.5%，ORCS+2-范数方法的运行时间比 DD+2-范数方法多用 11.6%，FACS+SSL_1 的运行时间比 DD+SSL_1 多用 2284.6%，ORCS+SSL_1 的运行时间比 DD+SSL_1 多用 53.8%，可见本章方法能够大大提高搜索效率。

表 5.4　三种方法代价函数的性能比较

方法	搜索次数	采样率/%	运行时间/s
FACS+2-范数	332600	70	0.80
FACS+ SSL_1	332600	70	0.31
ORCS+2-范数	512	0.3	0.048
ORCS+ SSL_1	512	0.3	0.020
DD+2-范数	118	70	0.043
DD+SSL_1	118	70	0.013

另外通过比对相同搜索方法的不同代价函数可以看出，FACS 中，同尺度 1-范数法的运行时间为 2-范数法的 38.75%。ORCS 方法中，同尺度 1-范数法的运行时间为 2-范数法的 41.67%。在双字典法中，同尺度 1-范数法的运行时间为 2-范数法的 29.53%。在同种方法里，同尺度 1-范数作为代价函数比 2-范数节省时间。当

使用相同代价函数时，DD 方法最节省时间。总体上，DD 方法配合同尺度 1-范数的实时性是最好的，与 FACS+2-范数法和 ORCS+2-范数法相比，运行时间仅分别为这两种方法的 1.6%和 2.7%。

为验证 WCST 的实时性和精度，进行了数值仿真。为防止不同计算机对实验结果有影响，采用了与上个实验不同的计算机，基于小波域压缩感知的 TOA 估计算法数值仿真参数值如表 5.5 所示。

表 5.5　基于小波域压缩感知的 TOA 估计算法数值仿真参数值

参数名	值
数据来源	模拟生成
脉冲星名字	0531+21
脉冲星周期/ms	33.6638
CPU	i5-3210M
RAM/GB	16
主频/GHz	2.3
每个周期的 bin 数	2000
小波变换层数	9

四种方法的运行时间对比如表 5.6 所示。为减少误差，将程序循环运行 1000 次，然后求平均。从表中可以看出，WCST 的运行时间分别为 FACS 和 $DD\&SSL_1$ 的 0.87%和 21.35%，分别降低了 99.13%和 78.65%。四种方法用时比例基本符合上述算法复杂度分析的比例。

表 5.6　四种方法的运行时间对比

所用方法	FACS	ORCS	$DD\&SSL_1$	WCST
运行时间/s	1.56E+0	2.41E−1	6.37E−2	1.36E−2

不同数据时长的 TOA 估计误差如表 5.7 所示，从表中可以看出 WCST 的精度要优于 FACS、ORCS 和 $DD\&SSL_1$，并且能够将 TOA 估计偏差维持在 1bin 内。特别是数据的时长越短，优势越明显，在数据时长为 1s 时，相比其他 3 种方法可以降低至少 27bin。这是由于当数据时长较短时，脉冲星波形有大量噪声，FACS、ORCS 和 $DD\&SSL_1$ 在重构算法过程中没有去掉噪声的影响，而 WCST 经过小波变换后可以去除噪声的影响。相比都没有滤波功能的 FACS 和 DD&SSL1，ORCS 随着数据时长的缩短，精度会变差，主要原因是经过预处理会损失掉部分信号的信息，而这些信号的值并不是理想中的“零”信号，它们有一部分是幅值很低的有用信号。时长为 1s 的数据与标准信号多层小波变换的对比如图 5.11 所示，时长为 1s 的信号 $\boldsymbol{x}_1$ 含有大量的噪声，和标准信号 $\boldsymbol{x}_i$ 相比差别很大。当经过多层小波变换后，随着小波层数的增加，$\boldsymbol{x}_1$ 与 $\boldsymbol{x}_i$ 差别越来越小。

表 5.7　不同数据时长的 TOA 估计误差　　（单位：bin）

数据时长	FACS	ORCS	$DD\&SSL_1$	WCST
580s	0	0	0	0
480s	5	5	5	0
380s	9	11	9	0
180s	15	17	15	0
80s	20	22	20	0
40s	22	24	22	0
10s	22	24	22	0
5s	20	22	20	0
4s	20	23	20	0
3s	22	24	22	0
2s	22	25	22	0
1s	27	29	27	0

注：由于这 4 种方法估计 TOA 的精度等于 bin 时长。表中 WCST 的误差显示为 0bin，并不是说明误差为 0，只说明 TOA 的估计误差要小于 1bin 的时长。

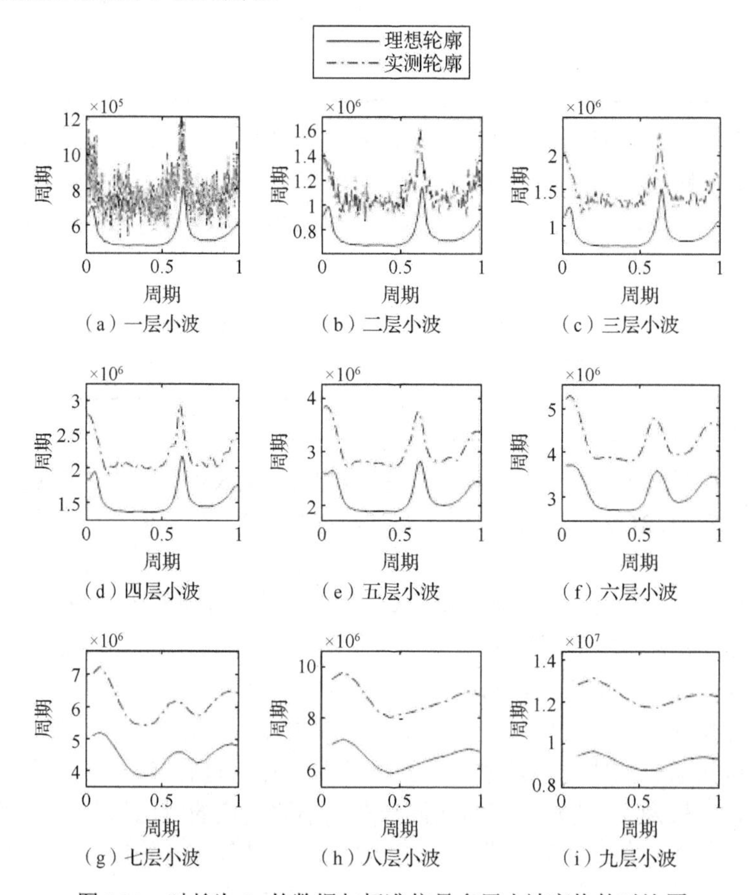

图 5.11　时长为 1s 的数据与标准信号多层小波变换的对比图

标准轮廓与时长为 1s 含噪轮廓的相关系数如表 5.8 所示，虽然在图 5.11（a）和（b）（对应的一层小波和二层小波）中理想轮廓和实测轮廓的相关系数比较小，但随着逐层分解，两者的相关系数在四层以后可以达到 0.9 以上。进一步验证了相比 FACS 和 $DD\&SSL_1$，WCST 可以在短时间内去除噪声的影响，更加准确估计 TOA。

表 5.8　标准轮廓与时长为 1s 含噪轮廓的相关系数

图 5.11 子图序号	相关系数				
（a）~（e）	6.228E−1	7.949E−1	8.735E−1	9.183E−1	9.439E−1
（f）~（i）	9.633E−1	9.780E−1	9.750E−1	9.369E−1	

总体来说，WCST 是四种方法精度最高的，其原因主要是小波变换可以实现对高频的降噪，并且选择对称小波基也不会改变信号的相位，而其他三种方法都没有降噪的功能，所以精度要差一些，并且经过多层小波变换后，信号的维度可以明显降低。如果这三种方法在 TOA 估计之前进行滤波处理，那么必然会增加整体的计算量，而 WCST 本身就有降噪的功能，对于支持并行处理的平台，可以和小波降噪过程同时完成。理论分析和仿真结果都能说明 WCST 具有更强的针对短时数据的处理能力，可以降低对数据长度的要求，而更新率主要是由算法产生的延时和观测时长共同决定的，所以 WCST 在保持精度的前提下可以提供更高的更新率。

FACS 的优点是不但可以估计出 TOA，还可以重构出含有更高精度幅值信息的轮廓曲线，不足之处是该方法产生大量的计算量，而且 XNAV 重点需要的数据是 TOA 的估计值，重构出的轮廓对于 XNAV 来说并不是需要的因素。

ORCS 方法的优势是首先通过预处理对轮廓进行大幅度的降维，其次根据观测范围的特点实现观测矩阵的降维，最后达到降低计算量的目的。不足之处是位置预估计算法中的 Q 值受到诸如数据时长、信噪比、其他导航方式的精度等很多因素的影响，不能确定一个通用值，这个值如果取得很大，就会增加很多计算量，如果取得很小，有可能把最优解剔除掉。因此，这个值的获取是个难点，需要进一步研究。

$DD\&SSL_1$ 主要的思想是两级压缩感知的级联和同尺度 1-范数代价函数来降低整体的计算量。同尺度 1-范数代价函数在计算过程中大部分采用的是加法运算，而其他的 ORCS、FACS 和 WCST 算法采用了大量的乘法运算。通常对于没有乘法指令的处理器，一条中高级语言的乘法指令可能转化为几十条汇编指令，这种情况下，$DD\&SSL_1$ 会显著减少计算量。$DD\&SSL_1$ 具有很好的可拓展性，双字典和同尺度 1-范数的思想可以方便地与其他压缩感知方法相结合。相比 WCST，$DD\&SSL_1$ 采用时域法不需要小波变换，可以节省小波变换的计算时间。

5.6 小　结

短航时航天器的应用场景对 XNAV 的 TOA 估计提出了更高的要求：需要有更强的噪声处理能力来应对短航时带来的更低信噪比的问题；需要有实时性更好的 TOA 估计方法以减少算法的延时，提高更新率。为此，本章分别从时域和小波域两个方面实现了基于双字典和同尺度 1-范数的 TOA 估计（$DD\&SSL_1$）和基于小波域压缩感知的 TOA 估计（WCST）两种 TOA 估计方法。$DD\&SSL_1$ 首先采用了压缩感知的级联思想，根据不同分辨率的轮廓设计了粗字典和精字典两个字典，构建了计算量更少的二元随机观测矩阵，为解决 1-范数有时会无法完成搜索的问题，提出了将 1-范数转换到相同尺度的方法——同尺度 1-范数。同尺度 1-范数与其他的代价函数包含大量的浮点乘法计算不同，其完全采用加法实现，所以在不支持单指令浮点乘法的平台上应用具有更好的实时性。WCST 主要采用具有数据降维和信号去噪效果的小波变换，首先在小波域构建多级字典，每一级字典对应理想轮廓信号的一层小波变换，即字典的级数和小波变换的层数是相对应的。其次设计了根据字典级数变化而采样率随之变化的观测矩阵。最后在小波域实现了重构算法，可以完成轮廓降噪和 TOA 估计，并且该算法在支持并行计算的平台上，轮廓降噪和 TOA 估计可以并行完成，也就是说在 TOA 估计时不增加额外的计算时间就可以完成小波滤波，这改变了传统的“先降噪后估计 TOA”的做法，进一步提高了算法的实时性。另外针对光子流量异常产生的原因，提出了分解估计法，可以对背景噪声和部分遮挡等原因进行初步判断。仿真结果表明，相比 FACS 和 ORCS 两种 TOA 估计方法，$DD\&SSL_1$ 和 WCST 明显具有更好的实时性，$DD\&SSL_1$ 的精度能够和 FACS 相当，比 ORCS 略好，WCST 的精度最高，随着观测时间的缩短，WCST 的精度优势更加显著，也就是说该方法不但可以提高 TOA 估计精度，还降低了对数据时长的依赖。预处理可以对接收光子形成的轮廓进行粗略估计，为异常原因的分析提供初步的依据。

本章所提出的两种方法相比传统的基于压缩感知的 X 射线脉冲星轮廓和 TOA 解决方案的快速算法（FACS）[84]和基于观测范围的压缩感知（ORCS）的 TOA 估计方法[67]，计算量都有所降低。时域方法相对小波域方法不需要进行小波变换，但最终小波域方法可以通过增加小波变换的层数将搜索次数大幅降低，实现总体计算量比时域方法更少的目的。如果对含噪的脉冲星轮廓信号采用小波法降噪，小波域方法可以实现与降噪的并行处理，同时得到降噪后的轮廓信号和 TOA 的估计值。

第 6 章　X 射线脉冲星方位误差估计

X 射线脉冲星在 ICRS 中的单位方向矢量是 X 射线脉冲星导航计算的一个重要参数，它可以通过天文观测及坐标转化实现。脉冲星单位方向矢量与航天器位置的乘积构成观测方程中的一阶主项，所以即使脉冲星的方位存在毫角秒（milliarcseconds，mas）量级的偏差，最后导致的系统误差都在百米量级[157]。但是脉冲星地面观测用到的甚长基线干涉测量技术（very long baseline interferometry，VLBI）测角精度大多在 mas 量级，以目前中国的 VLBI 精度为例，其理论测角精度为 13.5 纳弧度（nano-radian，nrad），约为 2.79mas[158]。为实现存在脉冲星方位误差时导航系统的正常工作，国内学者在不添加其他观测量的前提下从离线和在线两个方面提出了不同的解决办法。离线估计是指利用自身航天器外的其他设备，额外估计出当前 X 射线脉冲星的方位误差，并对该航天器不断进行校正。在线估计是指设计更加先进的航天器导航算法，实现导航过程中对 X 射线脉冲星方位误差的实时估计及校正。

本章主要从离线估计角度设计了增广脉冲星方位误差估计算法和 TSKF 脉冲星方位误差估计算法：利用增广脉冲星方位误差估计算法可以保证在信标卫星位置误差条件下算法的正常运行；利用 TSKF 脉冲星方位误差估计算法可以兼顾信标卫星位置误差和脉冲星自行速度的影响，实现高精度的误差估计。

6.1　脉冲星方位误差分析

如果存在方位误差，根据太阳系质心坐标系（2.3 节）可知，脉冲星的方向也存在误差，结合脉冲星导航的基本原理，假设方向误差为 $\Delta\boldsymbol{n}$，则存在脉冲星方位误差的导航原理如图 6.1 所示。其中，$\boldsymbol{n}$ 为脉冲星真实的方向矢量，$\tilde{\boldsymbol{n}}$ 为带误差的方向矢量，Δt 为真实时间，$\Delta\tilde{t}$ 为带误差的时间。

假设脉冲星在天球坐标系中的方位为$(\alpha,\ \delta)$，其中 α 为赤经，δ 为赤纬。根据太阳系质心坐标系可得在直角坐标系中的单位方向矢量为

$$\boldsymbol{n}=\begin{bmatrix}\cos\delta\cos\alpha\\ \cos\delta\sin\alpha\\ \sin\delta\end{bmatrix}。\tag{6.1}$$

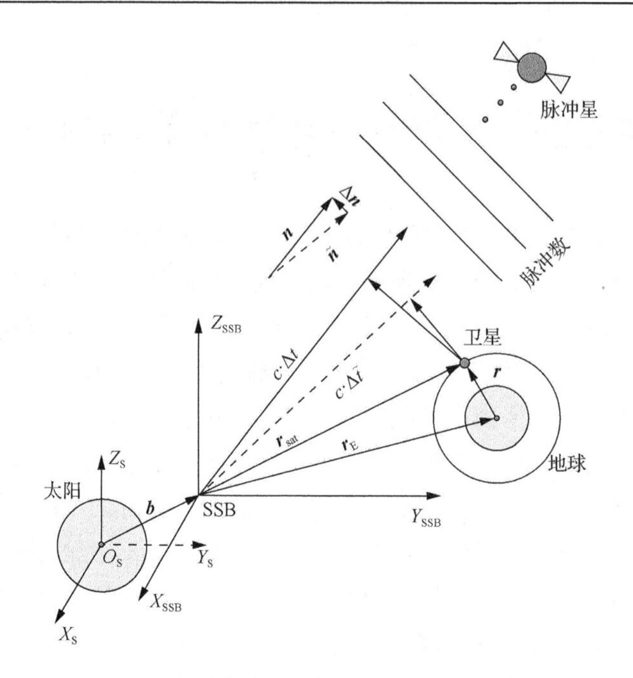

图 6.1　存在脉冲星方位误差的导航原理

假设带误差的脉冲星方位$\left(\tilde{\alpha},\ \tilde{\delta}\right)$与真实方位$(\alpha,\ \delta)$满足如下关系：

$$\begin{cases}\alpha=\tilde{\alpha}+\Delta\alpha\\ \delta=\tilde{\delta}+\Delta\delta\end{cases},\tag{6.2}$$

其中，$(\Delta\alpha,\Delta\delta)$为脉冲星的方位误差。

将式（6.1）代入式（6.2）并泰勒展开可得

$$\boldsymbol{n}=\begin{bmatrix}\cos\tilde{\delta}\cos\tilde{\alpha}\\ \cos\tilde{\delta}\sin\tilde{\alpha}\\ \sin\tilde{\delta}\end{bmatrix}+\begin{bmatrix}-\cos\tilde{\delta}\sin\tilde{\alpha}\cdot\Delta\alpha-\sin\tilde{\delta}\cos\tilde{\alpha}\cdot\Delta\delta\\ \cos\tilde{\delta}\cos\tilde{\alpha}\cdot\Delta\alpha-\sin\tilde{\delta}\sin\tilde{\alpha}\cdot\Delta\delta\\ \cos\tilde{\delta}\cdot\Delta\delta\end{bmatrix}+\boldsymbol{o},\tag{6.3}$$

则可近似认为

$$\boldsymbol{n}=\tilde{\boldsymbol{n}}+\Delta\boldsymbol{n},\tag{6.4}$$

其中，

$$\Delta\boldsymbol{n}=\begin{bmatrix}-\cos\tilde{\delta}\sin\tilde{\alpha}\cdot\Delta\alpha-\sin\tilde{\delta}\cos\tilde{\alpha}\cdot\Delta\delta\\ \cos\tilde{\delta}\cos\tilde{\alpha}\cdot\Delta\alpha-\sin\tilde{\delta}\sin\tilde{\alpha}\cdot\Delta\delta\\ \cos\tilde{\delta}\cdot\Delta\delta\end{bmatrix}。\tag{6.5}$$

根据式（6.4）及 X 射线脉冲星导航的原理（2.5 节）可得

$$
\begin{aligned}
t_{\mathrm{SSB}} = t_{\mathrm{sat}} &+ \frac{(\tilde{\boldsymbol{n}} + \Delta \boldsymbol{n}) \cdot \boldsymbol{r}_{\mathrm{sat}}}{c} + \frac{1}{2cD_0}\left\{\left[(\tilde{\boldsymbol{n}} + \Delta \boldsymbol{n}) \cdot \boldsymbol{r}_{\mathrm{sat}}\right]^2 - \left|\boldsymbol{r}_{\mathrm{sat}}\right|^2\right\} \\
&+ 2\frac{GM_{\mathrm{sun}}}{c^3}\ln\left|1 + \frac{(\tilde{\boldsymbol{n}} + \Delta \boldsymbol{n}) \cdot \boldsymbol{r}_{\mathrm{sat}} + \left|\boldsymbol{r}_{\mathrm{sat}}\right|}{(\tilde{\boldsymbol{n}} + \Delta \boldsymbol{n}) \cdot \boldsymbol{b} + |\boldsymbol{b}|}\right| + o\left(10^{-8}\right),
\end{aligned}
\tag{6.6}
$$

其中，等号右侧第三、四项的数量级非常小（第 7 章会给出详细分析），所以可忽略脉冲星方向误差 $\Delta \boldsymbol{n}$ 对其造成的影响，即

$$
\Delta t \approx \frac{(\tilde{\boldsymbol{n}} + \Delta \boldsymbol{n}) \cdot \boldsymbol{r}_{\mathrm{sat}}}{c} + \frac{1}{2cD_0}\left[(\boldsymbol{n} \cdot \boldsymbol{r}_{\mathrm{sat}})^2 - \left|\boldsymbol{r}_{\mathrm{sat}}\right|^2\right] + 2\frac{GM_{\mathrm{sun}}}{c^3}\ln\left|1 + \frac{\boldsymbol{n} \cdot \boldsymbol{r}_{\mathrm{sat}} + \left|\boldsymbol{r}_{\mathrm{sat}}\right|}{\boldsymbol{n} \cdot \boldsymbol{b} + |\boldsymbol{b}|}\right| + o\left(10^{-8}\right)。
\tag{6.7}
$$

对式（6.7）进一步处理可得

$$
\Delta t \approx \frac{\tilde{\boldsymbol{n}} \cdot \left(\boldsymbol{r}_{\mathrm{sat}} + \dfrac{\Delta \boldsymbol{n}}{\tilde{\boldsymbol{n}}} \cdot \boldsymbol{r}_{\mathrm{sat}}\right)}{c} + \frac{1}{2cD_0}\left[(\boldsymbol{n} \cdot \boldsymbol{r}_{\mathrm{sat}})^2 - \left|\boldsymbol{r}_{\mathrm{sat}}\right|^2\right] + 2\frac{GM_{\mathrm{sun}}}{c^3}\ln\left|1 + \frac{\boldsymbol{n} \cdot \boldsymbol{r}_{\mathrm{sat}} + \left|\boldsymbol{r}_{\mathrm{sat}}\right|}{\boldsymbol{n} \cdot \boldsymbol{b} + |\boldsymbol{b}|}\right| + o\left(10^{-8}\right)。
\tag{6.8}
$$

也就是说，如果导航使用的脉冲星单位方向矢量 $\tilde{\boldsymbol{n}}$ 与真实的脉冲星单位方向矢量 $\boldsymbol{n}$ 之间存在误差 $\Delta \boldsymbol{n}$，则此时得到的位置 $\tilde{\boldsymbol{r}}_{\mathrm{sat}}$ 与真实位置 $\boldsymbol{r}_{\mathrm{sat}}$ 之间满足：

$$
\tilde{\boldsymbol{r}}_{\mathrm{sat}} = \boldsymbol{r}_{\mathrm{sat}} + \frac{\Delta \boldsymbol{n}}{\tilde{\boldsymbol{n}}} \cdot \boldsymbol{r}_{\mathrm{sat}}。
\tag{6.9}
$$

导致脉冲星方位误差的无非是两种情况，一种是脉冲星的自行运动；另一种是天文观测误差。脉冲星的自行运动速度大多较慢且可以通过星历较为准确的预测得到。以澳大利亚的 ANTF 脉冲星数据库为例[159]，其收录了目前公开发表的绝大多数脉冲星，共计 2636 颗。该数据库中含自行运动参数的脉冲星有 273 颗。这部分脉冲星的赤经自行运动（proper motion in right ascension，PMRA）和赤纬自行运动（proper motion in declination，PMDEC）的 1σ 不确定度分布如图 6.2 所示。其中两个方向的自行运动均小于 10mas/a 的脉冲星有 214 颗，占总数的 78.39%。也就是说，这 214 颗脉冲星可以利用自行运动准确预测其运动轨迹，预测误差每天不超过 0.027mas，相比于观测误差的量级可忽略不计。因此，如果每天或数天对脉冲星的位置更新一次，则更新周期内可认为脉冲星的方位误差只取决于天文观测误差。假设天文观测误差为定值，则导航解算中的 $\Delta \boldsymbol{n}$ 也就可视为常量。

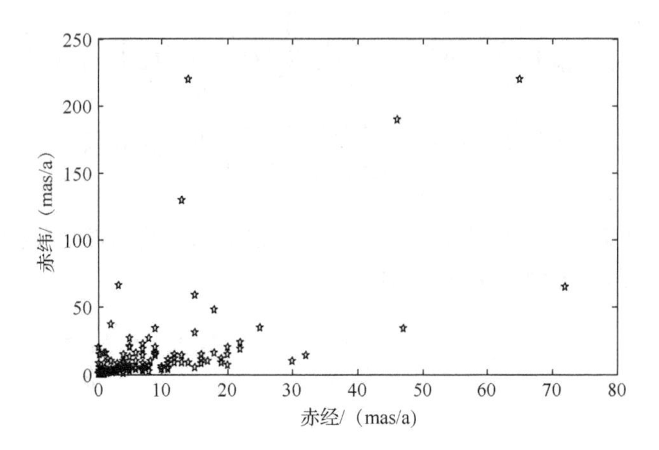

图 6.2　脉冲星自行运动的 1σ 不确定度分布

6.2　增广脉冲星方位误差估计算法

6.2.1　算法设计

在 $\Delta\boldsymbol{n}$ 不变的前提下，国防科技大学的孙守明[157]提出通过天基信标的方法利用卫星实现脉冲星方位误差的精确估计。其原理类似于脉冲星的相对定位原理，不同的是将 TOA 的差值认为是脉冲星方向误差导致的，而不是位置误差。该方法的优点是可以通过广播的方法，对可及范围内的所有航天器定期进行脉冲星方位校正，保证导航模型的准确性，缺点是需要额外的信标卫星参与到导航系统之中，增加了系统的复杂性。

假设作为信标的卫星位置信息精确已知，将卫星观测到的 TOA t_{sat} 及带误差的脉冲星方向矢量 $\tilde{\boldsymbol{n}}$ 结合 X 射线脉冲星导航基本原理可得推算的 SSB 处的 TOA 为

$$\tilde{t}_{\text{SSB}} = t_{\text{sat}} + \frac{\tilde{\boldsymbol{n}} \cdot \boldsymbol{r}_{\text{sat}}}{c} + \frac{1}{2cD_0}\left[\left(\tilde{\boldsymbol{n}} \cdot \boldsymbol{r}_{\text{sat}}\right)^2 - \left|\boldsymbol{r}_{\text{sat}}\right|^2\right] + 2\frac{GM_{\text{sun}}}{c^3}\ln\left|1 + \frac{\tilde{\boldsymbol{n}} \cdot \boldsymbol{r}_{\text{sat}} + \left|\boldsymbol{r}_{\text{sat}}\right|}{\tilde{\boldsymbol{n}} \cdot \boldsymbol{b} + \left|\boldsymbol{b}\right|}\right| + o\left(10^{-8}\right), \tag{6.10}$$

则推算的 $\tilde{t}_{\text{SSB}}$ 与脉冲相位模型预测的 t_{SSB} 近似满足：

$$t_{\text{SSB}} - \tilde{t}_{\text{SSB}} = \frac{\left(\boldsymbol{n} - \tilde{\boldsymbol{n}}\right) \cdot \boldsymbol{r}_{\text{sat}}}{c} = \frac{\Delta\boldsymbol{n} \cdot \boldsymbol{r}_{\text{sat}}}{c}\text{。} \tag{6.11}$$

结合式（6.5），可将式（6.11）写为

$$\Delta\tilde{t}_{\text{SSB}} = \frac{1}{c}\boldsymbol{H}\begin{bmatrix}\Delta\alpha \\ \Delta\delta\end{bmatrix} + \boldsymbol{V}_k, \tag{6.12}$$

其中，

$$\boldsymbol{H}=\begin{bmatrix} -\cos\tilde{\delta}\sin\tilde{\alpha}\cdot r_{\mathrm{sat}/x}+\cos\tilde{\delta}\cos\tilde{\alpha}\cdot r_{\mathrm{sat}/y} \\ \cos\tilde{\delta}\cdot r_{\mathrm{sat}/z}-\sin\tilde{\delta}\cos\tilde{\alpha}\cdot r_{\mathrm{sat}/x}-\sin\tilde{\delta}\sin\tilde{\alpha}\cdot r_{\mathrm{sat}/y} \end{bmatrix}^{\mathrm{T}}, \tag{6.13}$$

$r_{\mathrm{sat}/x}$、$r_{\mathrm{sat}/y}$、$r_{\mathrm{sat}/z}$ 分别为 $\boldsymbol{r}_{\mathrm{sat}}$ 在三个坐标轴的分量；$\boldsymbol{V}_k$ 为观测噪声。

将状态量选为 $\boldsymbol{X}=[\Delta\alpha\quad\Delta\delta]^{\mathrm{T}}$，式（6.12）也就构成了原始脉冲星方位误差估计算法的观测方程。因为认为 $\Delta\boldsymbol{n}$ 仅与观测误差有关且保持不变，所以其状态方程可以写为

$$\boldsymbol{X}_{k+1}=\begin{bmatrix}\Delta\alpha_{k+1}\\ \Delta\delta_{k+1}\end{bmatrix}=\begin{bmatrix}1&0\\0&1\end{bmatrix}\boldsymbol{X}_k+\boldsymbol{W}_k=\boldsymbol{A}\boldsymbol{X}_k+\boldsymbol{W}_k, \tag{6.14}$$

其中，$\boldsymbol{W}_k$ 为系统噪声。

上述算法是基于卫星位置矢量精确已知假设的，这在工程中是很难做到的。如果卫星存在位置误差，则必然会将位置误差部分导致的 TOA 差值归为方位误差，也就对方位误差的估计值引入了系统误差。孙守明等[94]也分析了当卫星存在位置误差时对导航结果的影响，指出位置误差会显著降低方位误差的估计精度。为此，本节将卫星位置误差标量作为一个“模糊”的增广状态，设计了增广脉冲星方位误差估计算法。这里的“模糊”是指该增广状态并不一定能被准确估计出来，但却可以保证其他状态不受干扰。

假设卫星真实位置 $\boldsymbol{r}_{\mathrm{sat}}$ 与已知位置 $\tilde{\boldsymbol{r}}_{\mathrm{sat}}$ 满足：

$$\tilde{\boldsymbol{r}}_{\mathrm{sat}}=\boldsymbol{r}_{\mathrm{sat}}-\Delta\boldsymbol{r}, \tag{6.15}$$

则此时推算的 TOA $\tilde{t}_{\mathrm{SSB}}$ 应当满足：

$$\tilde{t}_{\mathrm{SSB}}=t_{\mathrm{sat}}+\frac{\tilde{\boldsymbol{n}}\cdot\tilde{\boldsymbol{r}}_{\mathrm{sat}}}{c}+\frac{1}{2cD_0}\left[\left(\tilde{\boldsymbol{n}}\cdot\tilde{\boldsymbol{r}}_{\mathrm{sat}}\right)^2-\left|\tilde{\boldsymbol{r}}_{\mathrm{sat}}\right|^2\right]+2\frac{GM_{\mathrm{sun}}}{c^3}\ln\left|1+\frac{\tilde{\boldsymbol{n}}\cdot\tilde{\boldsymbol{r}}_{\mathrm{sat}}+\left|\tilde{\boldsymbol{r}}_{\mathrm{sat}}\right|}{\tilde{\boldsymbol{n}}\cdot\boldsymbol{b}+|\boldsymbol{b}|}\right|+o\left(10^{-8}\right)。 \tag{6.16}$$

忽略 $\Delta\boldsymbol{n}$ 对高阶项的影响，根据观测模型推算的 $\tilde{t}_{\mathrm{SSB}}$ 与根据相位时间模型预测的 t_{SSB} 近似满足：

$$t_{\mathrm{SSB}}-\tilde{t}_{\mathrm{SSB}}\approx\frac{\boldsymbol{n}\cdot\boldsymbol{r}_{\mathrm{sat}}}{c}-\frac{\tilde{\boldsymbol{n}}\cdot\tilde{\boldsymbol{r}}_{\mathrm{sat}}}{c}=\frac{\boldsymbol{n}\cdot\boldsymbol{r}_{\mathrm{sat}}-(\boldsymbol{n}-\Delta\boldsymbol{n})\cdot(\boldsymbol{r}_{\mathrm{sat}}-\Delta\boldsymbol{r})}{c}=\frac{\Delta\boldsymbol{n}\cdot\boldsymbol{r}_{\mathrm{sat}}+\boldsymbol{n}\cdot\Delta\boldsymbol{r}-\Delta\boldsymbol{n}\cdot\Delta\boldsymbol{r}}{c}, \tag{6.17}$$

结合式（6.4）和式（6.15）可进一步整理为

$$\Delta\tilde{t}_{\mathrm{SSB}}=\frac{\Delta\boldsymbol{n}\cdot\tilde{\boldsymbol{r}}_{\mathrm{sat}}+\tilde{\boldsymbol{n}}\cdot\Delta\boldsymbol{r}+\Delta\boldsymbol{n}\cdot\Delta\boldsymbol{r}}{c}。 \tag{6.18}$$

当方位误差在毫角秒量级时，可以计算得到不同脉冲星的 $\Delta\boldsymbol{n}$ 与量级约相差 10^8 倍。同样，对于近地航天器而言，当卫星位置误差在百米量级时，$\Delta\boldsymbol{r}$ 与 $\tilde{\boldsymbol{r}}_{\mathrm{sat}}$ 也相差近 10^8 倍，所以可忽略高阶项 $\Delta\boldsymbol{n}\cdot\Delta\boldsymbol{r}$ 。进一步将 $\tilde{\boldsymbol{n}}\cdot\Delta\boldsymbol{r}$ 项变换为数乘运算，得到存在卫星位置误差的方位误差估计算法观测模型：

$$\Delta\tilde{t}_{\mathrm{SSB}}=\frac{\Delta\boldsymbol{n}\cdot\tilde{\boldsymbol{r}}_{\mathrm{sat}}}{c}+\frac{|\Delta\boldsymbol{r}|\cos\theta}{c}, \tag{6.19}$$

其中，θ 为 $\Delta\boldsymbol{r}$ 与 $\tilde{\boldsymbol{n}}$ 之间的夹角。

为保证增广算法的可观测性和控制导航运算的维数，可将位置误差标量 $|\Delta\boldsymbol{r}|$ 作为增加的状态量。但若以 $|\Delta\boldsymbol{r}|$ 作为增广状态，则观测方程的建立需要用到 $\cos\theta$。由于 $\Delta\boldsymbol{r}$ 的方向未知，显然 $\cos\theta$ 也是未知的。但是通过分析发现，算法最终只需得到准确的脉冲星方位误差信息，所以实际上只需要 $|\Delta\boldsymbol{r}|\cos\theta$ 的值与实际相等即可，则 $\Delta\boldsymbol{r}$ 与 $\tilde{\boldsymbol{n}}$ 之间的夹角可预先设一固定值 $\hat{\theta}$。$\cos\hat{\theta}$ 是否准确仅影响最终估计的 $|\Delta\hat{\boldsymbol{r}}|$ 是否准确，但是 $|\Delta\hat{\boldsymbol{r}}|\cos\hat{\theta}$ 与 $|\Delta\boldsymbol{r}|\cos\theta$ 是相等的。通过数学语言表述为

$$|\Delta\hat{\boldsymbol{r}}|\cos\hat{\theta}=|\Delta\boldsymbol{r}|\cos\theta=\left(|\Delta\boldsymbol{r}|\frac{\cos\theta}{\cos\hat{\theta}}\right)\cos\hat{\theta}, \tag{6.20}$$

其中，$|\Delta\hat{\boldsymbol{r}}|$ 为最终卫星位置误差标量的估计值；$\hat{\theta}$ 为预先设置的某一固定角度；$|\Delta\boldsymbol{r}|$ 和 θ 分别为对应的真实值。

也就是说，最终增广状态得到的并不是准确的卫星位置误差标量，而是真实值的 $\dfrac{\cos\theta}{\cos\hat{\theta}}$ 倍，所以可将增加的状态量视为关于 $|\Delta\boldsymbol{r}|$ 的一个“模糊”状态。当预设值 $\hat{\theta}$ 与真实值 θ 恰好相等时，$|\Delta\hat{\boldsymbol{r}}|$ 即等于真实值 $|\Delta\boldsymbol{r}|$，否则满足一定倍数关系。但是通过式(6.20)的分析可以看出，只要 $|\Delta\hat{\boldsymbol{r}}|\cos\hat{\theta}$ 的值与真实值相等就可以保证 $[\Delta\alpha\quad\Delta\delta]^{\mathrm{T}}$ 的估计精度。

总结以上分析，新算法的状态量为 $\hat{\boldsymbol{X}}=\left[\Delta\alpha\quad\Delta\delta\quad|\Delta\hat{\boldsymbol{r}}|\right]^{\mathrm{T}}$，对应的空间状态方程为

$$\begin{cases}\hat{\boldsymbol{X}}_{k+1}=\begin{bmatrix}1&0&0\\0&1&0\\0&0&1\end{bmatrix}\hat{\boldsymbol{X}}_k+\hat{\boldsymbol{W}}_k=\hat{\boldsymbol{A}}\hat{\boldsymbol{X}}_k+\hat{\boldsymbol{W}}_k\\ \hat{\boldsymbol{Z}}_k=\dfrac{1}{c}\hat{\boldsymbol{H}}_k\hat{\boldsymbol{X}}_k+\hat{\boldsymbol{V}}_k\end{cases}, \tag{6.21}$$

其中，

$$\hat{\boldsymbol{H}}_k=\begin{bmatrix}-\tilde{r}_{\mathrm{sat}/x}\cos\tilde{\delta}\sin\tilde{\alpha}+\tilde{r}_{\mathrm{sat}/y}\cos\tilde{\delta}\cos\tilde{\alpha}\\ \tilde{r}_{\mathrm{sat}/z}\cos\tilde{\delta}-\tilde{r}_{\mathrm{sat}/x}\sin\tilde{\delta}\cos\tilde{\alpha}-\tilde{r}_{\mathrm{sat}/y}\sin\tilde{\delta}\sin\tilde{\alpha}\\ \cos\hat{\theta}\end{bmatrix}^{\mathrm{T}}, \tag{6.22}$$

$\tilde{r}_{\mathrm{sat}/x}$、$\tilde{r}_{\mathrm{sat}/y}$、$\tilde{r}_{\mathrm{sat}/z}$ 分别为 $\tilde{\boldsymbol{r}}_{\mathrm{sat}}$ 在三个坐标轴的分量；$\hat{\boldsymbol{W}}_k$ 和 $\hat{\boldsymbol{V}}_k$ 分别为增广算法中的系统噪声和观测噪声。

6.2.2　可观测性证明

根据建立的观测方程来看，XNAV 系统是线性时变系统，可采用分段线性定常系统（PWCS）的可观性分析法进行可观测性分析[160-161]。

该方法将线性时变系统分成若干个足够小的时间区间。在这些时间区间内，系统的系数矩阵可以近似认为保持不变，则系统也就近似为定常系统。在线性定常系统的每个时间区间内，可观测矩阵为

$$\boldsymbol{Q}_j = \begin{bmatrix} \boldsymbol{H}_j \\ \boldsymbol{H}_j\boldsymbol{F}_j \\ \vdots \\ \boldsymbol{H}_j\boldsymbol{F}_j^{n-1} \end{bmatrix}, \tag{6.23}$$

其中，$\boldsymbol{H}_j$ 为 j 时间区间内观测矩阵；$\boldsymbol{F}_j$ 为 j 时间区间内状态转移矩阵；n 为状态量维数。

离散系统总的可观测矩阵（TOM）可以写为

$$\boldsymbol{Q}(q) = \begin{bmatrix} \boldsymbol{Q}_1 \\ \boldsymbol{Q}_2\boldsymbol{F}_1^{n-1} \\ \vdots \\ \boldsymbol{Q}_q\boldsymbol{F}_{q-1}^{n-1}\cdots\boldsymbol{F}_1^{n-1} \end{bmatrix}, \tag{6.24}$$

其中，q 为所分的区间数。

根据式（6.24）定义可得

$$\boldsymbol{Z}(q) = \boldsymbol{Q}(q)\boldsymbol{X}(t_0), \tag{6.25}$$

其中，$\boldsymbol{Z}(q) = \begin{bmatrix} \boldsymbol{Z}_1^{\mathrm{T}} & \boldsymbol{Z}_2^{\mathrm{T}} & \cdots & \boldsymbol{Z}_q^{\mathrm{T}} \end{bmatrix}^{\mathrm{T}}$ 为不同时间区间的观测量；$\boldsymbol{X}(t_0)$ 为初始状态。根据矩阵运算分析，当 $\boldsymbol{Q}(q)$ 的秩为 n 时，$\boldsymbol{X}(t_0)$ 有唯一确定解，也就是系统完全可观测。

根据6.2.1小节中提到的空间状态方程，该系统的TOM可以写为

$$\boldsymbol{Q}(q) = \begin{bmatrix} \boldsymbol{Q}_1 \\ \boldsymbol{Q}_2 \\ \vdots \\ \boldsymbol{Q}_q \end{bmatrix}, \tag{6.26}$$

$$\boldsymbol{Q}_j = \begin{bmatrix} \boldsymbol{H}_j \\ \boldsymbol{H}_j \\ \boldsymbol{H}_j \end{bmatrix}, \tag{6.27}$$

对于其中任意相邻的三个时间段内满足：

$$\operatorname{rank}\left(\boldsymbol{Q}(q)\right) \geqslant \operatorname{rank}\left(\begin{bmatrix} \boldsymbol{Q}_i \\ \boldsymbol{Q}_{i+1} \\ \boldsymbol{Q}_{i+2} \end{bmatrix}\right), \tag{6.28}$$

通过矩阵求秩的性质可得

$$\operatorname{rank}\left(\begin{bmatrix} \boldsymbol{Q}_i \\ \boldsymbol{Q}_{i+1} \\ \boldsymbol{Q}_{i+2} \end{bmatrix}\right) = \operatorname{rank}\left(\begin{bmatrix} \boldsymbol{H}_i \\ \boldsymbol{H}_{i+1} \\ \boldsymbol{H}_{i+2} \\ \boldsymbol{0}_{6\times 3} \end{bmatrix}\right) = \operatorname{rank}\left(\begin{bmatrix} \boldsymbol{H}_i \\ \boldsymbol{H}_{i+1} \\ \boldsymbol{H}_{i+2} \end{bmatrix}\right), \tag{6.29}$$

经过矩阵变换可得

$$\begin{bmatrix} \boldsymbol{H}_i \\ \boldsymbol{H}_{i+1} \\ \boldsymbol{H}_{i+2} \end{bmatrix} = \boldsymbol{M}\boldsymbol{N}, \tag{6.30}$$

其中，

$$\boldsymbol{M} = \begin{bmatrix} r_{\text{sat}/x}^{i} & r_{\text{sat}/y}^{i} & r_{\text{sat}/z}^{i} & 1 \\ r_{\text{sat}/x}^{i+1} & r_{\text{sat}/y}^{i+1} & r_{\text{sat}/z}^{i+1} & 1 \\ r_{\text{sat}/x}^{i+2} & r_{\text{sat}/y}^{i+2} & r_{\text{sat}/z}^{i+2} & 1 \end{bmatrix}; \tag{6.31}$$

$$\boldsymbol{N} = \begin{bmatrix} -\cos\tilde{\delta}\sin\tilde{\alpha} & -\sin\tilde{\delta}\cos\tilde{\alpha} & 0 \\ \cos\tilde{\delta}\cos\tilde{\alpha} & -\sin\tilde{\delta}\sin\tilde{\alpha} & 0 \\ 0 & \cos\tilde{\delta} & 0 \\ 0 & 0 & \cos\hat{\theta} \end{bmatrix}, \tag{6.32}$$

$r_{\text{sat}/x}^{j}$、$r_{\text{sat}/y}^{j}$、$r_{\text{sat}/z}^{j}$ 分别为 j 时间区间内卫星三个方向位置。

显然，卫星运动过程中，$\boldsymbol{M}$ 的秩会一直为 3。同时对于不同脉冲星而言，$\boldsymbol{N}$ 也可以认为满秩，因此

$$\operatorname{rank}\left(Q(q)\right) \geqslant \operatorname{rank}\left(\begin{bmatrix} \boldsymbol{Q}_i \\ \boldsymbol{Q}_{i+1} \\ \boldsymbol{Q}_{i+2} \end{bmatrix}\right) = 3。 \tag{6.33}$$

通过以上分析说明系统完全可观测。

6.2.3 仿真分析

假设仿真使用的信标卫星轨道参数如表 6.1 所示，脉冲星为 B0531+21，基本属性见表 6.2。脉冲星的自行不确定度为[0.8mas/a，0.8mas/a][159]。由于观测量都为 TOA，所以观测噪声可根据 X 射线脉冲星导航数学模型计算得到。探测器面积设为 1m^2，累积时间为 1000s。脉冲星方位误差统一设为[2mas，2mas]。系统噪声

$\boldsymbol{Q} = \mathrm{diag}\left(\begin{bmatrix} 10^{-24} & 10^{-24} & 10^{-20} \end{bmatrix}\right)$，初始状态 $\hat{\boldsymbol{X}} = \begin{bmatrix} 0 & 0 & 0 \end{bmatrix}^{\mathrm{T}}$。假设卫星三个方向的位置误差相同，则此时可以根据脉冲星的 $\tilde{\boldsymbol{n}}$ 求出预设值 $\cos\hat{\theta}$ 的大小。

表 6.1　信标卫星轨道参数

参数	数值
半长轴/km	7350
离心率	0
轨道倾角/（°）	45
升交点赤经/（°）	0
近地点幅角/（°）	30
初始真近地点/（°）	0
起始时间	2015.10.17 04:00:00
结束时间	2016.10.18 04:00:00

表 6.2　脉冲星基本属性

名称	周期/s	赤经/（°）	赤纬/（°）	距离/kpc	W/s	F_x /［ph/（cm^2·s）］	p_f /%
B0531+21	0.0334	83.633	22.01	2.0	1.7×10^{-3}	1.54	70
B1821−24	0.00305	276.133	−24.87	5.5	5.5×10^{-5}	1.93×10^{-4}	98
B1937+21	0.00156	294.910	21.58	3.6	2.1×10^{-5}	4.99×10^{-5}	86

以卫星位置误差为［0.1km，0.1km，0.1km］和［0.1km，0.1km，0.01km］为例，原始算法和本节提出的增广算法的赤经、赤纬结果如图 6.3～图 6.8 所示。误差为［0.1km，0.1km，0.1km］的结果如图 6.3～图 6.5 所示，误差为［0.1km，0.1km，0.01km］的结果如图 6.6～图 6.8 所示。

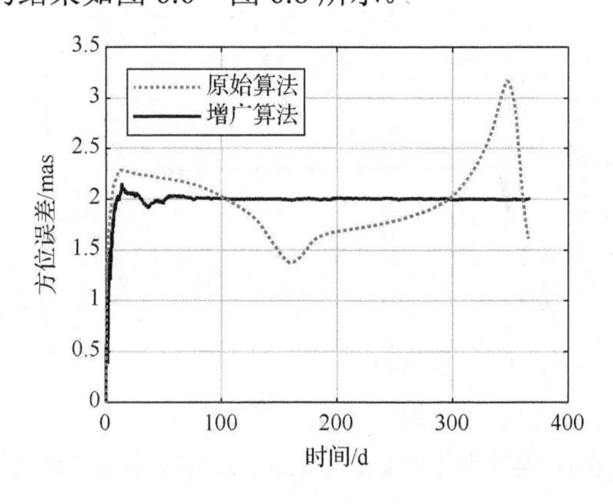

图 6.3　误差为［0.1km，0.1km，0.1km］的赤经估计

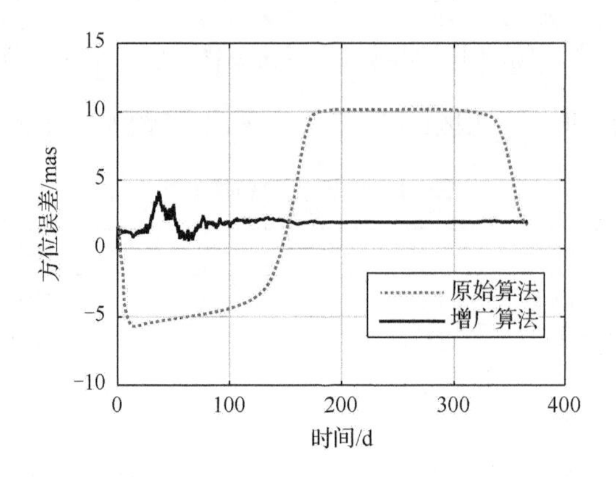

图 6.4　误差为［0.1km，0.1km，0.1km］的赤纬估计

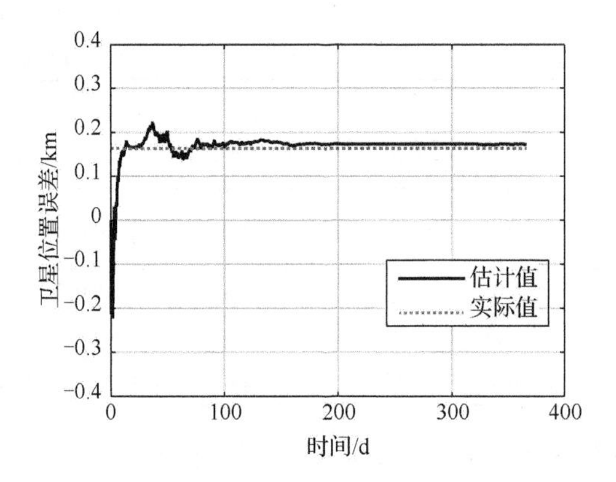

图 6.5　误差为［0.1km，0.1km，0.1km］的增广算法中卫星位置误差估计

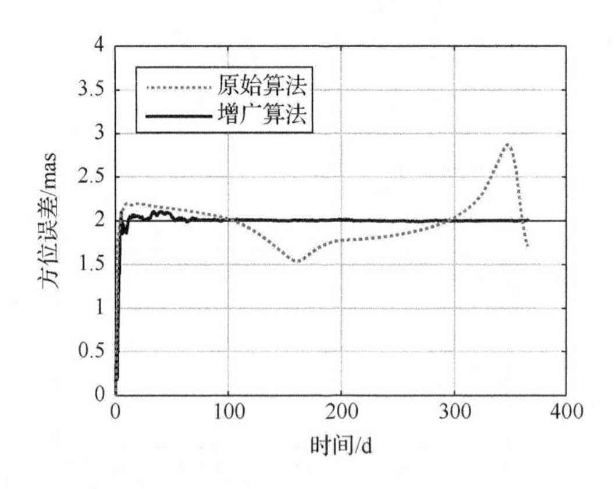

图 6.6　误差为［0.1km，0.1km，0.01km］的赤经估计

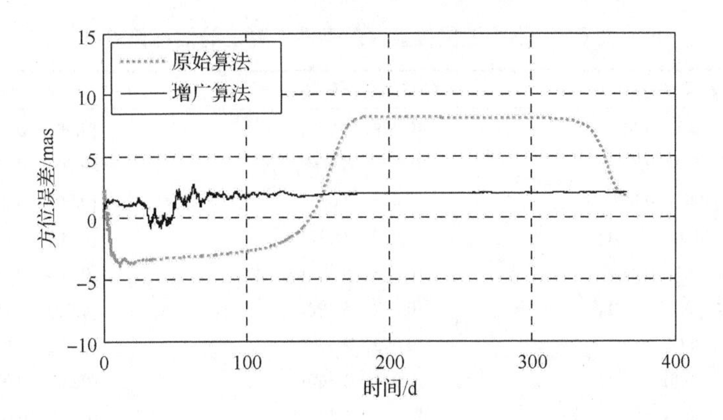

图 6.7　误差为［0.1km，0.1km，0.01km］的赤纬估计

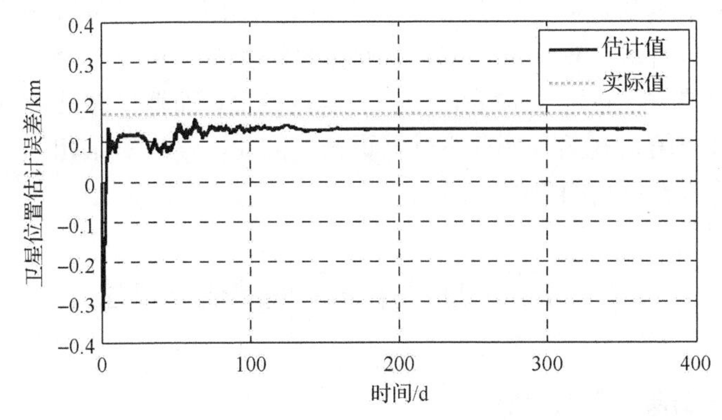

图 6.8　误差为［0.1km，0.1km，0.01km］的增广算法中卫星位置误差估计

通过对比两种情况下的仿真结果可以看出，原始算法两种情况的方位误差估计结果都偏差较大，位置误差为[0.1km，0.1km，0.1km]时的估计结果偏差明显大于位置误差为[0.1km，0.1km，0.01km]时的结果，而且地球公转导致 $\tilde{\boldsymbol{n}}\cdot\Delta\boldsymbol{r}$ 大小产生变化，从而使得估计曲线产生大幅度的波动。但增广算法在两种情况下均能实现较快的收敛，且估计精度较高。位置误差为[0.1km，0.1km，0.1km]时，预先设置的 $\cos\hat{\theta}$ 与实际值相同，所以卫星位置误差估计值在 0.17km 附近，与实际值十分接近。位置误差为[0.1km，0.1km，0.01km]时，预先设置的 $\cos\hat{\theta}$ 与实际值不同，所以最终卫星位置误差估计值约为 0.13km，与实际值存在一定差距。尽管位置误差估计值与实际值可能不一样，但是从仿真结果来看并不影响赤经和赤纬误差的估计精度。不同卫星位置误差条件下算法的估计偏差如表 6.3 所示。

表 6.3　不同卫星位置误差条件下算法的估计偏差

位置误差/km	原始算法估计偏差/mas	增广算法估计偏差/mas
[0.1，0.1，0.1]	[0.279，7.922]	[0.003，0.054]
[0.3，0.3，0.3]	[0.835，23.715]	[0.005，0.124]
[0.1，0.01，0.01]	[0.046，1.321]	[0.007，0.272]
[−0.1，−0.01，−0.01]	[0.047，1.312]	[0.007，0.262]
[0.01，0.1，0.01]	[0.193，5.521]	[0.006，0.161]
[−0.01，−0.1，−0.01]	[0.192，5.492]	[0.004，0.107]
[0.01，0.01，0.1]	[0.095，2.670]	[0.002，0.015]
[−0.01，−0.01，−0.1]	[0.094，2.662]	[0.002，0.033]
[−0.1，−0.1，−0.1]	[0.278，7.898]	[0.003，0.073]
[−0.3，−0.3，−0.3]	[0.833，23.692]	[0.004，0.083]

通过表 6.3 中的数据可以看出，不同方向、不同大小的位置误差对原始算法影响较大，但是对增广算法影响较小。原始算法在有卫星位置误差干扰时估计结果与实际值偏差大多超过 2mas，已经失去实际意义，而增广算法基本上可以保证 0.3mas 的估计精度，在某些情况下甚至更低。因此，增广算法相比于原始算法对卫星位置误差有着更高的鲁棒性。

6.3　TSKF 脉冲星方位误差估计算法

6.3.1　估计算法误差影响分析

前面提到，对于宇宙中的绝大多数脉冲星而言，其方位并非一成不变，而是存在一定的自行运动。研究人员认为导致这种现象的原因很可能是超新星爆发不是各向同性[157]。为克服方位自行运动的影响，需每天对信标卫星的数据进行更新，但是地面获得的方位自行运动数据仍然可能存在误差。例如，由图 6.2 的分析可得，大多数脉冲星的赤经自行运动、赤纬自行运动的不确定度基本在 10mas/a 以内。这部分自行运动误差对方位误差的估计同样会带来负面的影响。

以脉冲星 B1821−24 为例，其基本参数见表 6.2。当使用增广脉冲星方位误差估计算法进行方位误差估计时，在探测器面积为 1m^2，观测周期为 1000s，X 射线背景流量 $F_x = 0.005\text{ph/(cm}^2\cdot\text{s)}$ 的条件下，其观测噪声方差根据 X 射线脉冲星导航数学模型计算得 $\sigma = (230.01\text{m})^2$ [109]。不改变仿真轨道的参数，分别在有方位自行运动和无方位自行运动的条件下对算法进行 50 次蒙特卡洛仿真。卫星的位置误差设置为[100m，100m，100m]，脉冲星的方位误差为[2mas，2mas]，存在的脉冲星方位自行速度误差为[10mas/a，10mas/a]。仿真结果如图 6.9～图 6.11 所示。

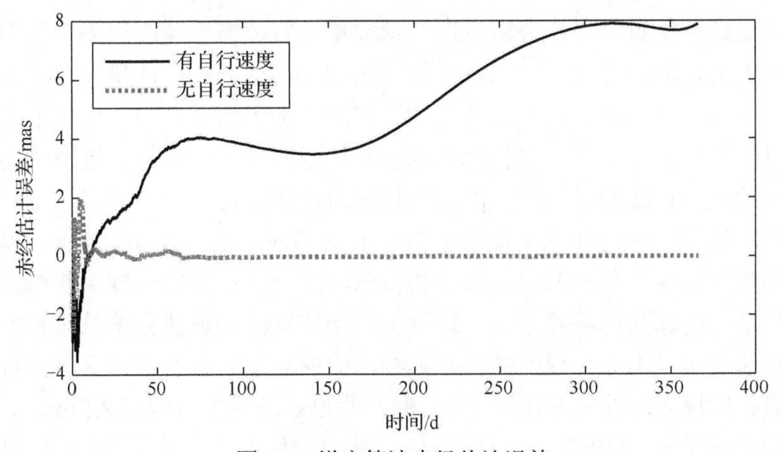

图 6.9　增广算法赤经估计误差

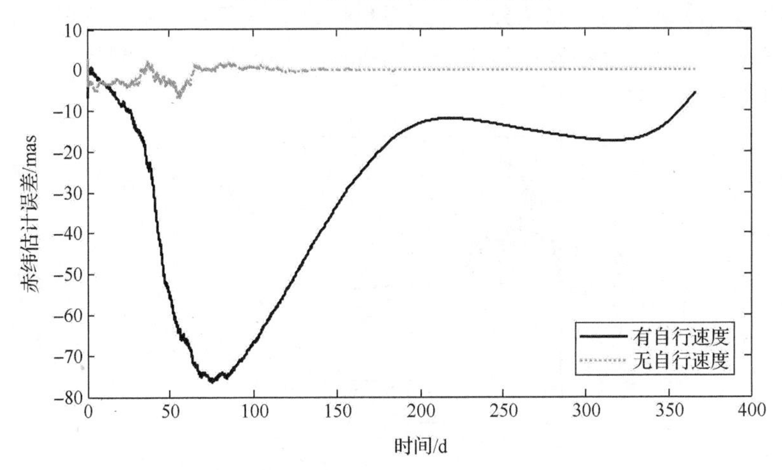

图 6.10　增广算法赤纬估计误差

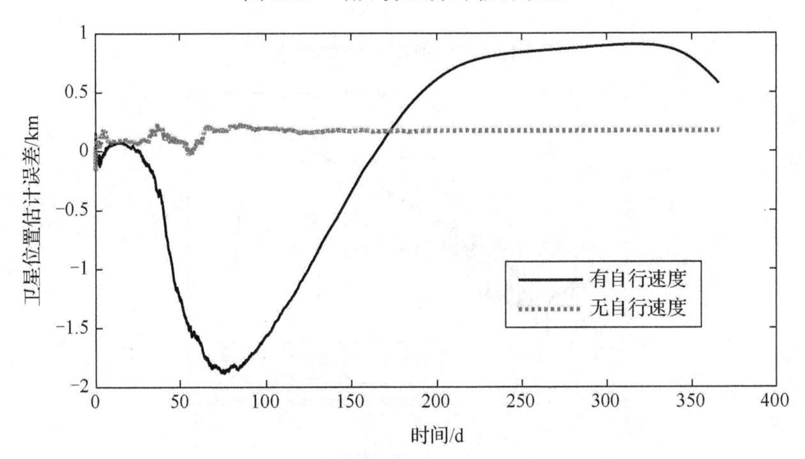

图 6.11　增广算法卫星位置误差估计误差

对以上运行结果的对比分析发现，脉冲星的方位自行速度误差会使得增广算法产生较大的发散，无法正常工作。这说明如果所估计的脉冲星存在较大的方位自行速度误差，有必要将其一并纳入估计算法的考虑范围之内，而且采取定期更新信标卫星数据的方法在一定程度上也会增加地面的运维负担。这也背离了利用信标卫星独立校正脉冲星导航方位误差数据的设计初衷。

孙守明等[95]在后续研究中提出了基于匀速（constant velocity，CV）模型的 X 射线脉冲星方位误差估计算法。该算法将脉冲星的方位自行速度误差作为状态量的一部分参与到算法的解算之中。这种类似增广算法的解决方案虽然有效解决了方位自行速度误差对方位误差的估计影响，但该算法并没有考虑卫星位置误差带来的影响。同样以脉冲星 B1821-24 为例，假设脉冲星方位误差为[2mas，2mas]，方位自行速度误差为[10mas/a，10mas/a]。其他条件不变，采用基于 CV 模型的 X 射线脉冲星方位误差估计算法分别在无卫星位置误差和有卫星位置误差情况下进行导航解算，卫星位置误差设为[100m，100m，100m]，50 次蒙特卡洛仿真运算的结果如图 6.12～图 6.15 所示。

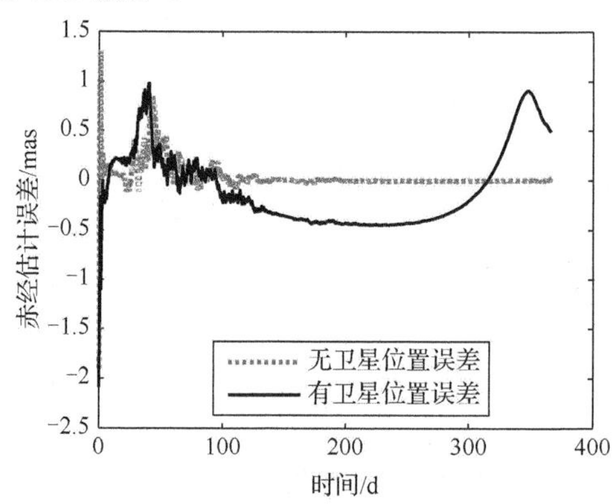

图 6.12　CV 模型赤经估计误差

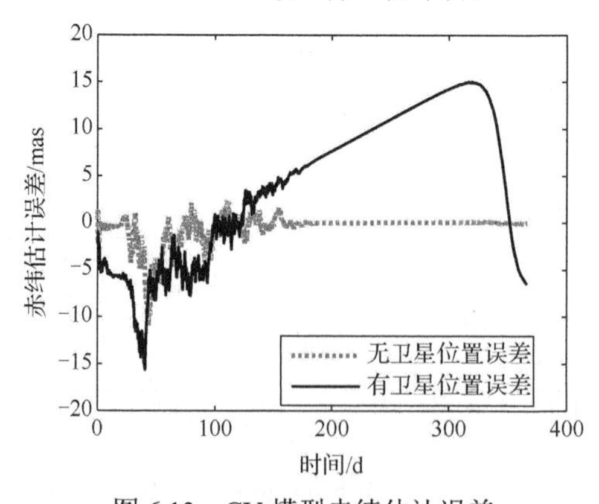

图 6.13　CV 模型赤纬估计误差

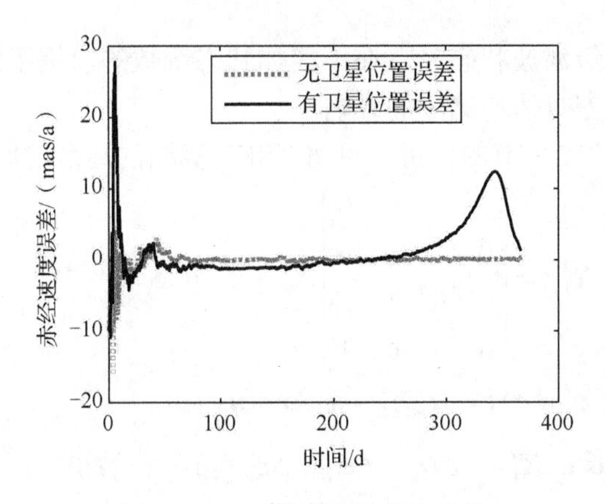

图 6.14　CV 模型赤经速度误差

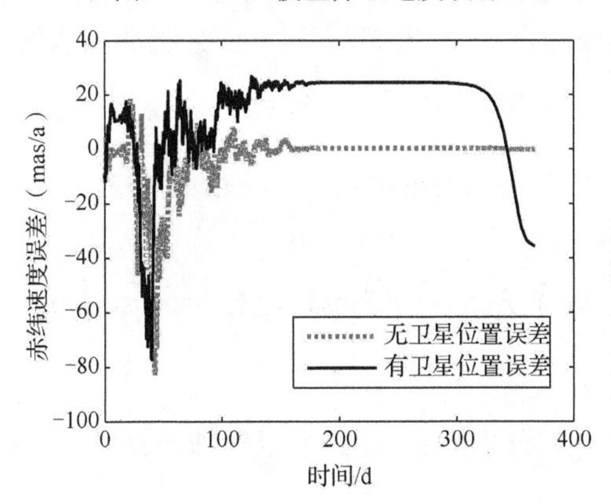

图 6.15　CV 模型赤纬速度误差

通过对图 6.12～图 6.15 的分析可见，在加入卫星位置误差之前，孙守明等提出的基于 CV 模型的 X 射线脉冲星方位误差估计算法可以较为精准地估计出当前的方位误差和方位自行速度。但是在引入卫星位置误差之后，由于地球的自转，估计结果无法收敛在某一固定值。结合文献[162]的分析，说明无论是否存在脉冲星方位自行速度，信标卫星的位置误差都应当成为估计算法重点解决的工程问题之一。

6.3.2　算法设计

两级滤波器最早由 Friedland[163]提出，用于解决线性系统中的定常偏差问题。Hsieh 等[164]将两级滤波思想用于标准卡尔曼滤波算法，证明最高可以将计算量降低 59%。

本节在基于 CV 模型的 X 射线脉冲星方位误差估计算法基础上，采用两级滤波的方法，将脉冲星方位误差和方位自行速度误差作为第一级滤波状态量，卫星位置误差作为第二级滤波状态量，在不增加状态维数的前提下实现同步估计，有效隔离卫星位置误差对估计算法的影响。

结合 CV 模型和 2.3 节的分析，可将 TSKF 算法的离散空间状态方程写为

$$\begin{cases} \boldsymbol{X}'_{k+1} = \begin{bmatrix} 1 & T & 0 & 0 \\ 0 & 1 & 0 & 0 \\ 0 & 0 & 1 & T \\ 0 & 0 & 0 & 1 \end{bmatrix} \boldsymbol{X}'_k + \boldsymbol{W}'_k = \boldsymbol{A}'_k \boldsymbol{X}'_k + \boldsymbol{W}'_k \\ \boldsymbol{Z}'_k = c\Delta t = \boldsymbol{H}'_k \boldsymbol{X}'_k + \tilde{\boldsymbol{n}} \cdot \Delta \boldsymbol{r} + \boldsymbol{\eta}_k \end{cases}, \tag{6.34}$$

其中，T 为计算步长；$\boldsymbol{X}'_k = \begin{bmatrix} \Delta\alpha_k & \Delta\dot{\alpha}_k & \Delta\delta_k & \Delta\dot{\delta}_k \end{bmatrix}^{\mathrm{T}}$ 为第一级滤波的状态量，分别代表赤经误差、赤经自行速度误差、赤纬误差、赤纬自行速度误差；$\boldsymbol{A}'_k$ 为状态转移矩阵；$\boldsymbol{W}'_k$ 为系统噪声；$\boldsymbol{Z}'_k$ 为观测量；Δt 为脉冲到达航天器与 SSB 的时间差；$\boldsymbol{\eta}_k$ 为观测噪声；$\boldsymbol{H}'_k$ 为观测矩阵，且满足：

$$\boldsymbol{H}'_k = \begin{bmatrix} -\cos\tilde{\delta}\sin\tilde{\alpha} \cdot \hat{r}_{\mathrm{sat}/x} + \cos\tilde{\delta}\cos\tilde{\alpha} \cdot \hat{r}_{\mathrm{sat}/y} \\ 0 \\ \cos\tilde{\delta} \cdot \hat{r}_{\mathrm{sat}/z} - \sin\tilde{\delta}\cos\tilde{\alpha} \cdot \hat{r}_{\mathrm{sat}/x} - \sin\tilde{\delta}\sin\tilde{\alpha} \cdot \hat{r}_{\mathrm{sat}/y} \\ 0 \end{bmatrix}^{\mathrm{T}}, \tag{6.35}$$

其中，$\hat{r}_{\mathrm{sat}/x}$、$\hat{r}_{\mathrm{sat}/y}$、$\hat{r}_{\mathrm{sat}/z}$ 分别为 $\hat{\boldsymbol{r}}_{\mathrm{sat}}$ 在三个坐标轴的分量；$\tilde{\alpha}$ 和 $\tilde{\delta}$ 分别为带误差的赤经和赤纬。

分析以上模型，可见此时算法中出现的常值偏差仅存在于观测方程，与状态方程无关。取第二级滤波状态量 $\boldsymbol{b}$ 为卫星位置误差 $\Delta\boldsymbol{r}$，结合算法流程，方位误差估计的 TSKF 算法更新方程如下。

第一级滤波时间更新为

$$\begin{cases} \boldsymbol{X}'_{k|k-1} = \boldsymbol{A}'_{k-1} \boldsymbol{X}'_{k-1} \\ \boldsymbol{P}'_{k|k-1} = \boldsymbol{A}'_{k-1} \boldsymbol{P}'_{k-1} \boldsymbol{A}'^{\mathrm{T}}_{k-1} + \boldsymbol{Q}'_k \end{cases}, \tag{6.36}$$

第一级滤波状态更新为

$$\begin{cases} \boldsymbol{K}'_k = \boldsymbol{P}'_{k|k-1} \boldsymbol{H}'^{\mathrm{T}}_k \left(\boldsymbol{H}'_k \boldsymbol{P}'_{k|k-1} \boldsymbol{H}'^{\mathrm{T}}_k + \boldsymbol{R}'_k \right)^{-1} \\ \boldsymbol{X}'_k = \boldsymbol{X}'_{k|k-1} + \boldsymbol{K}'_k \left(\boldsymbol{Z}'_k - \boldsymbol{H}'_k \boldsymbol{X}'_{k|k-1} \right) \\ \boldsymbol{P}'_k = \left(\boldsymbol{I} - \boldsymbol{K}'_k \boldsymbol{H}'_k \right) \boldsymbol{P}'_{k|k-1} \end{cases}, \tag{6.37}$$

第二级滤波时间更新为

$$\begin{cases} \boldsymbol{U}_k = \boldsymbol{A}'_{k-1}\boldsymbol{V}_{k-1} + \boldsymbol{B}_{k-1} \\ \boldsymbol{S}_k = \boldsymbol{H}'_k\boldsymbol{U}_k + \boldsymbol{C}_k \\ \boldsymbol{M}_k = \boldsymbol{M}_{k-1} - \boldsymbol{M}_{k-1}\boldsymbol{S}_k^{\mathrm{T}}\left(\boldsymbol{H}_k\boldsymbol{P}'_{k-1}\boldsymbol{H}_k^{\mathrm{T}} + \boldsymbol{R}'_k + \boldsymbol{S}_k\boldsymbol{M}_{k-1}\boldsymbol{S}_k^{\mathrm{T}}\right)^{-1}\boldsymbol{S}_k\boldsymbol{M}_{k-1} \end{cases}, \tag{6.38}$$

第二级滤波状态更新为

$$\begin{cases} \boldsymbol{V}_k = \boldsymbol{U}_k - \boldsymbol{K}'_k\boldsymbol{S}_k \\ \bar{\boldsymbol{K}}_k = \boldsymbol{M}_k\left(\boldsymbol{V}_k^{\mathrm{T}}\boldsymbol{H}_k'^{\mathrm{T}} + \boldsymbol{C}_k^{\mathrm{T}}\right)\boldsymbol{R}_k'^{-1} \\ \boldsymbol{b}_k = \left(\boldsymbol{I} - \bar{\boldsymbol{K}}_k\boldsymbol{S}_k\right)\boldsymbol{b}_{k-1} + \bar{\boldsymbol{K}}_k\left(\boldsymbol{Z}'_k - \boldsymbol{H}'_k\boldsymbol{X}'_{k|k-1}\right) \end{cases}, \tag{6.39}$$

最终估计结果为

$$\tilde{\boldsymbol{X}}'_k = \boldsymbol{X}'_k + \boldsymbol{V}_k\boldsymbol{b}_k, \tag{6.40}$$

其中，$\boldsymbol{Q}'_k$ 为系统噪声 $\boldsymbol{W}'_k$ 的方差；$\boldsymbol{P}'_k$ 为状态量的协方差；$\boldsymbol{R}'_k$ 为观测噪声 $\boldsymbol{\eta}_k$ 的方差；$\boldsymbol{B}_{k-1}$ 为 $\Delta\boldsymbol{r}$ 在状态方程（6.34）中的驱动矩阵；$\boldsymbol{C}_k$ 为 $\Delta\boldsymbol{r}$ 在观测方程（6.36）中的驱动方程；$\boldsymbol{I}$ 为单位阵。结合前述分析，已知 $\boldsymbol{B}_{k-1} = \boldsymbol{0}$，$\boldsymbol{C}_k = \tilde{\boldsymbol{n}}^{\mathrm{T}}$。

结合方程（6.36）～方程（6.40）可得，算法运行过程中除最后结果的整合外，第二级滤波仅用到第一级滤波的增益 $\boldsymbol{K}'_k$ 和残差 $\boldsymbol{Z}'_k - \boldsymbol{H}'_k\boldsymbol{X}'_{k|k-1}$。因此可将两级滤波并行计算以提高运算效率，其并行计算的流程图如图 6.16 所示。

分析以上过程还可以发现，TSKF 算法的第一级滤波与常规的卡尔曼滤波算法完全相同，只是第二级滤波与一般滤波过程不同。实际上，在第二级滤波过程中 $\boldsymbol{M}_k$ 的作用是描述状态量 $\boldsymbol{b}_k$ 的估计方差，其对第二级滤波增益 $\bar{\boldsymbol{K}}_k$ 的计算具有重要的影响作用。因此，方程（6.38）中第三个等式相当于第一级滤波的方程（6.36）中第二个等式，是估计方差阵的更新方程。在得到第二级滤波的增益矩阵 $\bar{\boldsymbol{K}}_k$ 后，方程（6.39）中第三个等式便相当于状态量的更新估计，与第一级滤波的方程（6.37）中第二个等式作用相同，其中 $\left(\boldsymbol{I} - \bar{\boldsymbol{K}}_k\boldsymbol{S}_k\right)\boldsymbol{b}_{k-1}$ 为状态量 $\boldsymbol{b}_k$ 的一步预测，相当于第一级滤波的方程（6.36）中第一个等式。

$\boldsymbol{V}_k$ 的作用是纠正状态量 $\boldsymbol{b}_k$ 对第一级滤波估计值 $\boldsymbol{X}'_k$ 的传递影响，故可将其命名为纠正矩阵。因为第一级滤波估计中完全没有涉及状态量 $\boldsymbol{b}_k$ 的计算，所以得到的估计值 $\boldsymbol{X}'_k$ 必然是带有一定误差的。这部分误差会随着时间的推移而不断变化。为此，在第二级滤波估计中，不仅要估计出状态量 $\boldsymbol{b}_k$ 的值，还要利用方程（6.39）实时求解当前的纠正矩阵。最后，通过方程（6.40）将纠正矩阵 $\boldsymbol{V}_k$ 与第二级滤波状态量 $\boldsymbol{b}_k$ 的乘积加到第一级滤波的估计结果中，便实现了常值偏差与第一级滤波状态量之间的隔离。第二级滤波时间更新环节中对矩阵 $\boldsymbol{U}_k$ 和 $\boldsymbol{S}_k$ 的计算均为计算纠正矩阵 $\boldsymbol{V}_k$ 的中间过程。

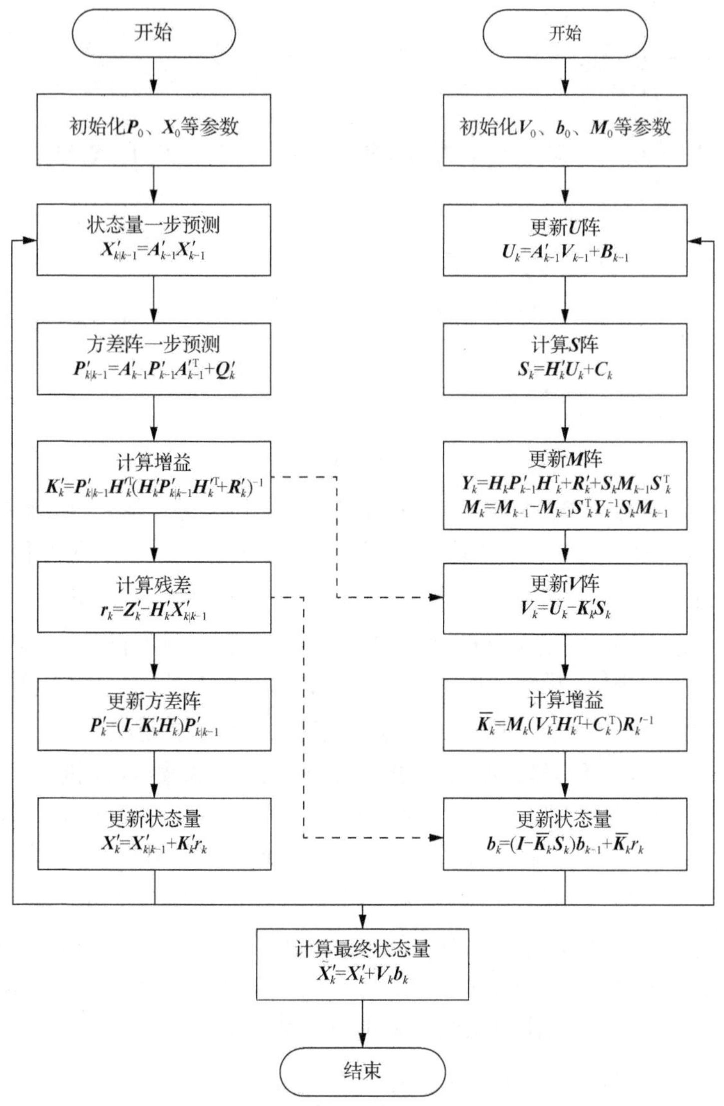

图 6.16　并行计算的流程图

6.3.3　仿真分析

为证明 TSKF 算法的有效性，设置两种条件进行验证。在方位自行速度和方位误差都存在的情况下进行仿真验证。两种条件所选用的脉冲星及其他相关参数均与 2.3 节相同。

1. 条件一

假设脉冲星方位误差为[2mas，2mas]，方位自行速度误差为[10mas/a，

10mas/a]，卫星位置误差为[100m，100m，100m]。

系统噪声 $\boldsymbol{Q}_k = \mathrm{diag}\begin{bmatrix} q_1^2 & q_2^2 & q_1^2 & q_2^2 \end{bmatrix}$，其中 $q_1 = 10^{-9}$ arc sec，$q_2 = 10^{-12}$ arc sec/s 。$\boldsymbol{M}_0 = \mathrm{diag}\begin{bmatrix} m_0^2 & m_0^2 & m_0^2 \end{bmatrix}$，$m_0$=0.1km。方位自行速度噪声的标准差为[$10^{-18}$°/s，$10^{-18}$°/s]。TSKF 算法的具体仿真过程如图 6.17～图 6.19 所示。

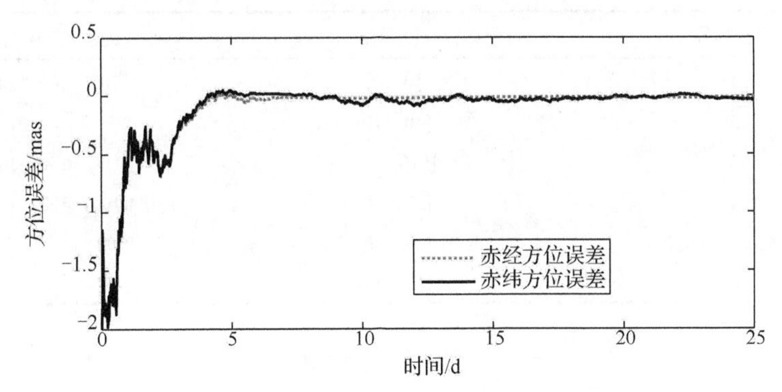

图 6.17　条件一 TSKF 算法方位误差仿真结果

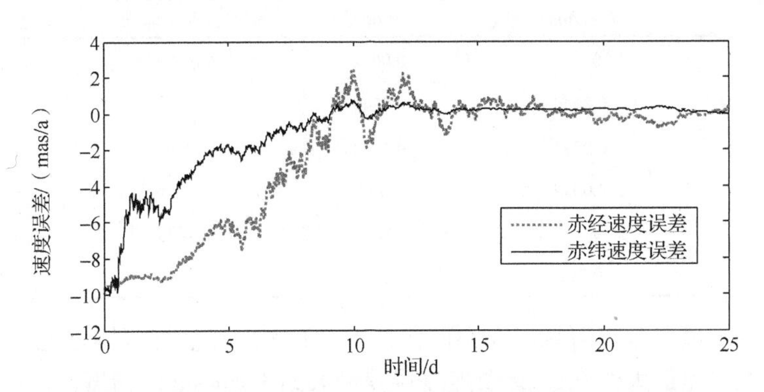

图 6.18　条件一 TSKF 算法自行运动的速度误差仿真结果

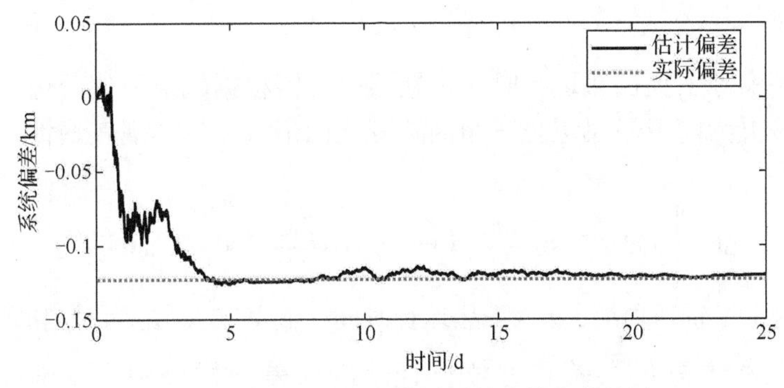

图 6.19　条件一 TSKF 算法系统偏差仿真结果

其他条件不变，将 TSKF 算法在不同卫星位置误差和方位自行速度误差条件下分别进行 50 次蒙特卡洛计算，取最后一天所有计算值的平均值作为此时该算法的最终精度。具体条件设置及结果统计如表 6.4 和表 6.5 所示。

表 6.4　条件一仿真条件设置

实验编号	方位自行速度误差/（mas/a）	卫星位置误差/m
1	[0，0]	[100，100，100]
2	[10，10]	[0，0，0]
3	[-10，10]	[100，100，100]
4	[20，20]	[100，100，100]
5	[10，10]	[100，-100，100]
6	[10，10]	[500，500，500]

表 6.5　条件一仿真结果统计

实验编号	位置误差估计精度/mas		方位自行速度估计精度/（mas/a）	
	赤经/mas	赤纬/mas	赤经速度/（mas/a）	赤纬速度/（mas/a）
1	-0.0039	-0.0058	0.0169	0.2012
2	0.0049	-0.0246	-0.0036	-0.5429
3	0.0241	-0.1064	0.2546	-1.0135
4	0.0049	0.0143	-0.1596	0.1167
5	-0.0056	0.0929	-0.1034	1.0814
6	-0.0016	-0.1138	0.0208	0.1427

通过分析以上数据可见，在不同条件下，TSKF 算法均可较好地完成收敛，并实现方位误差最大约 0.1mas 及速度误差最大约 1.1mas/a 的精度。同时，其收敛速度也明显快于增广算法和基于 CV 模型的算法。

2. 条件二

考虑到实际卫星在轨运行时，位置误差可能根据轨道周期变化，故将卫星位置误差设置为随卫星轨道呈三角函数变化的形式。为体现普遍性，其具体关系式满足：

$$\Delta \boldsymbol{r} = \left[500 + L_x \sin\frac{2\pi t}{T_s}, 500 + L_y \cos\frac{2\pi t}{T_s}, 500 - L_z \sin\frac{2\pi t}{T_s} \right] \tag{6.41}$$

其中，T_s 为卫星轨道周期；t 为卫星运行时间；L_x、L_y、L_z 为对应的幅值。

假设脉冲星方位误差和方位自行速度误差同样分别为[2mas，2mas]和[10mas/a，10mas/a]，则当 L_x、L_y、L_z 均为 100m 时，TSKF 算法的具体仿真过程如图 6.20～图 6.22 所示。

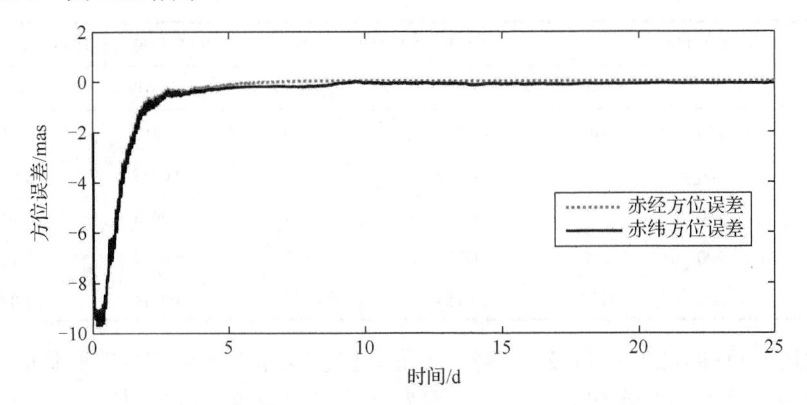

图 6.20　条件二 TSKF 算法方位误差仿真结果

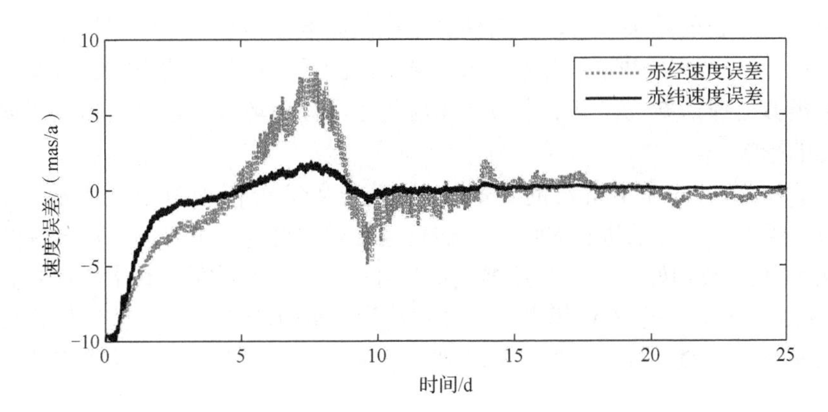

图 6.21　条件二 TSKF 算法自行运动的速度误差仿真结果

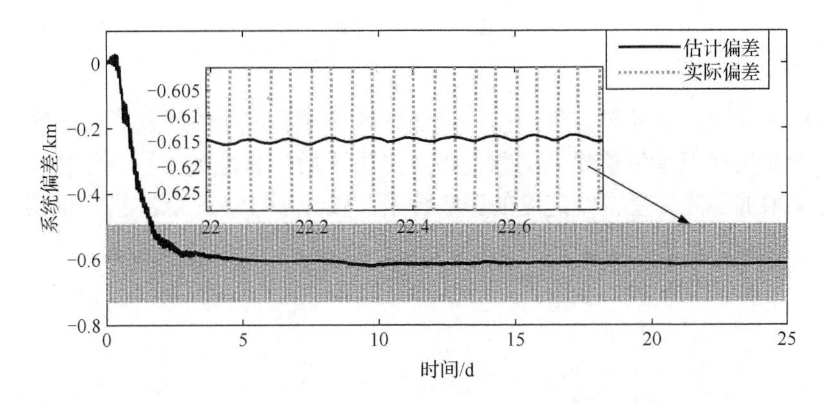

图 6.22　条件二 TSKF 算法系统偏差仿真结果

采用同样的统计方法，不同 L_x 、L_y 、L_z 取值时的仿真结果统计如表 6.6 所示。

表 6.6　位置误差周期变化时仿真结果统计

实验条件/m			位置误差估计精度/mas		方位自行速度估计精度/（mas/a）	
L_x	L_y	L_z	赤经	赤纬	赤经速度	赤纬速度
100	100	100	0.0151	−0.0776	−0.0856	0.1530
200	200	200	−0.0166	−0.1219	−0.0252	0.0597
300	300	300	−0.0205	−0.1324	−0.0473	0.1037
100	200	300	−0.0083	−0.1385	−0.0594	0.1267
300	200	100	0.0154	−0.0755	−0.0514	0.0928

通过分析图 6.20～图 6.22 可得，当卫星位置误差出现周期性的变化时，只会导致曲线的“毛刺”愈加明显。这是因为算法在达到稳态后，位置误差的周期变化相当于系统噪声有所增加，所以 TSKF 算法的估计结果会出现“毛刺”增加现象。但从表 6.6 的结果来看，这对估计结果的影响非常小。这是因为本节将一段时间内估计结果的平均值作为最终的结果，消除了“毛刺”的影响。因此，若采取本节类似处理措施或在算法中添加相应的平滑处理环节，便可消除位置误差周期变化的影响。

最后，为证明 TSKF 算法的高效性，将其与文献[95]中 4 状态量的基于 CV 模型的方位误差估计算法进行对比。将仿真运行时间设为一个自然年，分别统计两个算法 Matlab 数初始化及观测数据模拟部分的浮点运算次数。其中 TSKF 算法为 30045202038 次，基于 CV 模型的估计算法为 30030750327 次，前者仅比后者增加了 0.048%，显然比在 CV 模型的基础上继续采用状态增广的方法带来的计算负担小。

6.4　小　　结

本章主要针对脉冲星方位误差会降低脉冲星导航精度的问题展开研究。首先，在考虑存在信标卫星位置误差的前提下，提出了增广脉冲星方位误差估计算法；此外，又增加了脉冲星自行速度的影响因素，设计了 TSKF 脉冲星方位误差估计算法。

第 7 章　X 射线脉冲星导航算法

X 射线脉冲星导航精度会受到周年视差效应、引力延迟效应、脉冲星方位误差等多方面因素的影响。第 7.1～7.4 节主要针对各种因素引起的误差进行了分析。另外，X 射线脉冲星导航通常不会单独使用，会融合惯性导航和星光天文导航等导航方式共同完成导航任务。第 7.5～7.6 节针对提高组合导航精度问题展开探讨。

7.1　基于分段线性化的截断误差建模方法

7.1.1　观测模型高阶项分析

在当前光子 TOA 测量精度下，能够对 TOA 测量产生影响的高阶项主要考虑周年视差效应和引力延迟效应[138]。

1. *周年视差效应*

如果观测者从地球上对某一天体进行观测，则观测者所观测到的天体在天球上的位置会随地球的公转而缓慢变化。如果以太阳上观测到的天体在天球上的位置作为其平均位置，地球上观测到的位置作为其实际位置，则两个位置会存在一定的偏差，这就是周年视差。周年视差效应原理如图 7.1 所示，周年视差会随地球公转而缓慢变化，当日地连线（太阳与地球连线）同星日连线（脉冲星与太阳连线）垂直时达到极大值，当日地连线同星日连线重合或在其延长线上时达到极小值。

周年视差效应在 X 射线脉冲星导航中的具体数学表达式根据 X 射线脉冲星导航基本原理可以直接写出：

$$\Delta t_1 = \frac{1}{2cD_0}\left[\left(\boldsymbol{n}\cdot\boldsymbol{r}_{\text{sat}}\right)^2 - \left|\boldsymbol{r}_{\text{sat}}\right|^2\right]。 \tag{7.1}$$

如果在观测方程中忽略式（7.1），则观测方程可以写为

$$t_{\text{SSB}} - t_{\text{sat}} = \Delta t = \frac{\boldsymbol{n}\cdot\boldsymbol{r}'_{\text{sat}}}{c} + 2\frac{GM_{\text{sun}}}{c^3}\ln\left|1+\frac{\boldsymbol{n}\cdot\boldsymbol{r}'_{\text{sat}}+\left|\boldsymbol{r}'_{\text{sat}}\right|}{\boldsymbol{n}\cdot\boldsymbol{b}+\left|\boldsymbol{b}\right|}\right|, \tag{7.2}$$

其中，$\boldsymbol{r}'_{\text{sat}}$ 为带有高阶截断误差影响的估计位置。

将式（7.2）改写成标准形式为

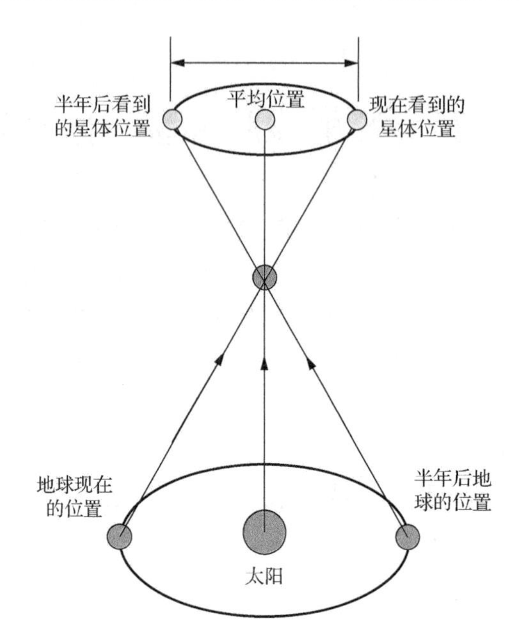

图 7.1　周年视差效应原理图

$$\Delta t = \frac{\boldsymbol{n} \cdot \boldsymbol{r}'_{\text{sat}} - c\Delta t_1}{c} + \Delta t_1 + 2\frac{GM_{\text{sun}}}{c^3}\ln\left|1 + \frac{\boldsymbol{n} \cdot \boldsymbol{r}'_{\text{sat}} + \left|\boldsymbol{r}'_{\text{sat}}\right|}{\boldsymbol{n} \cdot \boldsymbol{b} + |\boldsymbol{b}|}\right|, \tag{7.3}$$

此时，

$$\boldsymbol{n} \cdot \boldsymbol{r}_{\text{sat}} = \boldsymbol{n} \cdot \boldsymbol{r}'_{\text{sat}} - c\Delta t_1 = \boldsymbol{n} \cdot \left(\begin{bmatrix} x' \\ y' \\ z' \end{bmatrix} - \begin{bmatrix} c\Delta t_1^x \\ c\Delta t_1^y \\ c\Delta t_1^z \end{bmatrix}\right), \tag{7.4}$$

$$c\Delta t_1^x + c\Delta t_1^y + c\Delta t_1^z > c\Delta t_1, \tag{7.5}$$

其中，$\begin{bmatrix} x' & y' & z' \end{bmatrix}^{\text{T}}$ 为带有高阶截断误差影响的各方向位置；$\begin{bmatrix} c\Delta t_1^x & c\Delta t_1^y & c\Delta t_1^z \end{bmatrix}^{\text{T}}$ 为周年视差效应在三个坐标轴方向上造成的高阶截断误差。

以近地航天器为例，$\boldsymbol{r}_{\text{sat}}$ 约等于日地之间的距离，即 $\boldsymbol{r}_{\text{sat}} \approx 1.50 \times 10^{11}\,\text{m}$，而脉冲星到 SSB 的距离都以千秒差距（kpc）为单位，$1\text{kpc} \approx 3.08 \times 10^{19}\,\text{m}$，则结合式（7.1）可得此部分的量级约在 $10^{-7}\,\text{s}$。

2. 引力延迟效应

引力延迟效应也称 Shapiro 效应，是在太阳系内验证广义相对论的四个经典试验之一。当射电或者光信号经过大质量天体时，受天体重力场影响，其速度方向会发生偏移，引力延迟效应原理如图 7.2 所示[165]。

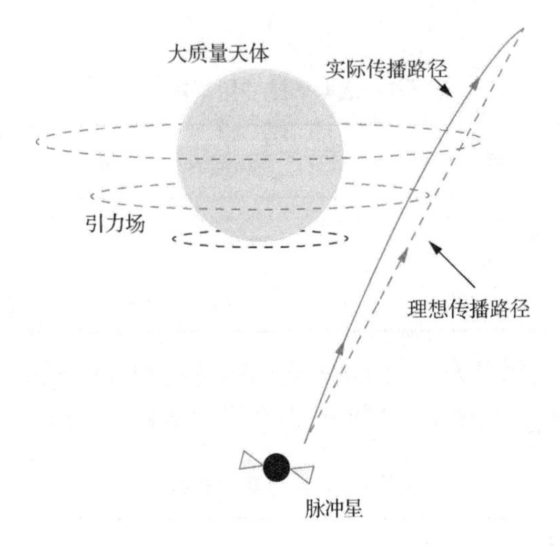

图 7.2　引力延迟效应原理

速度方向发生偏移会导致传播的路径由理想的直线变为曲线，传播到目的地或者往返的时间就会增加。因此，当信号的传播路径越靠近大质量天体时，其受到的力也越大，引力延迟效应也更加明显。通过参阅文献[14]，可以得到太阳系内各天体引力延迟效应的表达式为

$$\Delta t_2 = -2\sum_k \frac{GM_k}{c^3}\left(\ln\left|\frac{\boldsymbol{n}\cdot\boldsymbol{b}_k+|\boldsymbol{b}_k|}{\boldsymbol{n}\cdot\boldsymbol{d}_k^p+|\boldsymbol{d}_k^p|}\right|-\ln\left|\frac{\boldsymbol{n}\cdot\boldsymbol{p}_k+|\boldsymbol{p}_k|}{\boldsymbol{n}\cdot\boldsymbol{d}_k^p+|\boldsymbol{d}_k^p|}\right|\right), \tag{7.6}$$

其中，M_k 为对应天体的质量；$\boldsymbol{b}_k$ 为 SSB 相对于第 k 颗天体的位置；$\boldsymbol{d}_k^p$ 为天体 k 中心到脉冲星的位置；$\boldsymbol{p}_k$ 为航天器相对天体 $k+1$ 中心的位置。

因为太阳系内太阳质量最大，所以对应的引力延迟也更明显。同样以近地航天器为例，太阳质心到SSB 的距离 $\boldsymbol{b}$ 的量级约为$10^9\,\mathrm{m}$，太阳质量约为 $2.0\times10^{30}\,\mathrm{kg}$，则太阳的引力延迟效应量级约在 $10^{-5}\mathrm{s}$。其他天体产生的引力延迟效应均不大于$10^{-8}\mathrm{s}$[93]，所以受光子测量精度影响可以不予考虑。式（7.6）可以简化为

$$\Delta t_2 = 2\frac{GM_{\mathrm{sun}}}{c^3}\ln\left|1+\frac{\boldsymbol{n}\cdot\boldsymbol{r}_{\mathrm{sat}}+|\boldsymbol{r}_{\mathrm{sat}}|}{\boldsymbol{n}\cdot\boldsymbol{b}+|\boldsymbol{b}|}\right|。 \tag{7.7}$$

该部分导致的截断误差分析方法与周年视差效应相同，在此不再赘述。

3. 数值分析

为更直观地分析各高阶项的变化情况，本节将结合 3 颗具体的脉冲星进行数值分析。选取的脉冲星基本参数见表 7.1[166]。

表 7.1　选取的脉冲星基本参数

名称	周期/s	赤经/（°）	赤纬/（°）	距离/kpc	W/s	F_x /［ph/（$cm^2 \cdot s$）］	p_f /%
B0531+21	0.0334	83.633	22.014	2.0	1.7×10^{-3}	1.54	70
B1821−24	0.00305	276.133	−24.869	5.5	5.5×10^{-5}	1.93×10^{-4}	98
B1937+21	0.00156	294.910	21.583	3.6	2.1×10^{-5}	4.99×10^{-5}	86

仿真使用的卫星轨道为 STK9.0 产生的高精度 HPOP 轨道，轨道基本参数见表 7.2。太阳质量 M_{sun}=1.9891×10^{30}kg，万有引力常数 $G=6.67\times10^{-11}\text{m}^3/（\text{kg}\cdot\text{s}^2）$。

表 7.2　轨道基本参数

参数	大小
半长轴/km	7350
离心率	0
轨道倾角/（°）	45
升交点赤经/（°）	0
近地点幅角/（°）	30
初始真近地点/（°）	0
起始时间	2015.10.17 04:00:00
结束时间	2016.10.18 04:00:00

三颗脉冲星的周年视差效应和引力延迟效应在 2015 年 10 月 17 日至 18 日的变化情况如图 7.3～图 7.8 所示。

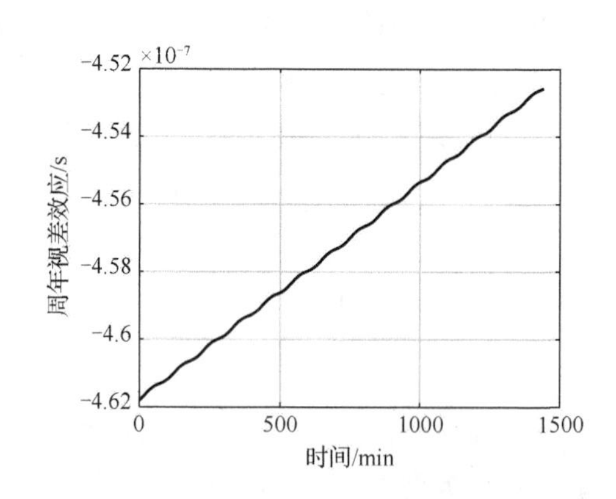

图 7.3　B0531+21 周年视差效应一天的变化情况

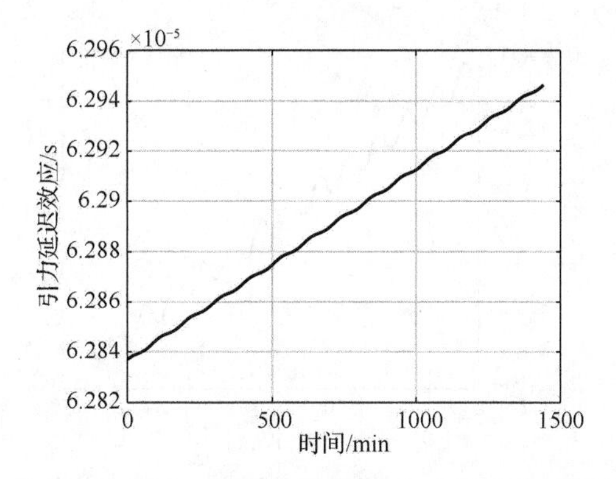

图 7.4　B0531+21 引力延迟效应一天的变化情况

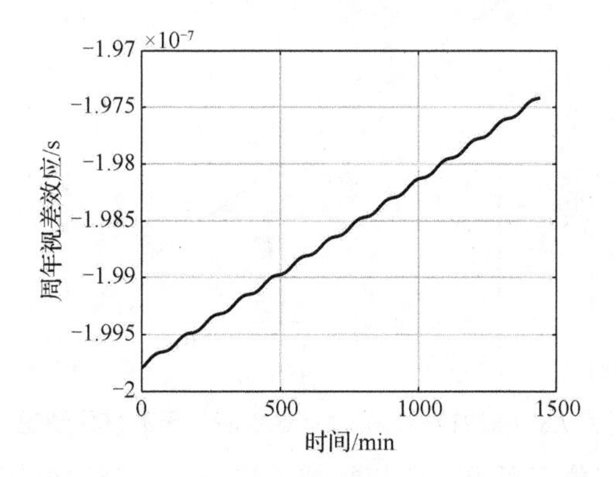

图 7.5　B1821-24 周年视差效应一天的变化情况

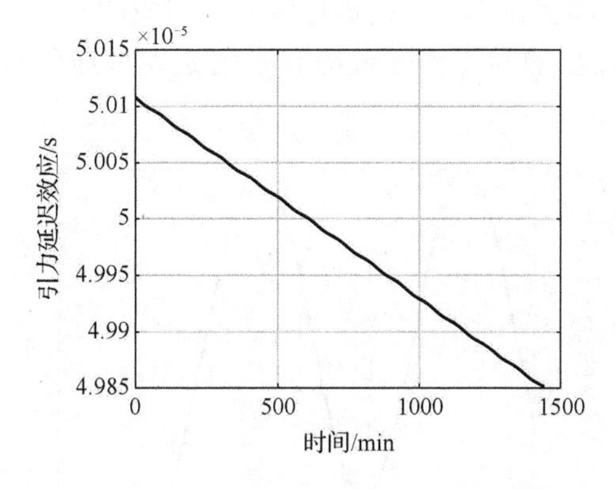

图 7.6　B1821-24 引力延迟效应一天的变化情况

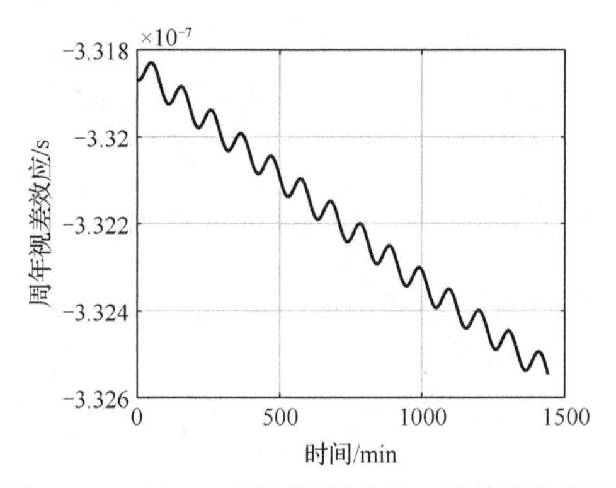

图 7.7　B1937+21 周年视差效应一天的变化情况

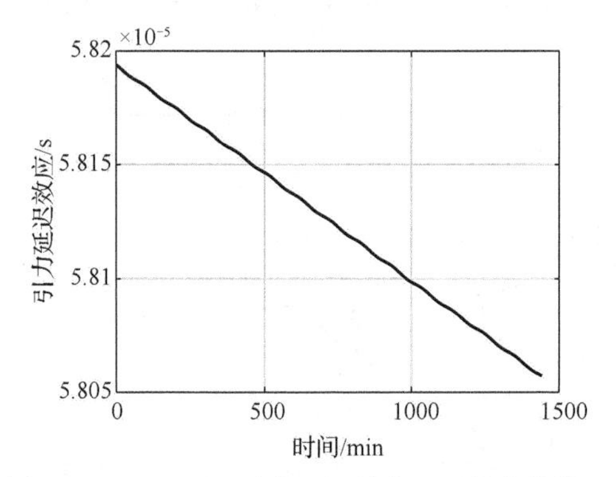

图 7.8　B1937+21 引力延迟效应一天的变化情况

通过以上的数值仿真可见，周年视差效应与引力延迟效应一天内会存在单调且缓慢的变化，以及微小的章动。因为卫星绕地球转动，所以总体变化趋势与地球的公转有关，而章动变化为卫星绕地球转动所造成的。

一年内三颗脉冲星的周年视差效应和引力延迟效应的变化情况如图 7.9～图 7.14 所示。

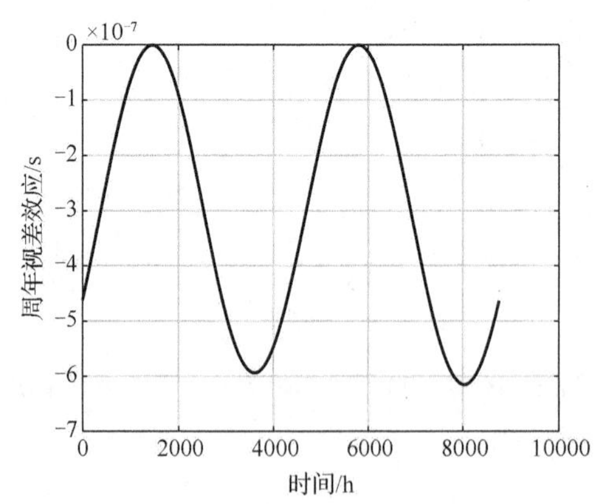

图 7.9　B0531+21 周年视差效应一年的变化情况

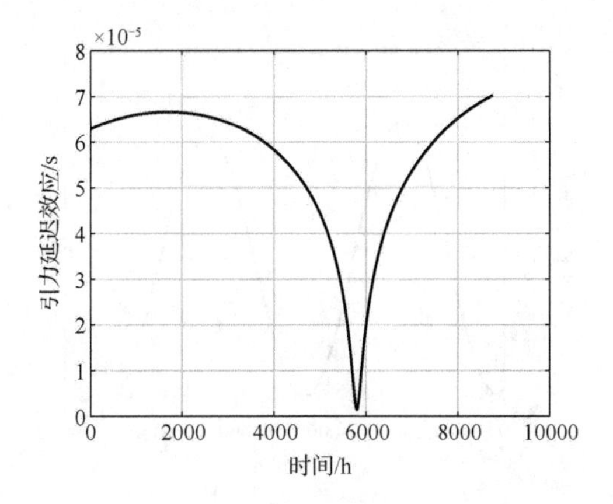

图 7.10　B0531+21 引力延迟效应一年的变化情况

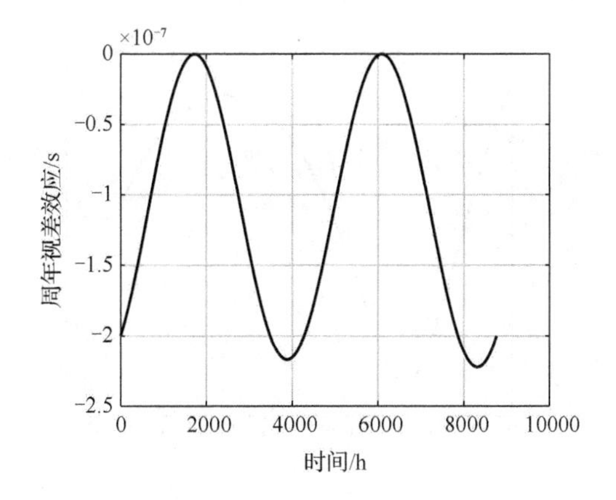

图 7.11　B1821−24 周年视差效应一年的变化情况

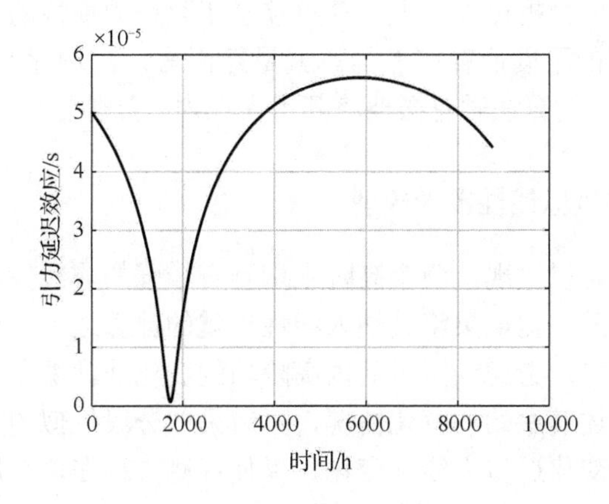

图 7.12　B1821−24 引力延迟效应一年的变化情况

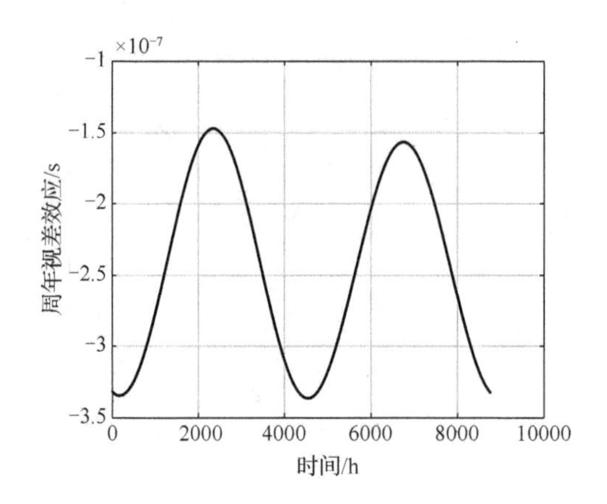

图 7.13 B1937+21 周年视差效应一年的变化情况

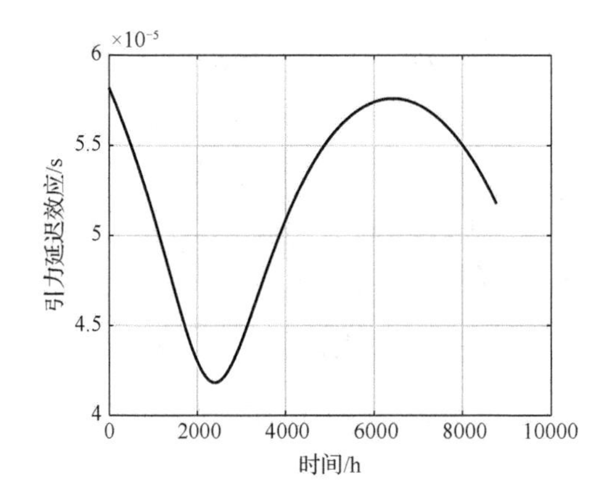

图 7.14 B1937+21 引力延迟效应一年的变化情况

通过一年的数值分析可以发现，高阶项全年存在周期性的变化波动，具体波动情况根据脉冲星的不同而存在差异。就量级而言，三颗脉冲星均超过了 10^{-8}s 的要求，使用线性导航算法时有必要将其考虑在内，否则会产生严重的截断误差。

7.1.2 截断误差的近似线性数学模型

通过以上分析可以发现，两个高阶项均具有较强的非线性，且对导航都能够带来不小的截断误差。但如果将其纳入线性导航的计算之中，单纯地近似为线性关系，基本不太可能。考虑到短时间内高阶项的变化非常缓慢，所以为保证新建立的方程尽量地描述其原始的变化情况，本节采取分段近似的方法。将高阶项在每个滤波周期内的变化近似为线性变化，以使观测方程在单个周期内满足线性算法的要求。

考虑到一个滤波周期内航天器的运行距离相对于其在 ICRS 中的位置而言非常小，所以可根据需要将 k 时刻的位置 $\boldsymbol{r}_{\text{sat}(k)}$ 用 $k-1$ 时刻的位置 $\boldsymbol{r}_{\text{sat}(k-1)}$ 近似代替。在 k 时刻可将 $\boldsymbol{r}_{\text{sat}(k-1)}$ 认为是已知常量。

结合式（7.1），可将 k 时刻 X 射线脉冲星导航的周年视差效应中的 $\boldsymbol{r}_{\text{sat}(k)}$ 部分替换为 $\boldsymbol{r}_{\text{sat}(k-1)}$，得到：

$$\Delta t_1 \approx \frac{1}{2cD_0}\left[\left(\boldsymbol{n}\cdot\boldsymbol{r}_{\text{sat}(k-1)}\right)\boldsymbol{n}-\boldsymbol{r}_{\text{sat}(k-1)}\right]\cdot\boldsymbol{r}_{\text{sat}(k)}。\tag{7.8}$$

式（7.8）在 k 时刻可认为是关于 $\boldsymbol{r}_{\text{sat}(k)}$ 的线性方程，满足不同线性导航算法的要求。

对于引力延迟效应而言，同理也可对 k 时刻的表达式进行近似得到：

$$\Delta t_2 \approx 2\frac{GM_{\text{sun}}}{c^3}\ln\left[1+\frac{\boldsymbol{n}\cdot\boldsymbol{r}_{\text{sat}(k)}+\left|\boldsymbol{r}_{\text{sat}(k-1)}\right|}{\boldsymbol{n}\cdot\boldsymbol{b}+|\boldsymbol{b}|}\right]=2\frac{GM_{\text{sun}}}{c^3}\ln\left[1+\frac{\left|\boldsymbol{r}_{\text{sat}(k-1)}\right|}{\boldsymbol{n}\cdot\boldsymbol{b}+|\boldsymbol{b}|}+\frac{\boldsymbol{n}\cdot\boldsymbol{r}_{\text{sat}(k)}}{\boldsymbol{n}\cdot\boldsymbol{b}+|\boldsymbol{b}|}\right]。\tag{7.9}$$

简化后的式（7.9）还是对数方程，用 $\boldsymbol{r}_{\text{sat}(k-1)}$ 近似代替部分 $\boldsymbol{r}_{\text{sat}(k)}$ 后，其非线性的问题并没有得到解决。于是将式（7.9）进行一阶泰勒展开，在展开式的基础上再进行线性化。

令

$$a_1=2\frac{GM_{\text{sun}}}{c^3},a_2=1+\frac{\left|\boldsymbol{r}_{\text{sat}(k-1)}\right|}{\boldsymbol{n}\cdot\boldsymbol{b}+|\boldsymbol{b}|},\boldsymbol{a}_3=\frac{\boldsymbol{n}}{\boldsymbol{n}\cdot\boldsymbol{b}+|\boldsymbol{b}|},\tag{7.10}$$

则式（7.9）可以写为

$$\Delta t_2 \approx a_1\ln\left[a_2+\boldsymbol{a}_3\cdot\boldsymbol{r}_{\text{sat}(k)}\right]。\tag{7.11}$$

将式（7.11）在 k−1 时刻对 $\boldsymbol{r}_{\text{sat}}$ 进行泰勒展开：

$$a_1\ln\left(a_2+\boldsymbol{a}_3\cdot\boldsymbol{r}_{\text{sat}(k)}\right)=a_1\ln\left(a_2+\boldsymbol{a}_3\cdot\boldsymbol{r}_{\text{sat}(k-1)}\right)+a_1\frac{\boldsymbol{a}_3}{a_2+\boldsymbol{a}_3\cdot\boldsymbol{r}_{\text{sat}(k-1)}}\cdot\left(\boldsymbol{r}_{\text{sat}(k)}-\boldsymbol{r}_{\text{sat}(k-1)}\right)+\varDelta,\tag{7.12}$$

其中，$\varDelta$ 为展开式中的二阶以上高阶项。省略泰勒展开式中的高阶项影响并进一步整理可得

$$\Delta t_2 \approx a_1\ln\left(a_2+\boldsymbol{a}_3\cdot\boldsymbol{r}_{\text{sat}(k-1)}\right)-a_1\frac{\boldsymbol{a}_3\cdot\boldsymbol{r}_{\text{sat}(k-1)}}{a_2+\boldsymbol{a}_3\cdot\boldsymbol{r}_{\text{sat}(k-1)}}+a_1\frac{\boldsymbol{a}_3\cdot\boldsymbol{r}_{\text{sat}(k)}}{a_2+\boldsymbol{a}_3\cdot\boldsymbol{r}_{\text{sat}(k-1)}},\tag{7.13}$$

那么 Δt_1 与 Δt_2 的表达式在一个滤波周期便由非线性近似为关于 $\boldsymbol{r}_{\text{sat}(k)}$ 的线性表达。

分段线性化流程如图 7.15 所示。

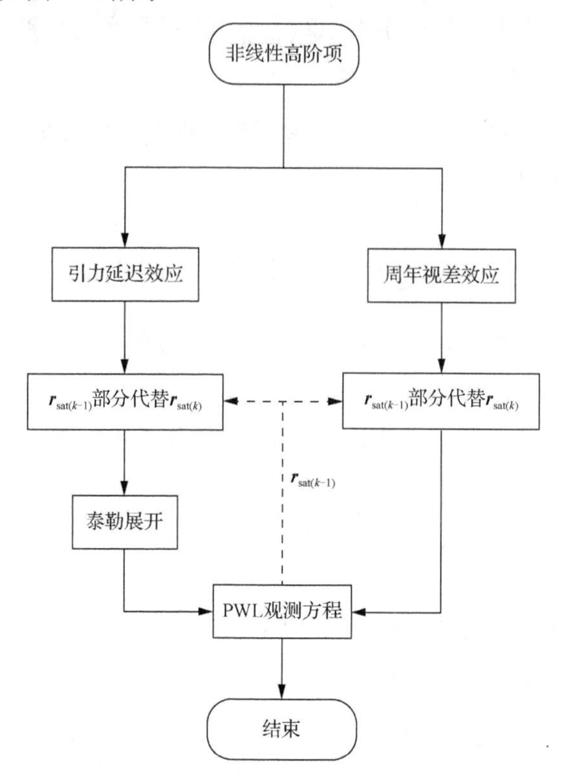

图 7.15　分段线性化流程图

根据 X 射线脉冲星导航数学模型，结合式（7.8）和式（7.13），可进一步推出 k 时刻的 PWL 观测方程：

$$\boldsymbol{y}_k' = \begin{bmatrix} \Delta t^{(1)} - w_k^{(1)} \\ \Delta t^{(2)} - w_k^{(2)} \\ \vdots \\ \Delta t^{(i)} - w_k^{(i)} \end{bmatrix} = \boldsymbol{h}_k' \boldsymbol{x}_k + \boldsymbol{V}_k \text{，} \tag{7.14}$$

$$\boldsymbol{h}_k' = \begin{bmatrix} \boldsymbol{h}_k'^{(1)} & \boldsymbol{h}_k'^{(2)} & \cdots & \boldsymbol{h}_k'^{(i)} \end{bmatrix}^{\mathrm{T}} \text{，} \tag{7.15}$$

$$w_k^{(i)} = 2\frac{GM_{\text{sun}}}{c^3} \ln\left(1 + \frac{\boldsymbol{n}_i \cdot \boldsymbol{r}_{\text{sat}(k-1)} + \left|\boldsymbol{r}_{\text{sat}(k-1)}\right|}{\boldsymbol{n}_i \cdot \boldsymbol{b} + |\boldsymbol{b}|}\right) - 2\frac{GM_{\text{sun}}}{c^3} \frac{\boldsymbol{n}_i \cdot \boldsymbol{r}_{\text{sat}(k-1)}}{\boldsymbol{n}_i \cdot \boldsymbol{b} + |\boldsymbol{b}| + \left|\boldsymbol{r}_{\text{sat}(k-1)}\right| + \boldsymbol{n}_i \cdot \boldsymbol{r}_{\text{sat}(k-1)}} \text{，} \tag{7.16}$$

$$h_k^{\prime(i)} = \begin{bmatrix} \begin{bmatrix} \boldsymbol{n}_i + \dfrac{1}{2cD_0}\left[\left(\boldsymbol{n}_i \cdot \boldsymbol{r}_{\text{sat}(k-1)}\right)\boldsymbol{n}_i - \boldsymbol{r}_{\text{sat}(k-1)}\right] \\ +2\dfrac{GM_{\text{sun}}}{c^3} \dfrac{\boldsymbol{n}_i}{\boldsymbol{n}_i \cdot \boldsymbol{b} + |\boldsymbol{b}| + \left|\boldsymbol{r}_{\text{sat}(k-1)}\right| + \boldsymbol{n}_i \cdot \boldsymbol{r}_{\text{sat}(k-1)}} \end{bmatrix}^{\mathrm{T}} & \boldsymbol{0}_{1\times 3} \end{bmatrix}, \tag{7.17}$$

其中，i 为脉冲星编号；$\boldsymbol{V}_k$ 为观测噪声。

7.1.3 仿真分析

为验证本节建模方法的有效性，同条件下分别使用 PWL 观测方程和 X 射线脉冲星导航数学模型中的简化观测方程进行 EKF 导航解算。

1. 仿真条件设置

仿真轨道基本参数见表 7.2。X 射线背景流量 $B_x = 0.005\text{ph/}(\text{cm}^2 \cdot \text{s})$，探测器有效面积 A=1m^2，脉冲星导航的观测周期和更新周期均为 60s。仿真同样使用 B0531+21、B1821−24 和 B1937+21 三颗脉冲星，其量测噪声的标准差计算为 $\sigma=[1.058\mu\text{s}, 3.130\mu\text{s}, 3.317\mu\text{s}]$。地球引力常数 μ=$3.986004418\times10^{14}\,\text{N}\cdot\text{m}^2/\text{kg}$，光速 $c = 3\times10^8\,\text{m}$，重力二阶带谐项 $J_2 = 0.00108263$，地球平均赤道半径 $R_{\text{E}} = 6.378137\times10^6\,\text{m}$。

其他滤波初始参数设置如下。

（1）初始误差：

$$\delta \boldsymbol{x} = [1000\text{m}, 1000\text{m}, 1000\text{m}, 20\text{m/s}, 20\text{m/s}, 20\text{m/s}]。$$

（2）初始误差协方差：

$$\boldsymbol{P}(0) = \text{diag}\left[1000^2, 1000^2, 1000^2, 20^2, 20^2, 20^2\right]。$$

（3）系统噪声协方差：

$$\boldsymbol{Q}_k = \text{diag}\left[q_1^{\ 2}, q_1^{\ 2}, q_1^{\ 2}, q_2^{\ 2}, q_2^{\ 2}, q_2^{\ 2}\right],\quad q_1 = 8\text{cm},\quad q_2 = 0.05\text{mm/s}。$$

通过 3.1 节的数值分析发现，如果以卫星作为观测点，一年中有四个点比较特殊，都在日卫连线（太阳与卫星连线）与星日连线相垂直或共线时，但导航至少使用三颗脉冲星才能实现绝对定位，这三颗脉冲星的高阶项均会影响算法的最终精度。因此在分析高阶截断误差的影响时，应当考虑参与导航的全部脉冲星高阶项总和的变化情况。本次仿真使用的三颗脉冲星全年高阶项总和变化情况如

图 7.16 所示。

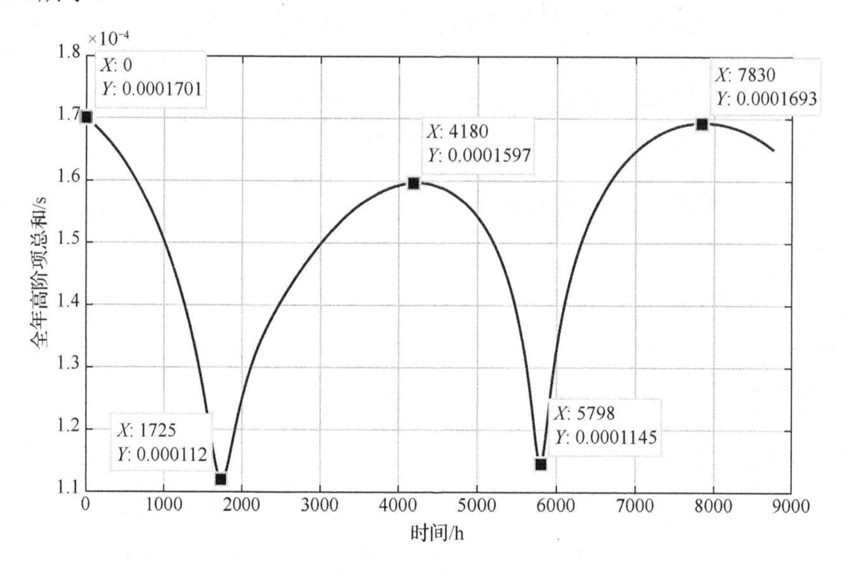

图 7.16　三颗脉冲星全年高阶项总和变化情况

图 7.16 中最大值点、最小值点及另外三个极值点按照仿真时间推算依次为 2015 年 10 月 17 日、2015 年 12 月 29 日、2016 年 4 月 7 日、2016 年 6 月 26 日、2016 年 9 月 27 日。为保证仿真的可信度，在以上的 5 个时间点分别进行导航解算。同时为了更好地评价 PWL 观测方程的性能，本节采用均方根误差（RMSE）作为导航误差的计算式[167]，RMSE 的表达式为

$$\mathrm{RMSE}=\sqrt{\frac{\sum_{k=1}^{M}\left|\Delta\boldsymbol{r}_k\right|^2}{N}},\tag{7.18}$$

其中，$\Delta\boldsymbol{r}_k$ 表示第 k 时刻真实的轨道位置与滤波器估计位置之间的距离矢量。

2. 仿真结果及分析

在不同时间点，简化观测方程和 PWL 观测方程位置误差和速度误差如图 7.17～图 7.20 所示。为降低随机因素对结果分析的影响，每个时间点使用不同导航方程分别独立计算 50 次取平均值，不同观测方程仿真结果统计如表 7.3 所示。统计区间取为各个时间点算法结果趋于相对稳定的［900min，1440min］区间。

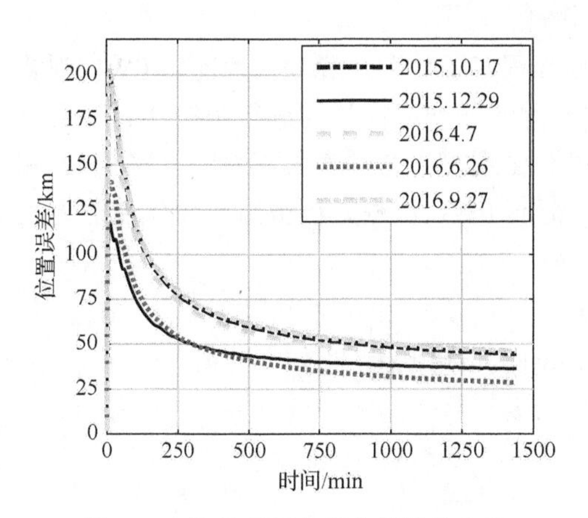

图 7.17　简化观测方程位置误差变化

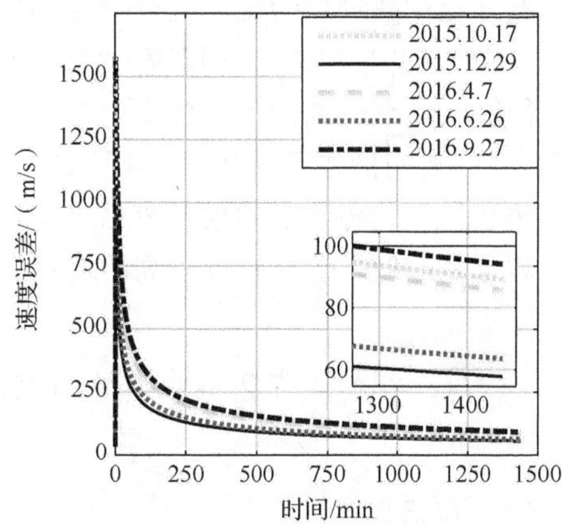

图 7.18　简化观测方程速度误差变化

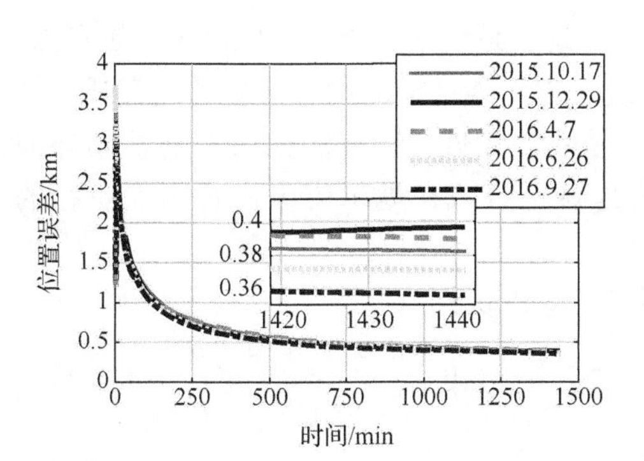

图 7.19　PWL 观测方程位置误差变化

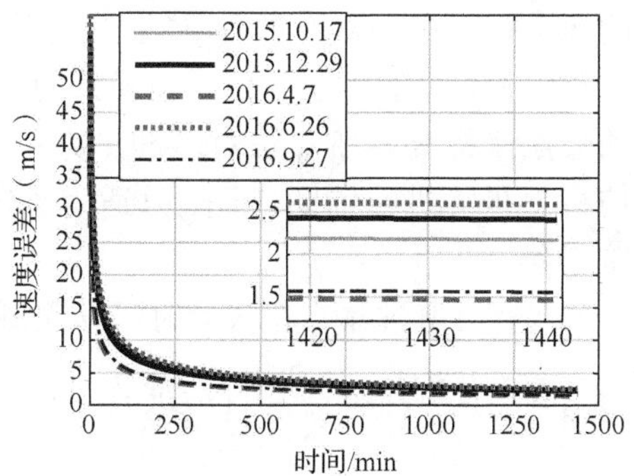

图 7.20　PWL 观测方程速度误差变化

表 7.3　不同观测方程仿真结果统计

时间	简化观测方程		PWL 观测方程	
	位置误差/km	速度误差/（m/s）	位置误差/km	速度误差/（m/s）
2015 年 10 月 17 日	50.132	112.30	0.558	3.16
2015 年 12 月 29 日	38.961	70.10	0.583	3.29
2016 年 4 月 7 日	47.542	107.90	0.542	3.01
2016 年 6 月 26 日	33.119	80.45	0.564	2.98
2016 年 9 月 27 日	51.647	114.60	0.599	3.18

通过运行结果来看，在考虑高阶项影响的情况下使用简化观测方程已经导致发散，而在不同的时间节点下使用 PWL 观测方程进行导航解算，位置误差始终可以保持在 600m 以内，速度误差保持在 3.3m/s 以内。在高阶项的最大值点和最小值点上，位置误差仅相差 25m，速度误差仅相差 0.13m/s。证明本节建立的 PWL

观测方程对高阶项的变化具有一定的鲁棒性。

由于 PWL 观测方程相较于简化观测方程多了数个计算项，为证明 PWL 观测方程仍然具有较高的计算效率，对不同观测的平均运行时间进行了统计。仿真时间为 1 天的情景下，PWL 观测方程和简化观测方程总耗时分别为 2.0544s 和 1.7490s，平均每次计算仅相差 0.0002s，证明 PWL 观测方程虽然比简化观测方程项数更多，但是仍然具有较高的运算效率。

7.2 基于 ASEKF 的脉冲星导航算法

7.2.1 算法设计

与脉冲星方位误差估计算法不同，刘劲等早在 2010 年就已经将“增广状态法”的概念引入 X 射线脉冲星导航中，并设计了适合近地航天器的 ASUKF 导航算法。该算法将每个脉冲星方位误差导致的系统误差作为增加的状态量，通过在线估计的方法来提高导航算法对脉冲星方位误差的鲁棒性。该方法虽然不需要额外的信标卫星等进行辅助，但是只适用于绕地球运行或在地球周围进行短期航行的航天器。

当存在脉冲星方位误差时，其观测模型可以写为

$$t_{\mathrm{SSB}}=t_{\mathrm{sat}}+\frac{\tilde{\boldsymbol{n}}\cdot\boldsymbol{r}_{\mathrm{sat}}}{c}+\frac{1}{2cD_0}\left[\left(\tilde{\boldsymbol{n}}\cdot\boldsymbol{r}_{\mathrm{sat}}\right)^2-\left|\boldsymbol{r}_{\mathrm{sat}}\right|^2\right]+2\frac{GM_{\mathrm{sun}}}{c^3}\ln\left|1+\frac{\tilde{\boldsymbol{n}}\cdot\boldsymbol{r}_{\mathrm{sat}}+\left|\boldsymbol{r}_{\mathrm{sat}}\right|}{\tilde{\boldsymbol{n}}\cdot\boldsymbol{b}+|\boldsymbol{b}|}\right|+\frac{B}{c}+o\left(10^{-8}\right), \tag{7.19}$$

其中，B 为某一脉冲星方位误差导致的系统误差。

假设短时间内脉冲星方位误差不会发生变化，则脉冲星方向向量的误差 $\Delta\boldsymbol{n}$ 可近似为某一常量。忽略式（7.19）中 $\Delta\boldsymbol{n}$ 对高阶项的影响，B 可近似认为

$$B=\left(\boldsymbol{n}-\tilde{\boldsymbol{n}}\right)\cdot\boldsymbol{r}_{\mathrm{sat}}。 \tag{7.20}$$

对于近地航天器而言，可将式（7.20）进一步简化为

$$B=\left(\boldsymbol{n}-\tilde{\boldsymbol{n}}\right)\cdot\boldsymbol{r}_{\mathrm{E}}=|\Delta\boldsymbol{n}|\left|\boldsymbol{r}_{\mathrm{E}}\right|\cos\phi, \tag{7.21}$$

其中，ϕ 为 $\Delta\boldsymbol{n}$ 与 $\boldsymbol{r}_{\mathrm{E}}$ 之间的夹角。

显然，B 的周期变化是由地球公转导致 ϕ 发生变化引起的。此时，B 的变化速率近似可以写为

$$\left|\frac{\mathrm{d}B}{\mathrm{d}t}\right|\leqslant\Delta n\left|\frac{\mathrm{d}\boldsymbol{r}_{\mathrm{E}}}{\mathrm{d}t}\right|\leqslant\sqrt{\left(\Delta\alpha\right)^2+\left(\Delta\delta\right)^2}\max\left(\left|\frac{\mathrm{d}\boldsymbol{r}_{\mathrm{E}}}{\mathrm{d}t}\right|\right), \tag{7.22}$$

其中，$\max\left(\left|\frac{\mathrm{d}\boldsymbol{r}_{\mathrm{E}}}{\mathrm{d}t}\right|\right)$ 为地球最大公转速率，约为 30.3km/s。假设角误差为 2mas，则

$\left|\frac{\mathrm{d}B}{\mathrm{d}t}\right|$ 小于 2.9×10^{-4}m/s，一天内变化不会超过 25m，这对于 X 射线脉冲星导航来说已经属于慢时变，所以适合将其作为增广状态进行估计并补偿。状态方程可以写为

$$\dot{\boldsymbol{x}}_e=\begin{bmatrix}\boldsymbol{v}\\ \boldsymbol{a}\\ \frac{\mathrm{d}B}{\mathrm{d}t}\end{bmatrix}=\begin{bmatrix}v_x\\ v_y\\ v_z\\ -\mu\frac{x_e}{r^3}\left[1-J_2\left(\frac{R_{\mathrm{E}}}{r}\right)^2\left(7.5\frac{z_e{}^2}{r^2}-1.5\right)\right]+\Delta F_x\\ -\mu\frac{y_e}{r^3}\left[1-J_2\left(\frac{R_{\mathrm{E}}}{r}\right)^2\left(7.5\frac{z_e{}^2}{r^2}-1.5\right)\right]+\Delta F_y\\ -\mu\frac{z_e}{r^3}\left[1-J_2\left(\frac{R_{\mathrm{E}}}{r}\right)^2\left(7.5\frac{z_e{}^2}{r^2}-4.5\right)\right]+\Delta F_z\end{bmatrix},\tag{7.23}$$

其中，ΔF_x、ΔF_y、ΔF_z 为高斯白噪声。

观测方程为

$$\boldsymbol{y}=\breve{\boldsymbol{h}}(\boldsymbol{x})+\boldsymbol{V},\tag{7.24}$$

$$\breve{\boldsymbol{h}}(\boldsymbol{x})=\left[\breve{\boldsymbol{h}}_1(\boldsymbol{x})\quad \breve{\boldsymbol{h}}_2(\boldsymbol{x})\quad\cdots\quad \breve{\boldsymbol{h}}_i(\boldsymbol{x})\right]^{\mathrm{T}},\tag{7.25}$$

$$\breve{\boldsymbol{h}}_i(\boldsymbol{x})=\frac{\boldsymbol{n}_i\cdot\boldsymbol{r}_{\mathrm{sat}}}{c}+\frac{1}{2cD_{i0}}\left[\left(\boldsymbol{n}_i\cdot\boldsymbol{r}_{\mathrm{sat}}\right)^2-\left|\boldsymbol{r}_{\mathrm{sat}}\right|^2\right]+2\frac{GM_{\mathrm{sun}}}{c^3}\ln\left|1+\frac{\boldsymbol{n}_i\cdot\boldsymbol{r}_{\mathrm{sat}}+\left|\boldsymbol{r}_{\mathrm{sat}}\right|}{\boldsymbol{n}_i\cdot\boldsymbol{b}+|\boldsymbol{b}|}\right|+\frac{B_i}{c}。\tag{7.26}$$

但基于 ASUKF 的导航算法以无迹卡尔曼滤波器（UKF）作为基本滤波器，计算效率不高，且以系统误差作为增广状态时，算法的精度受该项的初值影响较大。如果初值设置得不合适，则可能存在无法跟踪增广项变化的情况，导致滤波发散，而且从增广算法的角度考虑，增加的状态量更适合选为常数。因此，本节将脉冲星的方向误差标量 $|\Delta\boldsymbol{n}|$ 这一不变值作为新算法的增广状态，并从实时性等角度考虑，将 EKF 作为基本滤波器设计了 ASEKF。

真实的 t_{SSB} 与 $\tilde{\boldsymbol{n}}$ 满足：

$$t_{\mathrm{SSB}}=t_{\mathrm{sat}}+\frac{(\tilde{\boldsymbol{n}}+\Delta\boldsymbol{n})\cdot\boldsymbol{r}_{\mathrm{sat}}}{c}+\boldsymbol{\varepsilon}(\tilde{\boldsymbol{n}}+\Delta\boldsymbol{n})\approx t_{\mathrm{sat}}+\frac{(\tilde{\boldsymbol{n}}+\Delta\boldsymbol{n})\cdot\boldsymbol{r}_{\mathrm{sat}}}{c}+\boldsymbol{\varepsilon}(\tilde{\boldsymbol{n}}),\tag{7.27}$$

其中，$\boldsymbol{\varepsilon}(\tilde{\boldsymbol{n}}+\Delta\boldsymbol{n})$ 和 $\boldsymbol{\varepsilon}(\tilde{\boldsymbol{n}})$ 为高阶项。

式（7.27）进一步可得

$$\Delta t=\frac{\tilde{\boldsymbol{n}}\cdot\boldsymbol{r}_{\mathrm{sat}}}{c}+\boldsymbol{\varepsilon}(\tilde{\boldsymbol{n}})+\frac{\Delta\boldsymbol{n}\cdot\boldsymbol{r}_{\mathrm{sat}}}{c}=\frac{\tilde{\boldsymbol{n}}\cdot\boldsymbol{r}_{\mathrm{sat}}}{c}+\boldsymbol{\varepsilon}(\tilde{\boldsymbol{n}})+\frac{|\Delta\boldsymbol{n}|\left|\boldsymbol{r}_{\mathrm{sat}}\right|\cos\Omega}{c},\tag{7.28}$$

其中，Ω 为 $\Delta\boldsymbol{n}$ 与 $\boldsymbol{r}_{\mathrm{sat}}$ 的夹角。

式（7.28）可以看作存在脉冲星方位误差 $(\Delta\alpha,\Delta\delta)$ 或者方向误差 $\Delta\boldsymbol{n}$ 时，真实

的导航观测模型。对于近地航天器而言，$\varOmega$ 基本上等于地球位置 $\boldsymbol{r}_{\mathrm{E}}$ 与 $\Delta\boldsymbol{n}$ 的夹角，所以短时间内变化较小，滤波周期内可作为定值。

因为观测模型中用到的夹角 $\varOmega$ 的真实值无法得知，所以此处的增广状态仍然属于一种“模糊”状态。可假设脉冲星方位误差为［1mas，1mas］时，对应的方向误差 $\Delta\boldsymbol{n}_0$ 与前一时刻航天器的位置 $\boldsymbol{r}_{\mathrm{sat}(k-1)}$ 之间的夹角为预设值 $\hat{\varOmega}$，则

$$\cos\hat{\varOmega}=\frac{\boldsymbol{r}_{\mathrm{sat}(k-1)}\cdot\Delta\boldsymbol{n}_0}{\left|\Delta\boldsymbol{n}_0\right|\left|\boldsymbol{r}_{\mathrm{sat}(k-1)}\right|}。\tag{7.29}$$

如果（$\Delta\alpha,\Delta\delta$）与［1mas，1mas］方向相同，则最终算法的估计值 $|\Delta\hat{\boldsymbol{n}}|$ 与真实值 $|\Delta\boldsymbol{n}|$ 相同，否则同样为一定的倍数关系，即

$$\left|\Delta\hat{\boldsymbol{n}}\right|\left|\boldsymbol{r}_{\mathrm{sat}(k)}\right|\cos\hat{\varOmega}=\left|\Delta\boldsymbol{n}\right|\left|\boldsymbol{r}_{\mathrm{sat}(k)}\right|\cos\varOmega=\eta\left|\Delta\boldsymbol{n}\right|\left|\boldsymbol{r}_{\mathrm{sat}(k)}\right|\cos\hat{\varOmega},\tag{7.30}$$

其中，$\varOmega$ 为夹角的真实值；$\eta=\dfrac{\cos\varOmega}{\cos\hat{\varOmega}}$，即估计值 $|\Delta\hat{\boldsymbol{n}}|$ 为真实值的 η 倍。

为满足观测方程线性化的需要，同样可对式（7.30）作如下近似：

$$\left|\Delta\hat{\boldsymbol{n}}\right|\left|\boldsymbol{r}_{\mathrm{sat}(k)}\right|\cos\hat{\varOmega}\approx\left|\Delta\hat{\boldsymbol{n}}\right|\left|\boldsymbol{r}_{\mathrm{sat}(k-1)}\right|\cos\hat{\varOmega}。\tag{7.31}$$

式（7.28）中高阶项 $\boldsymbol{\varepsilon}(\tilde{\boldsymbol{n}})$ 的线性化过程可以参考第 3 章中的结果，则三颗脉冲星的 ASEKF 导航算法状态空间方程可以写为

$$\dot{\boldsymbol{x}}_e=\begin{bmatrix}\dot{\boldsymbol{r}}\\ \dot{\boldsymbol{v}}\\ \left|\Delta\dot{\hat{\boldsymbol{n}}}_1\right|\\ \left|\Delta\dot{\hat{\boldsymbol{n}}}_2\right|\\ \left|\Delta\dot{\hat{\boldsymbol{n}}}_3\right|\end{bmatrix}=\begin{bmatrix}v_x\\ v_y\\ v_z\\ -\mu\dfrac{x_e}{r^3}\left[1-J_2\left(\dfrac{R_{\mathrm{E}}}{r}\right)^2\left(7.5\dfrac{z_e^{\,2}}{r^2}-1.5\right)\right]+\Delta F_x\\ -\mu\dfrac{y_e}{r^3}\left[1-J_2\left(\dfrac{R_{\mathrm{E}}}{r}\right)^2\left(7.5\dfrac{z_e^{\,2}}{r^2}-1.5\right)\right]+\Delta F_y\\ -\mu\dfrac{z_e}{r^3}\left[1-J_2\left(\dfrac{R_{\mathrm{E}}}{r}\right)^2\left(7.5\dfrac{z_e^{\,2}}{r^2}-4.5\right)\right]+\Delta F_z\\ \kappa_1\\ \kappa_2\\ \kappa_3\end{bmatrix},\tag{7.32}$$

$$
\widehat{\boldsymbol{y}}_k = \begin{bmatrix} \Delta t^{(1)} - w_k^{(1)} \\ \Delta t^{(2)} - w_k^{(2)} \\ \vdots \\ \Delta t^{(i)} - w_k^{(i)} \end{bmatrix} = \widehat{\boldsymbol{h}}_k \boldsymbol{x}_k + \boldsymbol{V}_k \text{，} \tag{7.33}
$$

$$
\widehat{\boldsymbol{h}}_k = \begin{bmatrix} \widehat{\boldsymbol{h}}_k^{(1)} & \lambda_1 & 0 & 0 \\ \widehat{\boldsymbol{h}}_k^{(2)} & 0 & \lambda_2 & 0 \\ \widehat{\boldsymbol{h}}_k^{(3)} & 0 & 0 & \lambda_3 \end{bmatrix} \text{，} \tag{7.34}
$$

$$
w_k^{(i)} = 2\frac{GM_{\text{sun}}}{c^3}\ln\left[1 + \frac{\boldsymbol{n}_i \cdot \boldsymbol{r}_{\text{sat}(k-1)} + \left|\boldsymbol{r}_{\text{sat}(k-1)}\right|}{\boldsymbol{n}_i \cdot \boldsymbol{b} + |\boldsymbol{b}|}\right] - 2\frac{GM_{\text{sun}}}{c^3}\frac{\boldsymbol{n}_i \cdot \boldsymbol{r}_{\text{sat}(k-1)}}{\boldsymbol{n}_i \cdot \boldsymbol{b} + |\boldsymbol{b}| + \left|\boldsymbol{r}_{\text{sat}(k-1)}\right| + \boldsymbol{n}_i \cdot \boldsymbol{r}_{\text{sat}(k-1)}} \text{，} \tag{7.35}
$$

$$
\widehat{\boldsymbol{h}}_k^{(i)} = \begin{bmatrix} \begin{bmatrix} \boldsymbol{n}_i + \dfrac{1}{2cD_0}\left[\left(\boldsymbol{n}_i \cdot \boldsymbol{r}_{\text{sat}(k-1)}\right)\boldsymbol{n}_i - \boldsymbol{r}_{\text{sat}(k-1)}\right] \\ +2\dfrac{GM_{\text{sun}}}{c^3}\dfrac{\boldsymbol{n}_i}{\boldsymbol{n}_i \cdot \boldsymbol{b} + |\boldsymbol{b}| + \left|\boldsymbol{r}_{\text{sat}(k-1)}\right| + \boldsymbol{n}_i \cdot \boldsymbol{r}_{\text{sat}(k-1)}} \end{bmatrix}^{\mathrm{T}} & \boldsymbol{0}_{1\times 3} \end{bmatrix} \text{，} \tag{7.36}
$$

$$
\lambda_i = \frac{\boldsymbol{r}_{\text{sat}(k-1)} \cdot \Delta \boldsymbol{n}_{i0}}{\left|\Delta \boldsymbol{n}_{i0}\right|} \text{，} \tag{7.37}
$$

其中，κ_i 为高斯白噪声；$\Delta \boldsymbol{n}_{i0}$ 为不同脉冲星方位误差为［1mas，1mas］时对应 ICRS 中的方向误差。

7.2.2　可观测性证明

通过式（7.32）可以看出 ASEKF 算法的状态方程具有较强的非线性，在使用 EKF 进行滤波计算时需要进行线性化处理。根据 EKF 的基础理论，其线性化后的状态方程雅可比矩阵为

$$
\boldsymbol{F} = \frac{\partial}{\partial \boldsymbol{X}}\begin{bmatrix} \boldsymbol{v} \\ \boldsymbol{a} \\ \left|\Delta \dot{\boldsymbol{n}}_1\right| \\ \left|\Delta \dot{\boldsymbol{n}}_2\right| \\ \left|\Delta \dot{\boldsymbol{n}}_3\right| \end{bmatrix} = \begin{bmatrix} \boldsymbol{0}_{3\times 3} & \boldsymbol{I}_{3\times 3} & \boldsymbol{0}_{3\times 3} \\ \boldsymbol{f}_{(k)} & \boldsymbol{0}_{3\times 3} & \boldsymbol{0}_{3\times 3} \\ \boldsymbol{0}_{3\times 3} & \boldsymbol{0}_{3\times 3} & \boldsymbol{0}_{3\times 3} \end{bmatrix} \text{，} \tag{7.38}
$$

$$
\boldsymbol{f}_{(k)}=\begin{bmatrix}\dfrac{\mu\left(3x_e^2-r^2\right)}{r^5} & \dfrac{3\mu x_e y_e}{r^5} & \dfrac{3\mu x_e z_e}{r^5}\\ \dfrac{3\mu x_e y_e}{r^5} & \dfrac{\mu\left(3y_e^2-r^2\right)}{r^5} & \dfrac{3\mu y_e z_e}{r^5}\\ \dfrac{3\mu x_e z_e}{r^5} & \dfrac{3\mu y_e z_e}{r^5} & \dfrac{\mu\left(3z_e^2-r^2\right)}{r^5}\end{bmatrix}。 \tag{7.39}
$$

此时该系统已经为线性时变系统，满足 6.2.2 小节中提到的 PWCS 可观测性分析法要求。其状态转移矩阵 $\boldsymbol{A}_k$ 满足：

$$
\boldsymbol{A}_k\approx\boldsymbol{I}_{9\times9}+\boldsymbol{F}_k\Delta T=\begin{bmatrix}\boldsymbol{I}_{3\times3} & \Delta T\boldsymbol{I}_{3\times3} & \boldsymbol{0}_{3\times3}\\ \Delta T\boldsymbol{f}_k & \boldsymbol{I}_{3\times3} & \boldsymbol{0}_{3\times3}\\ \boldsymbol{0}_{3\times3} & \boldsymbol{0}_{3\times3} & \boldsymbol{I}_{3\times3}\end{bmatrix}。 \tag{7.40}
$$

根据以上分析，对于某一时间区间 ΔT_m 内系统 TOM 的秩满足：

$$
\operatorname{rank}\left(\boldsymbol{Q}(q)\right)\geqslant\operatorname{rank}\left(\left[\boldsymbol{Q}_m\right]\right)。 \tag{7.41}
$$

如果 $\operatorname{rank}\left(\left[\boldsymbol{Q}_m\right]\right)=n=9$，则系统必然满足可观测性条件，即所分割的每个时间段内系统都是可观测的，则整个运行过程中系统必然可观测，进而

$$
\operatorname{rank}\left(\left[\boldsymbol{Q}_m\right]\right)\geqslant\operatorname{rank}\left(\begin{bmatrix}\widehat{\boldsymbol{h}}_m\\ \widehat{\boldsymbol{h}}_m\boldsymbol{A}_m\\ \widehat{\boldsymbol{h}}_m\boldsymbol{A}_m^2\end{bmatrix}\right)。 \tag{7.42}
$$

结合式（7.34）和式（7.36），时间区间 ΔT_m 内的观测矩阵 $\widehat{\boldsymbol{h}}_m$ 可以写为

$$
\widehat{\boldsymbol{h}}_m=\begin{bmatrix}\boldsymbol{\Gamma}_m^{(1)} & \boldsymbol{0}_{1\times3} & \lambda_1 & 0 & 0\\ \boldsymbol{\Gamma}_m^{(2)} & \boldsymbol{0}_{1\times3} & 0 & \lambda_2 & 0\\ \boldsymbol{\Gamma}_m^{(3)} & \boldsymbol{0}_{1\times3} & 0 & 0 & \lambda_3\end{bmatrix}, \tag{7.43}
$$

$$
\boldsymbol{\Gamma}_m^{(i)}=\begin{bmatrix}\boldsymbol{n}_i+\dfrac{1}{2D_0}\left[\left(\boldsymbol{n}_i\cdot\boldsymbol{r}_{\text{sat}(k-1)}\right)\boldsymbol{n}_i-\boldsymbol{r}_{\text{sat}(k-1)}\right]\\ +2\dfrac{GM_{\text{sun}}}{c^2}\dfrac{\boldsymbol{n}_i}{\boldsymbol{n}_i\cdot\boldsymbol{b}+\left|\boldsymbol{b}\right|+\left|\boldsymbol{r}_{\text{sat}(k-1)}\right|+\boldsymbol{n}_i\cdot\boldsymbol{r}_{\text{sat}(k-1)}}\end{bmatrix}^{\mathrm{T}}, \tag{7.44}
$$

经矩阵运算可得

$$
\widehat{\boldsymbol{h}}_m\boldsymbol{A}_m=\begin{bmatrix}\boldsymbol{\Gamma}_m^{(1)} & \Delta T\boldsymbol{\Gamma}_m^{(1)} & \lambda_1 & 0 & 0\\ \boldsymbol{\Gamma}_m^{(2)} & \Delta T\boldsymbol{\Gamma}_m^{(2)} & 0 & \lambda_2 & 0\\ \boldsymbol{\Gamma}_m^{(3)} & \Delta T\boldsymbol{\Gamma}_m^{(3)} & 0 & 0 & \lambda_3\end{bmatrix}, \tag{7.45}
$$

$$\widehat{\boldsymbol{h}}_m \boldsymbol{A}_m^2 = \begin{bmatrix} \boldsymbol{\Gamma}_m^{(1)} + \Delta T \boldsymbol{\Gamma}_m^{(1)} \Delta T \boldsymbol{f}_m & 2\Delta T \boldsymbol{\Gamma}_m^{(1)} & \lambda_1 & 0 & 0 \\ \boldsymbol{\Gamma}_m^{(2)} + \Delta T \boldsymbol{\Gamma}_m^{(2)} \Delta T \boldsymbol{f}_m & 2\Delta T \boldsymbol{\Gamma}_m^{(2)} & 0 & \lambda_2 & 0 \\ \boldsymbol{\Gamma}_m^{(3)} + \Delta T \boldsymbol{\Gamma}_m^{(3)} \Delta T \boldsymbol{f}_m & 2\Delta T \boldsymbol{\Gamma}_m^{(3)} & 0 & 0 & \lambda_3 \end{bmatrix}, \tag{7.46}$$

经初等变换可得

$$\begin{bmatrix} \widehat{\boldsymbol{h}}_m \\ \widehat{\boldsymbol{h}}_m \boldsymbol{A}_m \\ \widehat{\boldsymbol{h}}_m \boldsymbol{A}_m^2 \end{bmatrix} \backsim \begin{bmatrix} \boldsymbol{\Gamma}_m^{(1)} & \boldsymbol{0}_{1\times 3} & 0 & 0 & 0 \\ \boldsymbol{\Gamma}_m^{(2)} & \boldsymbol{0}_{1\times 3} & 0 & 0 & 0 \\ \boldsymbol{\Gamma}_m^{(3)} & \boldsymbol{0}_{1\times 3} & 0 & 0 & 0 \\ \boldsymbol{0}_{1\times 3} & \Delta T \boldsymbol{\Gamma}_m^{(1)} & 0 & 0 & 0 \\ \boldsymbol{0}_{1\times 3} & \Delta T \boldsymbol{\Gamma}_m^{(2)} & 0 & 0 & 0 \\ \boldsymbol{0}_{1\times 3} & \Delta T \boldsymbol{\Gamma}_m^{(3)} & 0 & 0 & 0 \\ \boldsymbol{0}_{1\times 3} & \boldsymbol{0}_{1\times 3} & 1 & 0 & 0 \\ \boldsymbol{0}_{1\times 3} & \boldsymbol{0}_{1\times 3} & 0 & 1 & 0 \\ \boldsymbol{0}_{1\times 3} & \boldsymbol{0}_{1\times 3} & 0 & 0 & 1 \end{bmatrix}, \tag{7.47}$$

显然，不同脉冲的 $\boldsymbol{\Gamma}_m^{(i)}$ 几乎不可能线性相关，则

$$\operatorname{rank}\left(\left[\boldsymbol{Q}_m\right]\right) \geqslant \operatorname{rank}\left(\begin{bmatrix} \widehat{\boldsymbol{h}}_m \\ \widehat{\boldsymbol{h}}_m \boldsymbol{A}_m \\ \widehat{\boldsymbol{h}}_m \boldsymbol{A}_m^2 \end{bmatrix}\right) = 9, \tag{7.48}$$

所以该系统完全可观测。

7.2.3　仿真分析

仿真使用的轨道基本参数与表 7.2 相同，使用的脉冲星为 B0531+21、B1821-24、B1937+21，三颗脉冲星的自行不确定度分别为[0.8mas/a，0.8mas/a]、[0.02mas/a，0.4mas/a]、[0.004mas/a，0.005mas/a][168]。TOA 的观测时间为 1000s，更新时间为 100s，即相邻两个观测周期在时间轴上有 900s 是重叠的，只有第一个输出需要等待完整的观测周期，此后每 100s 输出一个数据[99]。其他相关参数与上文相同。仿真中添加 EKF、UKF 和 ASUKF 算法进行对比研究，参数设置如下。

（1）初始误差为

$$\begin{cases} \delta \boldsymbol{x}_{\mathrm{EKF}} = \delta \boldsymbol{x}_{\mathrm{UKF}} = \left(\delta_{(1)}, \delta_{(1)}, \delta_{(1)}, \delta_{(2)}, \delta_{(2)}, \delta_{(2)}\right) \\ \delta \boldsymbol{x}_{\mathrm{ASUKF}} = \left(\delta_{(1)}, \delta_{(1)}, \delta_{(1)}, \delta_{(2)}, \delta_{(2)}, \delta_{(2)}, \delta_{(3)}, \delta_{(4)}, \delta_{(5)}\right) \\ \delta \boldsymbol{x}_{\mathrm{ASEKF}} = \left(\delta_{(1)}, \delta_{(1)}, \delta_{(1)}, \delta_{(2)}, \delta_{(2)}, \delta_{(2)}, \delta_{(6)}, \delta_{(6)}, \delta_{(6)}\right) \end{cases}, \tag{7.49}$$

其中，$\delta_{(1)} = 1000\text{m}$；$\delta_{(2)} = 20\text{m/s}$；$\delta_{(3)} = 500\text{m}$；$\delta_{(4)} = -100\text{m}$；$\delta_{(5)} = 1400\text{m}$；$\delta_{(6)} = 0$。

（2）初始误差协方差为

$$\begin{cases} \boldsymbol{P}_{\text{EKF}}(0) = \boldsymbol{P}_{\text{UKF}}(0) = \text{diag}\left[p_{(1)}^2, p_{(1)}^2, p_{(1)}^2, p_{(2)}^2, p_{(2)}^2, p_{(2)}^2\right] \\ \boldsymbol{P}_{\text{ASUKF}}(0) = \text{diag}\left[p_{(1)}^2, p_{(1)}^2, p_{(1)}^2, p_{(2)}^2, p_{(2)}^2, p_{(2)}^2, p_{(3)}^2, p_{(3)}^2, p_{(3)}^2\right] \\ \boldsymbol{P}_{\text{ASEKF}}(0) = \text{diag}\left[p_{(1)}^2, p_{(1)}^2, p_{(1)}^2, p_{(2)}^2, p_{(2)}^2, p_{(2)}^2, p_{(4)}^2, p_{(4)}^2, p_{(4)}^2\right] \end{cases}, \tag{7.50}$$

其中，$p_{(1)} = 1000\text{m}$；$p_{(2)} = 20\text{m/s}$；$p_{(3)} = 500\text{m}$；$p_{(4)} = 1.5\times10^{-8}$。

（3）系统噪声协方差为

$$\begin{cases} \boldsymbol{Q}_{\text{EKF}} = \boldsymbol{Q}_{\text{UKF}} = \text{diag}\left[q_{(1)}^2, q_{(1)}^2, q_{(1)}^2, q_{(2)}^2, q_{(2)}^2, q_{(2)}^2\right] \\ \boldsymbol{Q}_{\text{ASUKF}} = \text{diag}\left[q_{(1)}^2, q_{(1)}^2, q_{(1)}^2, q_{(2)}^2, q_{(2)}^2, q_{(2)}^2, q_{(3)}^2, q_{(3)}^2, q_{(3)}^2\right] \\ \boldsymbol{Q}_{\text{ASEKF}} = \text{diag}\left[q_{(1)}^2, q_{(1)}^2, q_{(1)}^2, q_{(2)}^2, q_{(2)}^2, q_{(2)}^2, q_{(4)}^2, q_{(4)}^2, q_{(4)}^2\right] \end{cases}, \tag{7.51}$$

其中，$q_{(1)} = 0.5\text{m}$；$q_{(2)} = 2.5\text{m/s}$；$q_{(3)} = 10^{-3}\text{m}$；$q_{(4)} = 3\times10^{-15}$。

当脉冲星方位误差分别为条件一［2mas，2mas］和条件二［−2mas，−2mas］时，算法的位置误差、速度误差和方向误差估计值如图7.21～图7.30所示。方位误差为［2mas，2mas］时的算法位置误差、速度误差和方向误差如图7.21～图7.25所示，方位误差为［−2mas，−2mas］时的算法位置误差、速度误差和方向误差如图7.26～图7.30所示。

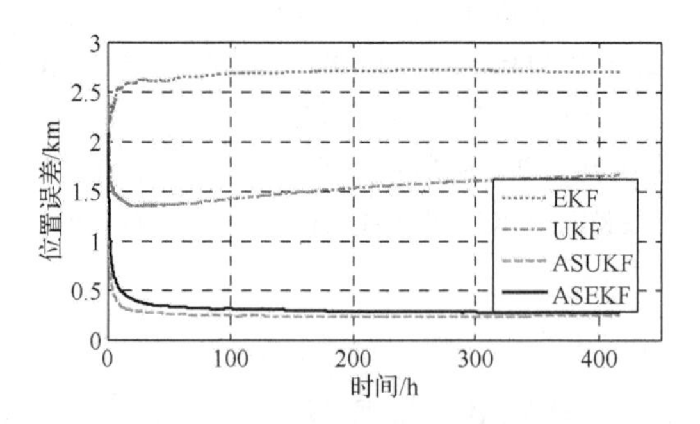

图7.21　条件一位置误差变化

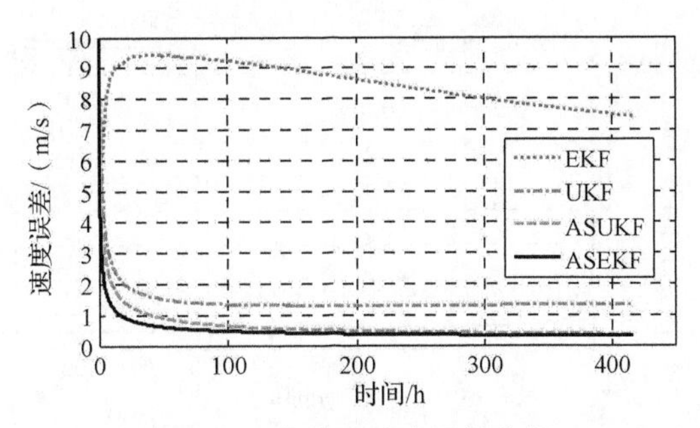

图 7.22　条件一速度误差变化

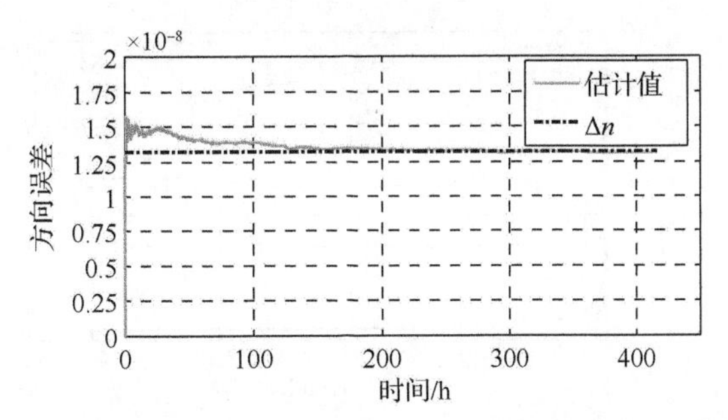

图 7.23　条件一 ASEKF 中 B0531+21 方向误差估计结果

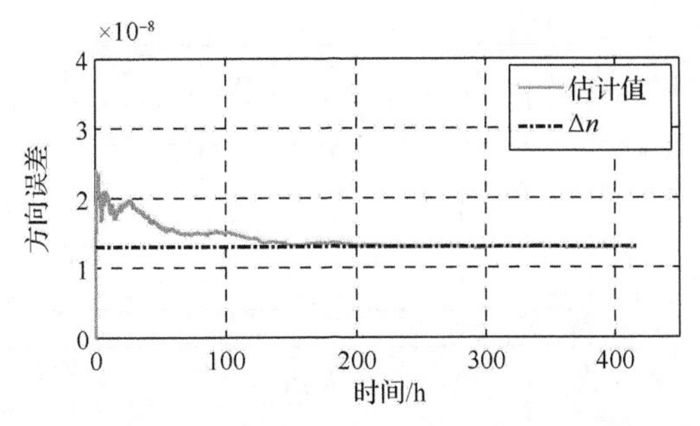

图 7.24　条件一 ASEKF 中 B1821−24 方向误差估计结果

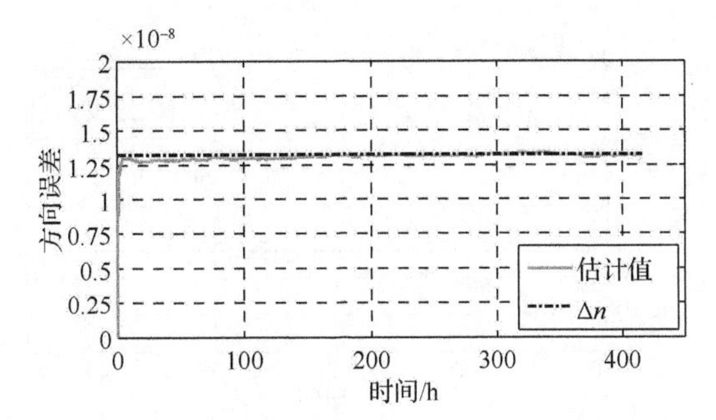

图 7.25　条件一 ASEKF 中 B1937+21 方向误差估计结果

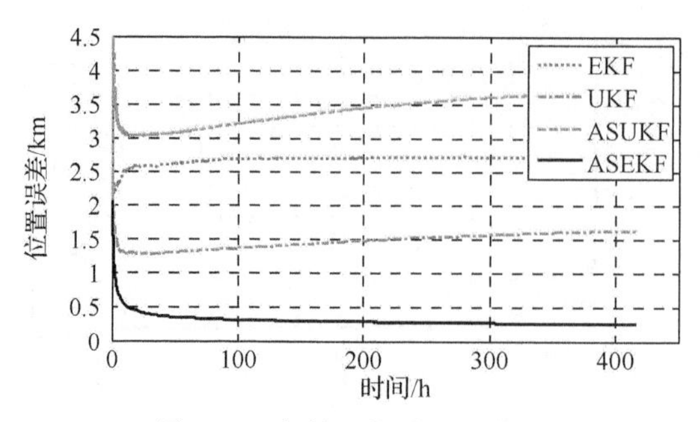

图 7.26　条件二位置误差变化

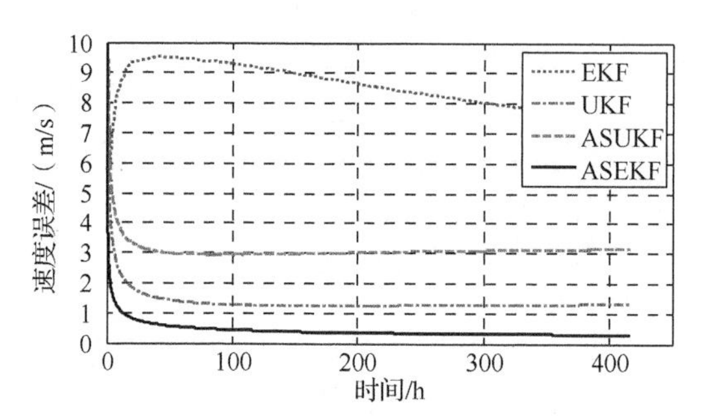

图 7.27　条件二速度误差变化

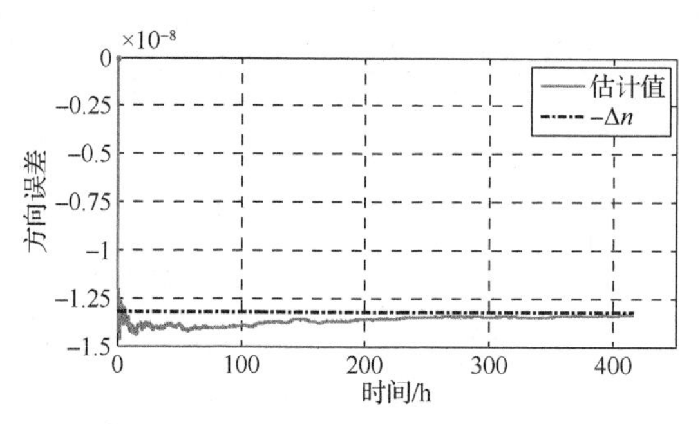

图 7.28　条件二 ASEKF 中 B0531+21 方向误差估计结果

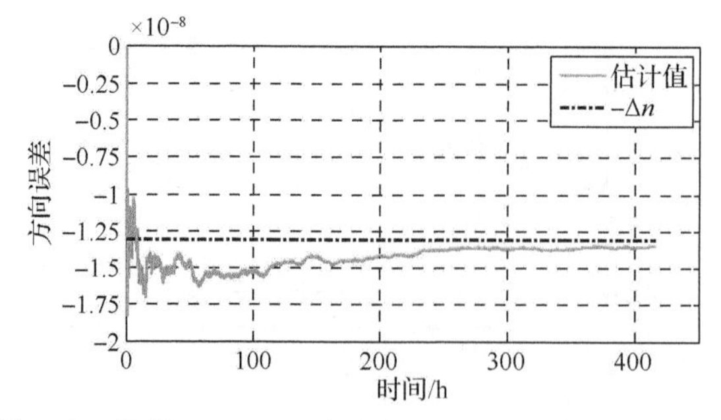

图 7.29　条件二 ASEKF 中 B1821−24 方向误差估计结果

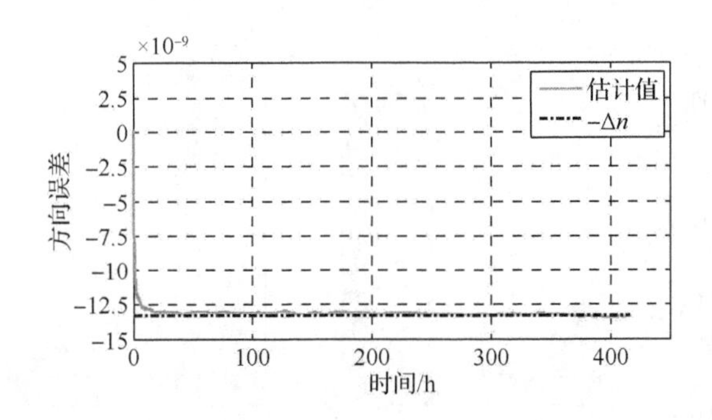

图 7.30　条件二 ASEKF 中 B1937+21 方向误差估计结果

通过以上两个条件的仿真过程来看，EKF 算法和 UKF 算法受脉冲星方位误差影响较大，EKF 算法的精度最低；在当前条件下，当方位误差为［2mas，2mas］时，ASUKF 算法和本节提出的 ASEKF 算法都有着较好的收敛效果，但是当方位误差为［−2mas，−2mas］时，ASUKF 算法产生了严重的发散，而 ASEKF 算法却依然能够较好的收敛。当方位误差为［2mas，2mas］时，真实的方位误差与预设的方位误差方向相同，所以方位误差标量的估计结果$|\Delta\hat{\boldsymbol{n}}|$与真实值$|\Delta\boldsymbol{n}|$十分接近。但是当方位误差为［−2mas，−2mas］时，真实的方位误差与预设的方位误差方向相反，方向误差标量的估计结果$|\Delta\hat{\boldsymbol{n}}|$与真实值$|\Delta\boldsymbol{n}|$的相反数十分接近。虽然不同方位误差情况下，$|\Delta\hat{\boldsymbol{n}}|$不一定完全接近真实值$|\Delta\boldsymbol{n}|$，但是并不影响 ASEKF 算法位置和速度的估计精度，验证了 7.2.2 小节的理论分析。为进一步验证算法具有更好的适用性及更高的计算效率，不同方位误差条件下各算法的导航精度及平均运行时间如表 7.4 及图 7.31 所示。

表 7.4　不同方位误差条件下各算法的导航精度

方位误差/mas	EKF		UKF		ASUKF		ASEKF	
	位置误差/m	速度误差/(m/s)	位置误差/m	速度误差/(m/s)	位置误差/m	速度误差/(m/s)	位置误差/m	速度误差/(m/s)
[2,2]	2709.46	7.47	1658.55	1.33	251.53	0.38	279.33	0.33
[−2,−2]	2713.71	7.54	1644.26	1.32	3714.17	3.15	276.12	0.31
[2,−2]	1405.94	6.63	664.45	0.59	2077.73	1.83	292.95	0.30
[−2,2]	1405.87	6.55	680.09	0.61	1991.32	1.73	323.77	0.35

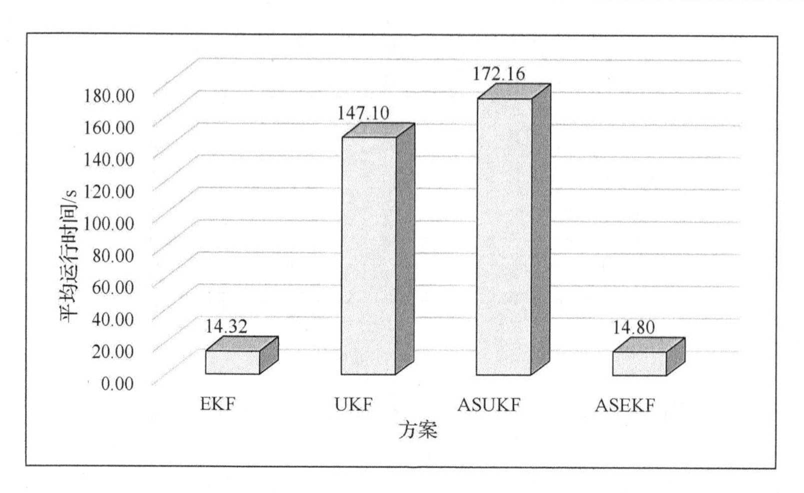

图 7.31　平均运行时间

从不同方位误差下的导航结果来看，ASUKF 算法对增广项的初值要求较高，如果初值不合适，反而精度不如 UKF 算法和 EKF 算法。但是 ASEKF 算法对初值没有要求，在为 0 的情况下均可排除不同方位误差对导航的影响。

从平均运行时间上来看，ASEKF 算法的每次仿真耗时仅为 ASUKF 算法的 8.60%，且仅比 EKF 算法高 3.35%。综合以上分析，本节提出的 ASEKF 算法不仅可以有效消除脉冲星方位误差对导航的影响，而且有着更好的实时性和更小的运算量。

7.3　考虑有色噪声影响的脉冲星导航两级强跟踪差分滤波器

根据相关原理，脉冲星导航需要用到包括中心天体在内的众多太阳系天体星历数据，而星历数据误差会降低脉冲星导航精度。结合脉冲星导航原理和已有文献数据分析，对脉冲星导航能够产生实质影响的主要为中心天体的星历数据。以近地卫星为例，已发表的相关文献证明 1km 的地球轨道误差就会对导航结果带来将近千米级的定位误差[46,169]。因此，X 射线脉冲星导航技术的应用对太阳系内天体的星历数据精度提出了较高要求。太阳系内行星星历的计算主要依赖于 VLBI 和不同空间任务返回的观测数据，测定精度着实有限。以应用较为广泛的由美国喷气推进实验室发布的发展星历（development ephemerides，DE）为例，地球的位置精度只能精确到千米以内，木星更是仅能精确到几十千米[170]。

除此之外，各个研究团队普遍忽略的一个问题是有色噪声影响问题。如前文所述，脉冲星导航的状态方程为其运动的动力学方程，其中过程噪声被认为是除地球以外的第三天体引力 ΔF_x、ΔF_y、ΔF_z，多作为白噪声处理。实际环境中这部分噪声是难以保证为白噪声的。因此，研究并消除太阳系内中心天体星历误差和其他天体引力摄动导致的有色噪声对 X 射线脉冲星导航的影响已经成为一项亟待解决的实际问题。

在此之前，有学者研究了类似于 7.2 节的增广算法以排除星历误差的干扰。实际上，7.2 节的处理方法也能有效处理此类问题，但是对于增广算法而言，其面临的主要缺点是不可避免地造成状态量维数的增加，进而占用过多的计算资源。为能够针对此类问题提供多种解决方案，避免占用计算资源过大的问题，本节将从两级滤波角度提出一种新的解决思路，即考虑有色噪声影响的脉冲星导航两级强跟踪差分卡尔曼滤波器（two-stage strong tracking differential Kalman filter，TSTDKF）。通过两级滤波实现对中心天体星历误差的并行估计。其中无偏滤波器采用差分滤波以消除有色噪声影响，而独立误差滤波器则添加多重自适应调节因子以强化算法对中心天体星历误差的跟踪性能。本节将不失一般性地选择地球作为中心天体。

7.3.1　中心天体星历误差分析

在国际地球自转服务（International Earth Rotation Service，IERS）2003、2010 规范中，分别将 DE405 历表和 DE421 历表作为 ICRS 中的动力实现[46,171]。受不同时期观测技术的限制，DE 系列星历的精度也是在逐渐提升的。2008 年发布的 DE421 历表相对于 1995 年的 DE405 历表而言，其定位精度得到了极大的改善。以地球为例，分别利用 DE405 历表和 DE421 历表计算其从 2015 年 10 月 17 日 04:00:00 到 2016 年 10 月 16 日 04:00:00 在 ICRS 中的位置变化情况，采样点间隔设置为 5 个小时，星历误差统计如图 7.32 所示。通过分析，基本上可认为 DE421 历表相对于 DE405 历表轨道误差降低了数十千米。但是 DE421 历表仍然是不完美的，其中地球轨道精度为亚千米级[170]。为方便分析，本节地球的星历计算和误差设置将参考 DE421 历表进行。

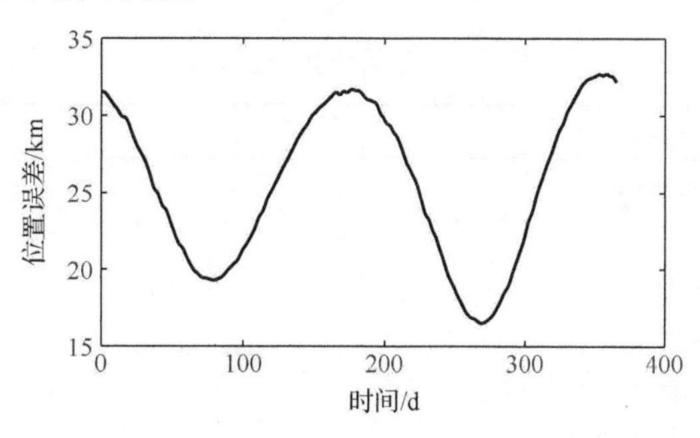

图 7.32　星历误差统计

假设地球真实的位置矢量 $\boldsymbol{r}_{\mathrm{E}}$ 与根据星历计算得到的位置矢量 $\tilde{\boldsymbol{r}}_{\mathrm{E}}$ 满足：

$$\tilde{\boldsymbol{r}}_{\mathrm{E}}=\boldsymbol{r}_{\mathrm{E}}-\delta\boldsymbol{r}_{\mathrm{E}}, \tag{7.52}$$

其中，$\delta\boldsymbol{r}_{\mathrm{E}}$ 为地球星历误差。

若导航系统使用带误差的位置矢量 $\tilde{\boldsymbol{r}}_{\mathrm{E}}$ 进行导航解算，便会得到带有模型误差的观测量：

$$\Delta\tilde{t}=\frac{\boldsymbol{n}\cdot\tilde{\boldsymbol{r}}_{\mathrm{sat}}}{c}+2\frac{GM_{\mathrm{sun}}}{c^3}\ln\left|1+\frac{\boldsymbol{n}\cdot\tilde{\boldsymbol{r}}_{\mathrm{sat}}+\left|\tilde{\boldsymbol{r}}_{\mathrm{sat}}\right|}{\boldsymbol{n}\cdot\boldsymbol{b}+\left|\boldsymbol{b}\right|}\right|+\frac{1}{2cD}\left[\left(\boldsymbol{n}\cdot\tilde{\boldsymbol{r}}_{\mathrm{sat}}\right)^2-\left|\tilde{\boldsymbol{r}}_{\mathrm{sat}}\right|^2-2\boldsymbol{b}\cdot\tilde{\boldsymbol{r}}_{\mathrm{sat}}+2(\boldsymbol{n}\cdot\boldsymbol{b})\left(\boldsymbol{n}\cdot\tilde{\boldsymbol{r}}_{\mathrm{sat}}\right)\right], \tag{7.53}$$

其中，$\Delta\tilde{t}$ 为带有模型误差的时间差。由于 $\tilde{\boldsymbol{r}}_{\mathrm{sat}}$ 满足：

$$\tilde{\boldsymbol{r}}_{\mathrm{sat}}=\tilde{\boldsymbol{r}}_{\mathrm{E}}+\boldsymbol{r}=\boldsymbol{r}_{\mathrm{E}}+\boldsymbol{r}-\delta\boldsymbol{r}_{\mathrm{E}}=\boldsymbol{r}_{\mathrm{sat}}-\delta\boldsymbol{r}, \tag{7.54}$$

则此时真实的时间差 Δt 应当满足[172]：

$$\Delta t=\frac{\boldsymbol{n}\cdot\tilde{\boldsymbol{r}}_{\mathrm{sat}}}{c}+2\frac{GM_{\mathrm{sun}}}{c^3}\ln\left|1+\frac{\boldsymbol{n}\cdot\tilde{\boldsymbol{r}}_{\mathrm{sat}}+\left|\tilde{\boldsymbol{r}}_{\mathrm{sat}}\right|}{\boldsymbol{n}\cdot\boldsymbol{b}+\left|\boldsymbol{b}\right|}\right|+\frac{1}{2cD}\left[\left(\boldsymbol{n}\cdot\tilde{\boldsymbol{r}}_{\mathrm{sat}}\right)^2-\left|\tilde{\boldsymbol{r}}_{\mathrm{sat}}\right|^2-2\boldsymbol{b}\cdot\tilde{\boldsymbol{r}}_{\mathrm{sat}}+2(\boldsymbol{n}\cdot\boldsymbol{b})\left(\boldsymbol{n}\cdot\tilde{\boldsymbol{r}}_{\mathrm{sat}}\right)\right]+\boldsymbol{B}, \tag{7.55}$$

$$\boldsymbol{B}\approx\boldsymbol{\Gamma}_k\cdot\delta\boldsymbol{r}_{\mathrm{E}}, \tag{7.56}$$

$$\boldsymbol{\Gamma}_k^{\mathrm{T}}=\frac{\boldsymbol{n}}{c}+\frac{1}{cD}\left[-\tilde{\boldsymbol{r}}_{\mathrm{E}}+\left(\boldsymbol{n}\cdot\tilde{\boldsymbol{r}}_{\mathrm{E}}\right)\cdot\boldsymbol{n}-\boldsymbol{b}+(\boldsymbol{n}\cdot\boldsymbol{b})\cdot\boldsymbol{n}\right]+\frac{2GM_{\mathrm{sun}}}{c^3}\frac{\boldsymbol{n}+\tilde{\boldsymbol{r}}_{\mathrm{E}}/\left|\tilde{\boldsymbol{r}}_{\mathrm{E}}\right|}{\boldsymbol{n}\cdot\tilde{\boldsymbol{r}}_{\mathrm{E}}+\left|\tilde{\boldsymbol{r}}_{\mathrm{E}}\right|+\boldsymbol{n}\cdot\boldsymbol{b}+\left|\boldsymbol{b}\right|}, \tag{7.57}$$

其中，$\boldsymbol{B}$ 为地球星历位置误差导致的模型误差；$\boldsymbol{\Gamma}_k$ 为地球星历误差的观测矩阵。

众多已发表的文献证明，在X射线脉冲星导航的数百乃至上千秒的单个观测周期内，可认为天体的星历误差 $\delta\boldsymbol{r}_{\mathrm{E}}$ 和对应的模型误差 $\boldsymbol{B}$ 是不变的[111,173]。但是长时间来看，这部分误差却因天体运动而存在缓慢且大幅的变化，存在导致算法发散的隐患。

为验证以上分析，利用STK软件产生一条卫星仿真轨道，参数如表7.5所示。假设该轨道上运行的某一航天器装有X射线脉冲星导航系统，且其观测的脉冲星为B0531+21、B1821−24、B1937+21。

表7.5　卫星仿真轨道参数

参数属性	数值
半长轴/km	8650
离心率	0
轨道倾角/（°）	45
近地点幅角/（°）	0
升交点赤经/（°）	30
初始真近地点/（°）	0
起始时间	2015.10.17 04:00:00

由于 DE421 历表中地球轨道精度为亚千米级，且大小变化受天体周期运动影响大多呈现类似的三角函数关系。因此，本节的数据仿真中假设 ICRS 中地球星历误差变化满足：

$$\delta \boldsymbol{r}_{\mathrm{E}} = \left[1-\sin\tilde{\omega} \quad 1-\cos\tilde{\omega} \quad \sin\tilde{\omega}\right]\mathrm{km}, \tag{7.58}$$

$$\tilde{\omega} = 2\pi \cdot \frac{t_{\mathrm{orbit}}}{T_{\mathrm{earth}}}, \tag{7.59}$$

其中，t_{orbit} 为地球距离 2015.10.17 04:00:00 的运行时间；T_{earth} 为地球公转一周的时间。

导航使用扩展卡尔曼滤波器（EKF），观测周期 t_{obs} 为 300s，探测器面积等其他导航参数见表 7.6。初始误差 $\delta\boldsymbol{X}_0$ 取为[1km，1km，1km，0.02m/s，0.02m/s，0.02m/s]。

表 7.6　其他导航参数

参数	数值
光速/(10^8m/s)	3
地球质量/(10^{24}kg)	5.965
二阶带谐项	0.00108263
地球半径/(10^6m)	6.378
引力常量/(10^{-11}N·m²/kg²)	6.672
太阳质量/(10^{30}kg)	1.989
X 射线探测器面积/m²	1

脉冲星的观测噪声方差 σ_V 可根据式（2.18）计算得

$$\sigma_V = \frac{P_{\mathrm{width}}\sqrt{\left[B_X + P_{\mathrm{flux}}\left(1-P_{\mathrm{sf}}\right)\right]d + P_{\mathrm{flux}}P_{\mathrm{sf}}}}{2P_{\mathrm{flux}}P_{\mathrm{sf}}\sqrt{S_{\mathrm{dec}}t_{\mathrm{obs}}}}, \tag{7.60}$$

其中，S_{dec} 为有效观测面积；d 为脉冲宽度与脉冲周期之比。

仿真过程中导航系统位置均方根误差、速度均方根误差、地球星历误差、星历误差导致的模型误差变化情况如图 7.33～图 7.36 所示。

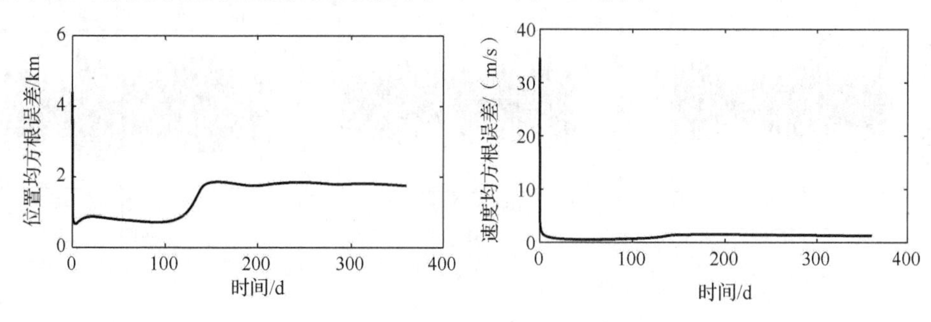

图 7.33　导航系统位置均方根误差　　图 7.34　导航系统速度均方根误差

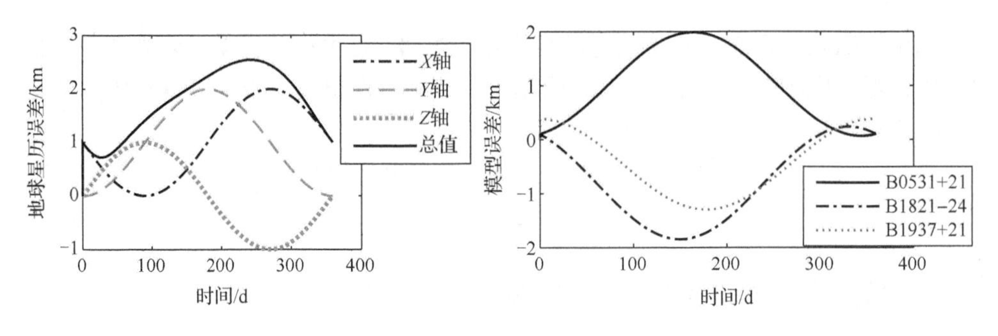

图 7.35　地球星历误差　　　图 7.36　星历误差导致的模型误差

图 7.33～图 7.36 验证了理论分析结果，证明对中心天体星历误差进行实时估计时，有必要考虑算法的跟踪性能，以解决星历误差缓慢变化的影响。

7.3.2　有色噪声分析

同样以表 7.5 中的卫星仿真轨道为例，利用 DE421 历表计算卫星受到的第三天体引力。第三天体引力模型表示为[1]

$$\boldsymbol{a}_{3^{\mathrm{rd}}\mathrm{body}} = -\mu_{3^{\mathrm{rd}}\mathrm{body}}\left(\frac{\boldsymbol{r}_{\mathrm{sat}/3^{\mathrm{rd}}\mathrm{body}}}{\left|\boldsymbol{r}_{\mathrm{sat}/3^{\mathrm{rd}}\mathrm{body}}\right|^{3}} + \frac{\boldsymbol{r}_{3^{\mathrm{rd}}\mathrm{body/Earth}}}{\left|\boldsymbol{r}_{3^{\mathrm{rd}}\mathrm{body/Earth}}\right|^{3}}\right), \tag{7.61}$$

其中，$\mu_{3^{\mathrm{rd}}\mathrm{body}}$ 为不同天体的引力常量；$\boldsymbol{r}_{\mathrm{sat}/3^{\mathrm{rd}}\mathrm{body}}$ 为航天器相对第三天体的位置矢量；$\boldsymbol{r}_{3^{\mathrm{rd}}\mathrm{body/Earth}}$ 为第三天体相对地球的位置矢量；$\left|\boldsymbol{r}_{\mathrm{sat}/3^{\mathrm{rd}}\mathrm{body}}\right|$ 和 $\left|\boldsymbol{r}_{3^{\mathrm{rd}}\mathrm{body/Earth}}\right|$ 为对应矢量的长度模量。

所考虑的第三天体包括：太阳、水星、金星、火星、木星、土星、天王星、海王星、冥王星和月球。ICRS 中不同轴向的引力摄动及频域谱分析如图 7.37 和图 7.38 所示。显然，该仿真轨道上的第三天体引力摄动都不符合高斯白噪声的特点。

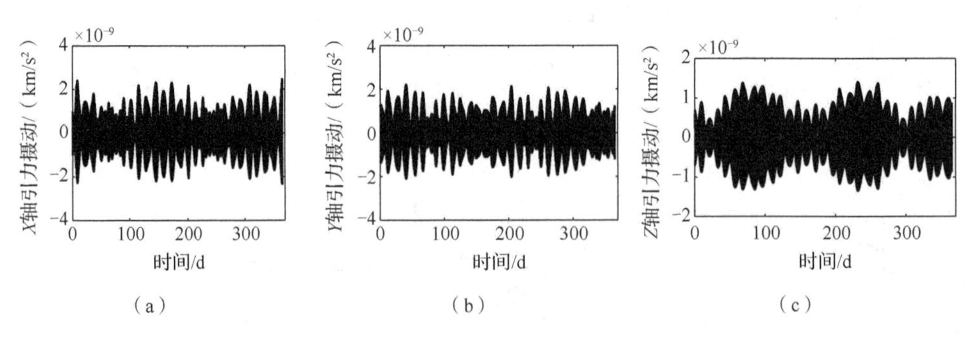

图 7.37　不同轴向的引力摄动

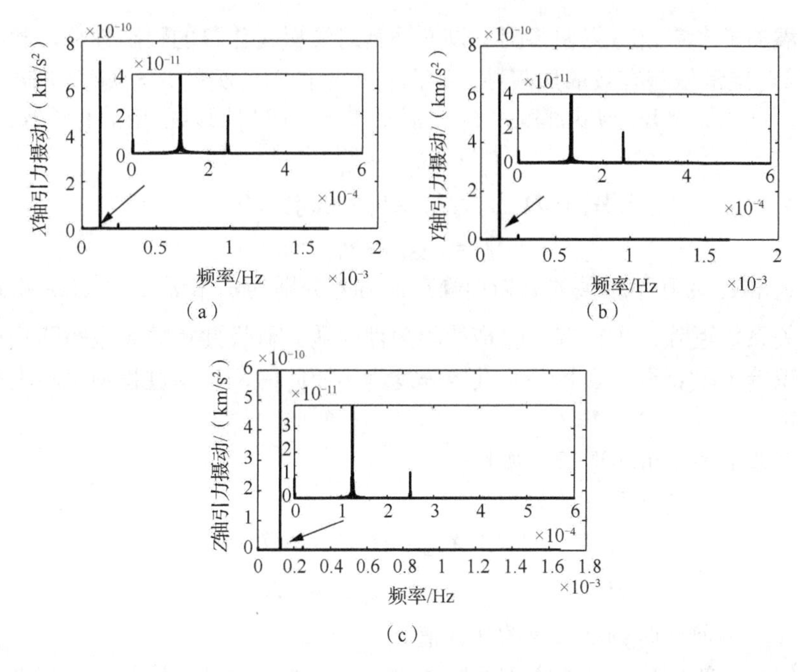

图 7.38　引力摄动频域谱分析

对于观测噪声而言，X 射线探测器在工作时受自身精度和电流扰动等因素影响，也会产生设备噪声，该部分噪声往往是有色噪声。除此之外，脉冲星的高阶观测模型实际上也是省略了部分高阶项的近似非线性观测模型。省略的高阶项为太阳系内除太阳与地球外其他天体运动对脉冲星观测的影响。结合以上观测噪声的分析，这部分噪声极有可能也为有色噪声，且由于都与第三天体运动有关，还可能出现过程噪声与观测噪声相关的情况。因此，为保证算法的可靠性，有必要针对普通卡尔曼滤波器进行改进设计。

7.3.3　TSTDKF 算法设计

TSKF 的设计初衷是代替增广算法解决线性系统中的定常偏差问题[163]。它具有收敛速度快、运算量低等优点，也适用于对普通卡尔曼滤波器的优化改进[164]。TSKF 由两级组成，第一级为无偏滤波器，实际上是不考虑偏差影响的普通卡尔曼滤波器；第二级为独立偏差滤波器，单独用于实现偏差量的估计及结果补偿。

根据 7.3.1 小节的分析，因 $\boldsymbol{\Gamma}_k$ 作为观测矩阵可根据天体参数实时求解，则可采用两级滤波方法将地球星历误差 $\delta\boldsymbol{r}_{\mathrm{E}}$ 作为独立偏差滤波器的状态量予以估计。但由于 $\delta\boldsymbol{r}_{\mathrm{E}}$ 存在缓慢变化的性质，因此在 TSKF 基础上，本节设计了 TSTDKF。该滤波器将无偏滤波器改进为一种考虑相关噪声的差分无偏滤波器，并在独立偏差滤波器中添加了多重自适应调节因子以增强其对缓慢变化量的跟踪性能，解决传统 TSKF 只对定常偏差有效的局限性。下面首先设计第一级差分无偏滤波器。

假设过程噪声 $\boldsymbol{W}_k$ 与观测噪声 $\boldsymbol{V}_k$ 为满足以下一阶自回归模型的有色噪声：

$$\boldsymbol{V}_k = \boldsymbol{L}\boldsymbol{V}_{k-1} + \boldsymbol{\xi}_k , \tag{7.62}$$

$$\boldsymbol{W}_k = \boldsymbol{J}\boldsymbol{V}_k + \boldsymbol{Q}_k = \boldsymbol{J}\boldsymbol{L}\boldsymbol{V}_{k-1} + \boldsymbol{J}\boldsymbol{\xi}_k + \boldsymbol{Q}_k , \tag{7.63}$$

$$\boldsymbol{Q}_k = \boldsymbol{F}\boldsymbol{Q}_{k-1} + \boldsymbol{e}_k , \tag{7.64}$$

其中，$\boldsymbol{\xi}_k$ 和 $\boldsymbol{e}_k$ 为互不相关的高斯白噪声，方差分别为 $\boldsymbol{\sigma}_\xi$ 和 $\boldsymbol{\sigma}_e$；$\boldsymbol{L}$、$\boldsymbol{J}$ 和 $\boldsymbol{F}$ 均为对角相关系数矩阵，表征有色噪声的相关性强弱。假设此相关系数矩阵均已通过参数辨识等手段获得，当相关系数矩阵均为零矩阵时，说明过程噪声与观测噪声为白噪声。

根据以上关系可构造新的观测量：

$$\begin{aligned}\boldsymbol{Z}'_k &= \boldsymbol{Z}_k - \boldsymbol{L}\boldsymbol{Z}_{k-1} \\ &= \boldsymbol{H}_k\boldsymbol{X}_k - \boldsymbol{L}\boldsymbol{H}_{k-1}\boldsymbol{X}_{k-1} + \boldsymbol{H}_k\boldsymbol{E}_k - \boldsymbol{L}\boldsymbol{H}_{k-1}\boldsymbol{E}_{k-1} + \boldsymbol{\xi}_k \\ &\approx \boldsymbol{H}_k\boldsymbol{X}_k - \boldsymbol{L}\boldsymbol{H}_{k-1}\tilde{\boldsymbol{X}}_{k-1} + \boldsymbol{H}_k\boldsymbol{E}_k - \boldsymbol{L}\boldsymbol{H}_{k-1}\boldsymbol{E}_{k-1} + \boldsymbol{\xi}_k ,\end{aligned} \tag{7.65}$$

其中，$\tilde{\boldsymbol{X}}_{k-1}$ 为前一时刻状态量的估计值。

显然此时新构建的观测方程中除 $\boldsymbol{H}_k\boldsymbol{X}_k$、$\boldsymbol{\xi}_k$ 外均为已知量，而观测噪声也变为了白噪声 $\boldsymbol{\xi}_k$。

但是结合式（7.63）可见，此时观测噪声与过程噪声仍然存在相关关系。因此，根据式（7.63）和式（7.65）构建方程为

$$\begin{aligned}\boldsymbol{X}_k &= \boldsymbol{\Phi}_{k|k-1}\boldsymbol{X}_{k-1} + \boldsymbol{G}_k\boldsymbol{W}_k + \boldsymbol{\Omega}_k\left(\boldsymbol{Z}'_k - \boldsymbol{H}_k\left(\boldsymbol{X}_k + \boldsymbol{E}_k\right) + \boldsymbol{L}\boldsymbol{H}_{k-1}\left(\boldsymbol{X}_{k-1} + \boldsymbol{E}_{k-1}\right) - \boldsymbol{\xi}_k\right) \\ &= \left(\boldsymbol{\Phi}_{k|k-1} - \boldsymbol{\Omega}_k\boldsymbol{H}_k\boldsymbol{\Phi}_{k|k-1} + \boldsymbol{\Omega}_k\boldsymbol{L}\boldsymbol{H}_{k-1}\right)\boldsymbol{X}_{k-1} + \left(\boldsymbol{G}_k - \boldsymbol{\Omega}_k\boldsymbol{H}_k\boldsymbol{G}_k\right)\left(\boldsymbol{J}\boldsymbol{L}\boldsymbol{V}_{k-1} + \boldsymbol{Q}_k\right) \\ &\quad + \boldsymbol{\Omega}_k\boldsymbol{Z}'_k + \boldsymbol{\Omega}_k\left(\boldsymbol{L}\boldsymbol{H}_{k-1}\boldsymbol{E}_{k-1} - \boldsymbol{H}_k\boldsymbol{E}_k\right) + \left(\left(\boldsymbol{G}_k - \boldsymbol{\Omega}_k\boldsymbol{H}_k\boldsymbol{G}_k\right)\boldsymbol{J} - \boldsymbol{\Omega}_k\right)\boldsymbol{\xi}_k 。\end{aligned} \tag{7.66}$$

若要求过程噪声与观测噪声不相关，则应当要求变量 $\boldsymbol{\Omega}_k$ 满足：

$$\left(\boldsymbol{G}_k - \boldsymbol{\Omega}_k\boldsymbol{H}_k\boldsymbol{G}_k\right)\boldsymbol{J} = \boldsymbol{\Omega}_k , \tag{7.67}$$

即

$$\boldsymbol{\Omega}_k = \frac{\boldsymbol{G}_k\boldsymbol{J}}{\boldsymbol{H}_k\boldsymbol{G}_k\boldsymbol{J} + \boldsymbol{I}} , \tag{7.68}$$

其中，$\boldsymbol{H}_k\boldsymbol{G}_k\boldsymbol{J} + \boldsymbol{I}$ 需为非奇异矩阵。

因此，新构建的方程（7.66）即可认为是差分无偏滤波器的状态方程。结合式（7.65），可将新的差分无偏滤波器状态空间方程表述为

$$\boldsymbol{X}_k = \boldsymbol{\Phi}'_{k|k-1}\boldsymbol{X}_{k-1} + \boldsymbol{W}'_k + \boldsymbol{\Psi}_k , \tag{7.69}$$

$$\boldsymbol{Z}'_k = \boldsymbol{H}_k\boldsymbol{X}_k + \boldsymbol{H}_k\boldsymbol{E}_k - \boldsymbol{L}\boldsymbol{H}_{k-1}\left(\tilde{\boldsymbol{X}}_{k-1} + \boldsymbol{E}_{k-1}\right) + \boldsymbol{\xi}_k , \tag{7.70}$$

$$\boldsymbol{\Phi}'_{k|k-1} = \boldsymbol{\Phi}_{k|k-1} - \boldsymbol{\Omega}_k\boldsymbol{H}_k\boldsymbol{\Phi}_{k|k-1} + \boldsymbol{\Omega}_k\boldsymbol{L}\boldsymbol{H}_{k-1} , \tag{7.71}$$

$$\boldsymbol{\Psi}_k=\boldsymbol{\Omega}_k\boldsymbol{Z}_k'+\boldsymbol{\Omega}_k\left(\boldsymbol{L}\boldsymbol{H}_{k-1}\boldsymbol{E}_{k-1}-\boldsymbol{H}_k\boldsymbol{E}_k\right), \tag{7.72}$$

$$\boldsymbol{W}_k'=\left(\boldsymbol{G}_k-\boldsymbol{\Omega}_k\boldsymbol{H}_k\boldsymbol{G}_k\right)\left(\boldsymbol{J}\boldsymbol{L}\boldsymbol{V}_{k-1}+\boldsymbol{Q}_k\right), \tag{7.73}$$

其中，$\boldsymbol{\Phi}_{k|k-1}'$ 为新的状态转移矩阵；$\boldsymbol{\xi}_k$ 为新的观测噪声，为过程噪声，且与过程噪声 $\boldsymbol{W}_k'$ 无关；$\boldsymbol{\Psi}_k$ 为已知输入量。

显然，经过重构得到的状态空间方程满足观测噪声 $\boldsymbol{\xi}_k$ 为高斯白噪声，过程噪声 $\boldsymbol{W}_k'$ 与观测噪声 $\boldsymbol{\xi}_k$ 无关的条件。但此时的过程噪声 $\boldsymbol{W}_k'$ 仍为有色噪声。由于当过程噪声为有色噪声时，对卡尔曼滤波的影响仅体现在状态量一步预测方差 $\boldsymbol{P}_{\boldsymbol{X}_{k|k-1}}$ 的计算中，因此下面结合以上关系推导 $\boldsymbol{P}_{\boldsymbol{X}_{k|k-1}}$ 新的迭代方程。

根据式（7.69），状态量的一步预测值 $\tilde{\boldsymbol{X}}_{k|k-1}$ 应满足：

$$\tilde{\boldsymbol{X}}_{k|k-1}=\boldsymbol{\Phi}_{k|k-1}'\tilde{\boldsymbol{X}}_{k-1}+\boldsymbol{\Psi}_k\text{。} \tag{7.74}$$

定义：

$$\tilde{\boldsymbol{x}}_{k|k-1}=\boldsymbol{X}_k-\tilde{\boldsymbol{X}}_{k|k-1}=\boldsymbol{\Phi}_{k|k-1}'\left(\boldsymbol{X}_{k-1}-\tilde{\boldsymbol{X}}_{k-1}\right)+\boldsymbol{W}_k'=\boldsymbol{\Phi}_{k|k-1}'\tilde{\boldsymbol{x}}_{k-1}+\boldsymbol{W}_k', \tag{7.75}$$

则此时状态量一步预测方差 $\boldsymbol{P}_{\boldsymbol{X}_{k|k-1}}$ 应满足：

$$\boldsymbol{P}_{\boldsymbol{X}_{k|k-1}}=E\left(\tilde{\boldsymbol{x}}_{k|k-1}\tilde{\boldsymbol{x}}_{k|k-1}^{\mathrm{T}}\right)=\boldsymbol{\Phi}_{k|k-1}'\boldsymbol{P}_{\boldsymbol{X}_{k-1}}\boldsymbol{\Phi}_{k|k-1}'^{\mathrm{T}}+\boldsymbol{\Phi}_{k|k-1}'\boldsymbol{P}_{\boldsymbol{X}_{k-1},\boldsymbol{W}_k'}+\boldsymbol{P}_{\boldsymbol{W}_k',\boldsymbol{X}_{k-1}}\boldsymbol{\Phi}_{k|k-1}'^{\mathrm{T}}+\boldsymbol{P}_{\boldsymbol{W}_k'}, \tag{7.76}$$

而根据卡尔曼滤波的迭代关系，重构后的最优估计值应满足：

$$\begin{aligned}\tilde{\boldsymbol{X}}_{k-1}&=\tilde{\boldsymbol{X}}_{k-1|k-2}+\boldsymbol{K}_{k-1}\left(\boldsymbol{Z}_{k-1}'-\boldsymbol{H}_{k-1}\left(\tilde{\boldsymbol{X}}_{k-1|k-2}+\boldsymbol{E}_{k-1}\right)+\boldsymbol{L}\boldsymbol{H}_{k-2}\left(\tilde{\boldsymbol{X}}_{k-2}+\boldsymbol{E}_{k-2}\right)\right)\\&=\left(\boldsymbol{I}-\boldsymbol{K}_{k-1}\boldsymbol{H}_{k-1}\right)\tilde{\boldsymbol{X}}_{k-1|k-2}+\boldsymbol{K}_{k-1}\left(\boldsymbol{Z}_{k-1}'-\boldsymbol{H}_{k-1}\boldsymbol{E}_{k-1}+\boldsymbol{L}\boldsymbol{H}_{k-2}\left(\tilde{\boldsymbol{X}}_{k-2}+\boldsymbol{E}_{k-2}\right)\right)\\&\approx\left(\boldsymbol{I}-\boldsymbol{K}_{k-1}\boldsymbol{H}_{k-1}\right)\left(\boldsymbol{X}_{k-1}-\boldsymbol{W}_{k-1}'\right)+\boldsymbol{K}_{k-1}\left(\boldsymbol{H}_{k-1}\boldsymbol{X}_{k-1}+\boldsymbol{\xi}_{k-1}\right)\\&=\boldsymbol{X}_{k-1}+\left(\boldsymbol{K}_{k-1}\boldsymbol{H}_{k-1}-\boldsymbol{I}\right)\boldsymbol{W}_{k-1}'+\boldsymbol{K}_{k-1}\boldsymbol{\xi}_{k-1},\end{aligned} \tag{7.77}$$

即

$$\tilde{\boldsymbol{x}}_{k-1}=\left(\boldsymbol{I}-\boldsymbol{K}_{k-1}\boldsymbol{H}_{k-1}\right)\boldsymbol{W}_{k-1}'-\boldsymbol{K}_{k-1}\boldsymbol{\xi}_{k-1}, \tag{7.78}$$

进而求得 $\boldsymbol{P}_{\boldsymbol{X}_{k-1},\boldsymbol{W}_k'}$ 为

$$\begin{aligned}\boldsymbol{P}_{\boldsymbol{X}_{k-1},\boldsymbol{W}_k'}&=\operatorname{cov}\left(\boldsymbol{X}_{k-1},\boldsymbol{W}_k'\right)=E\left(\left(\left(\boldsymbol{I}-\boldsymbol{K}_{k-1}\boldsymbol{H}_{k-1}\right)\boldsymbol{W}_{k-1}'-\boldsymbol{K}_{k-1}\boldsymbol{\xi}_{k-1}\right)\boldsymbol{W}_k'^{\mathrm{T}}\right)\\&=\left(\boldsymbol{I}-\boldsymbol{K}_{k-1}\boldsymbol{H}_{k-1}\right)E\left(\boldsymbol{W}_{k-1}'\boldsymbol{W}_k'^{\mathrm{T}}\right)-E\left(\boldsymbol{K}_{k-1}\boldsymbol{\xi}_{k-1}\boldsymbol{W}_k'^{\mathrm{T}}\right)\text{。}\end{aligned} \tag{7.79}$$

结合式（7.62）、式（7.67）和式（7.73）可将式（7.79）整理为

$$\boldsymbol{P}_{\boldsymbol{X}_{k-1},\boldsymbol{W}_k'}=\left(\boldsymbol{I}-\boldsymbol{K}_{k-1}\boldsymbol{H}_{k-1}\right)\boldsymbol{P}_{\boldsymbol{W}_{k-1}',\boldsymbol{W}_k'}-\boldsymbol{K}_{k-1}\boldsymbol{\sigma}_{\xi}\boldsymbol{L}^{\mathrm{T}}\boldsymbol{\Omega}_k^{\ \mathrm{T}}=\boldsymbol{P}_{\boldsymbol{W}_k',\boldsymbol{X}_{k-1}}^{\mathrm{T}}, \tag{7.80}$$

其中，

$$\boldsymbol{P}_{\boldsymbol{W}_{k-1}',\boldsymbol{W}_k'}=\boldsymbol{N}_{k-1}\left(\boldsymbol{J}\boldsymbol{L}\boldsymbol{P}_{\boldsymbol{V}_{k-2},\boldsymbol{V}_{k-1}}\boldsymbol{L}^{\mathrm{T}}\boldsymbol{J}^{\mathrm{T}}+\boldsymbol{P}_{\boldsymbol{Q}_{k-1},\boldsymbol{Q}_k}\right)\boldsymbol{N}_k^{\mathrm{T}}, \tag{7.81}$$

$$\boldsymbol{N}_k=\boldsymbol{G}_k-\boldsymbol{\Omega}_k\boldsymbol{H}_k\boldsymbol{G}_k\text{。} \tag{7.82}$$

同理，结合式（7.73）可求得 $\boldsymbol{P}_{\boldsymbol{W}_k'}$ 满足：

$$\boldsymbol{P}_{\boldsymbol{W}_k'}=\boldsymbol{N}_k\left(\boldsymbol{JLP}_{\boldsymbol{V}_{k-1}}\boldsymbol{L}^{\mathrm{T}}\boldsymbol{J}^{\mathrm{T}}+\boldsymbol{P}_{\boldsymbol{Q}_k}\right)\boldsymbol{N}_k^{\mathrm{T}}, \tag{7.83}$$

而根据一阶自回归模型的相关性质可得

$$\boldsymbol{P}_{\boldsymbol{V}_k}=\frac{\boldsymbol{\sigma}_{\xi}}{\boldsymbol{I}-\boldsymbol{L}^2}, \tag{7.84}$$

$$\boldsymbol{P}_{\boldsymbol{V}_{k-2},\boldsymbol{V}_{k-1}}=\boldsymbol{P}_{\boldsymbol{V}_{k-2}}\boldsymbol{L}^{\mathrm{T}}=\boldsymbol{P}_{\boldsymbol{V}_k}\boldsymbol{L}^{\mathrm{T}}, \tag{7.85}$$

$$\boldsymbol{P}_{\boldsymbol{Q}_k}=\frac{\boldsymbol{\sigma}_{e}}{\boldsymbol{I}-\boldsymbol{F}^2}, \tag{7.86}$$

$$\boldsymbol{P}_{\boldsymbol{Q}_{k-1},\boldsymbol{Q}_k}=\boldsymbol{P}_{\boldsymbol{Q}_{k-1}}\boldsymbol{F}^{\mathrm{T}}=\boldsymbol{P}_{\boldsymbol{Q}_k}\boldsymbol{F}^{\mathrm{T}}, \tag{7.87}$$

其中，$\boldsymbol{I}$ 为单位阵。

将式（7.79）～式（7.87）结论代入式（7.76）即可求得 $\boldsymbol{P}_{\boldsymbol{X}_{k|k-1}}$。

结合以上推导及普通卡尔曼滤波的相关知识，可将差分无偏滤波器的迭代方程总结为

$$\tilde{\boldsymbol{X}}_{k|k-1}=\boldsymbol{\Phi}_{k|k-1}'\tilde{\boldsymbol{X}}_{k-1}+\boldsymbol{\Psi}_k, \tag{7.88}$$

$$\boldsymbol{P}_{\boldsymbol{X}_{k|k-1}}=\boldsymbol{\Phi}_{k|k-1}'\boldsymbol{P}_{\boldsymbol{X}_{k-1}}\boldsymbol{\Phi}_{k|k-1}'^{\mathrm{T}}+\boldsymbol{\Phi}_{k|k-1}'\boldsymbol{P}_{\boldsymbol{X}_{k-1},\boldsymbol{W}_k'}+\boldsymbol{P}_{\boldsymbol{W}_k',\boldsymbol{X}_{k-1}}\boldsymbol{\Phi}_{k|k-1}'^{\mathrm{T}}+\boldsymbol{P}_{\boldsymbol{W}_k'}, \tag{7.89}$$

$$\boldsymbol{K}_k=\boldsymbol{P}_{\boldsymbol{X}_{k|k-1}}\boldsymbol{H}_k^{\mathrm{T}}\left(\boldsymbol{H}_k\boldsymbol{P}_{\boldsymbol{X}_{k|k-1}}\boldsymbol{H}_k^{\mathrm{T}}+\boldsymbol{\sigma}_{\xi}\right)^{-1}, \tag{7.90}$$

$$\tilde{\boldsymbol{X}}_k=\tilde{\boldsymbol{X}}_{k|k-1}+\boldsymbol{K}_k\left(\boldsymbol{Z}_k'-\boldsymbol{H}_k\left(\tilde{\boldsymbol{X}}_{k|k-1}+\boldsymbol{E}_k\right)+\boldsymbol{LH}_{k-1}\left(\tilde{\boldsymbol{X}}_{k-1}+\boldsymbol{E}_{k-1}\right)\right), \tag{7.91}$$

$$\boldsymbol{P}_{\boldsymbol{X}_k}=\left(\boldsymbol{I}-\boldsymbol{K}_k\boldsymbol{H}_k\right)\boldsymbol{P}_{\boldsymbol{X}_{k|k-1}}。 \tag{7.92}$$

显然，根据 $\boldsymbol{\Phi}_{k|k-1}'$、$\boldsymbol{\Psi}_k$ 和 $\boldsymbol{W}_k'$ 的定义，当观测噪声与过程噪声为不相关的白噪声，即 $\boldsymbol{L}$、$\boldsymbol{J}$、$\boldsymbol{F}$ 阵均为零阵时，以上过程退化为 EKF。

下面进行第二级滤波器，即独立偏差滤波器的设计。

结合式（7.56）、式（7.69）、式（7.70），若普通独立偏差滤波器的状态量 $\boldsymbol{b}_k$ 确定为地球星历位置误差 $\delta\boldsymbol{r}_{\mathrm{E}}$，则迭代方程可表述为[174]

$$\boldsymbol{U}_k=\boldsymbol{\Phi}_{k|k-1}'\boldsymbol{\Lambda}_{k-1}+\boldsymbol{\Omega}_k\left(\boldsymbol{LH}_{k-1}-\boldsymbol{H}_k\right), \tag{7.93}$$

$$\boldsymbol{S}_k=\boldsymbol{H}_k\boldsymbol{U}_k+\left(\boldsymbol{H}_k-\boldsymbol{LH}_{k-1}\right), \tag{7.94}$$

$$\boldsymbol{M}_k=\boldsymbol{M}_{k-1}-\boldsymbol{M}_{k-1}\boldsymbol{S}_k^{\mathrm{T}}\left(\boldsymbol{H}_k\boldsymbol{P}_{\boldsymbol{X}_{k-1}}\boldsymbol{H}_k^{\mathrm{T}}+\boldsymbol{\sigma}_{\xi}+\boldsymbol{S}_k\boldsymbol{M}_{k-1}\boldsymbol{S}_k^{\mathrm{T}}\right)^{-1}\boldsymbol{S}_k\boldsymbol{M}_{k-1}, \tag{7.95}$$

$$\boldsymbol{\Lambda}_k=\boldsymbol{U}_k-\boldsymbol{K}_k\boldsymbol{S}_k, \tag{7.96}$$

$$\bar{\boldsymbol{K}}_k=\boldsymbol{M}_k\left(\boldsymbol{\Lambda}_k^{\mathrm{T}}\boldsymbol{H}_k^{\mathrm{T}}+\left(\boldsymbol{H}_k-\boldsymbol{LH}_{k-1}\right)^{\mathrm{T}}\right)\boldsymbol{\sigma}_{\xi}^{-1}, \tag{7.97}$$

$$\boldsymbol{b}_k=\left(\boldsymbol{I}-\bar{\boldsymbol{K}}_k\boldsymbol{S}_k\right)\boldsymbol{b}_{k-1}+\bar{\boldsymbol{K}}_k\left(\boldsymbol{Z}_k'-\boldsymbol{H}_k\left(\tilde{\boldsymbol{X}}_{k|k-1}+\boldsymbol{E}_k\right)+\boldsymbol{LH}_{k-1}\left(\tilde{\boldsymbol{X}}_{k-1}+\boldsymbol{E}_{k-1}\right)\right), \tag{7.98}$$

最终状态量的估计值 $\hat{\boldsymbol{X}}_k$ 应为

$$\hat{\boldsymbol{X}}_k=\tilde{\boldsymbol{X}}_k+\boldsymbol{\Lambda}_k\boldsymbol{b}_k, \tag{7.99}$$

其中，$\boldsymbol{\Lambda}_k$ 为独立偏差滤波器对无偏滤波器状态量 $\tilde{\boldsymbol{X}}_k$ 的纠正矩阵；$\boldsymbol{S}_k$ 和 $\boldsymbol{U}_k$ 为该级滤波器迭代的中间量；$\boldsymbol{M}_k$ 为该级滤波器状态量的协方差；$\bar{\boldsymbol{K}}_k$ 为该级滤波器的增益矩阵。

通过分析式（7.98）可以发现，独立偏差滤波器的状态更新仍需用到无偏滤波器的残差信息。对于 TSKF 而言，无偏滤波器的残差变化一定程度体现了独立偏差滤波器状态量 $\boldsymbol{b}_k$ 的变化趋势。因为除噪声因素外，无偏滤波器的残差主要由 $\boldsymbol{b}_k$，即系统偏差决定。因此，本节采用无偏滤波器的残差方差作为强化独立偏差滤波器跟踪性能的参照，在增益矩阵 $\hat{\bar{\boldsymbol{K}}}_k$ 的计算中构建多重自适应调节因子 $\boldsymbol{\lambda}_k$，如式（7.100）～式（7.102）所示：

$$\hat{\bar{\boldsymbol{K}}}_k = \boldsymbol{\lambda}_k \boldsymbol{M}_k \left(\boldsymbol{\Lambda}_k^{\mathrm{T}} \boldsymbol{H}_k^{\mathrm{T}} + \left(\boldsymbol{H}_k - \boldsymbol{L}\boldsymbol{H}_{k-1} \right)^{\mathrm{T}} \right) \boldsymbol{\sigma}_{\xi}^{-1}, \tag{7.100}$$

$$\boldsymbol{\lambda}_k = \mathrm{diag}\left(\left[\lambda_{1k}, \lambda_{2k}, \lambda_{3k} \right] \right), \tag{7.101}$$

$$\lambda_{ik} = \max\left(1, \rho_i \frac{\sum_{k=M-\tau+1}^{M} \left(\Delta \boldsymbol{Z}_k' \right)^2}{\tau \left(\boldsymbol{H}_k \boldsymbol{P}_{\boldsymbol{X}_{k|k-1}} \boldsymbol{H}_k^{\mathrm{T}} + \boldsymbol{\sigma}_{\xi} \right)_{i,i}} \right), \tag{7.102}$$

其中，$\rho_i, i=1,2,3$ 为尺度调节参数，可由先验知识确定，无先验知识情况下可设置为 1；$\Delta \boldsymbol{Z}_k'$ 为根据状态量预测值 $\tilde{\boldsymbol{X}}_{k|k-1}$ 确定的观测残差；τ 为记忆参数，用于确定 $\boldsymbol{\lambda}_k$ 计算的渐消记忆窗口长度；$(\cdot)_{i,i}$ 为矩阵的第 i 个对角线元素。

实际上，尺度调节参数 ρ_i 是调整在线跟踪性能的指标参数。尺度调节参数越大，跟踪性越强。在已经出现大范围误差的情况下，算法可以更快速地完成误差纠正，但是在已经接近实际结果的稳态下，尺度调节参数越大，越会增加稳态下估计结果的波动性。因此，尺度调节参数可以在有先验知识的情况下进行调整。例如，可定期对使用脉冲星导航的卫星轨道进行测定，以确定不同阶段尺度调节参数的大小，进而远程进行参数注入。若偏离误差较大，可适当增加尺度调节参数大小；若已达到误差允许范围内的稳态，可适当减小该值。取值范围一般在（0, 50]区间即可。

在式（7.102）中，$\sum_{k=M-\tau+1}^{M} \left(\Delta \boldsymbol{Z}_k' \right)^2 \Big/ \tau$ 为记忆窗口内实际的观测方差，而 $\left(\boldsymbol{H}_k \boldsymbol{P}_{\boldsymbol{X}_{k|k-1}} \boldsymbol{H}_k^{\mathrm{T}} + \boldsymbol{\sigma}_{\xi} \right)_{i,i}$ 为各观测量的预测方差。当实际方差大于预测方差时，则增大增益矩阵 $\bar{\boldsymbol{K}}_k$ 的取值，使式（7.98）中 $\boldsymbol{b}_k$ 的更新计算更倾向于从观测残差提取信息，以提高跟踪性能。将式（7.100）代替式（7.97）便构成独立偏差滤波器。

7.3.4　仿真分析

为验证算法的有效性，本节使用表 7.5 中参数所确定的卫星仿真轨道进行仿真分析，横向比较有色噪声条件下，存在地球星历误差时 EKF、TSKF 和 TSTDKF 的导航性能。三种算法的观测周期为 300s，位置和速度误差采用均方根误差计算，脉冲星及其他参数仍同表 7.1 和表 7.6。对于 TSTDFK 而言，$\boldsymbol{\rho}=\left[8,15,9\right]$，$\tau=100$。

假设观测噪声与过程噪声满足式（7.62）～式（7.64）所示的一阶自回归模型，且具体参数取值为

$$\boldsymbol{L}=\mathrm{diag}([0.6,0.6,0.6]), \tag{7.103}$$

$$\boldsymbol{F}=\mathrm{diag}([0.6,0.6,0.6,0.6,0.6,0.6]), \tag{7.104}$$

$$\boldsymbol{J}=\begin{bmatrix}\mathrm{diag}\left(\left[6\times10^{-9},6\times10^{-9},6\times10^{-9}\right]\right)\\ \mathrm{diag}\left(\left[6\times10^{-11},6\times10^{-11},6\times10^{-11}\right]\right)\end{bmatrix}。 \tag{7.105}$$

σ_ξ 参照式（7.60）的 σ_V 确定，$\boldsymbol{\sigma_e}$ 在 7.2 节数据分析基础上，综合考虑其他参数的影响设置为

$$\boldsymbol{\sigma_e}=\mathrm{diag}([e_1,e_1,e_1,e_2,e_2,e_2]), \tag{7.106}$$

其中，$e_1=\left(10^{-8}\mathrm{km}\right)^2$；$e_2=\left(10^{-10}\mathrm{km/s}\right)^2$。

其他相关变量的初始值设置为

$$\boldsymbol{P}_{\boldsymbol{X}_0}=\mathrm{diag}([2,2,2,0.02,0.02,0.02]), \tag{7.107}$$

$$\boldsymbol{\Lambda}_0=\begin{bmatrix}\mathrm{diag}\left(\left[0.01,0.01,0.01\right]\right)\\ \mathrm{diag}\left(\left[0.01,0.01,0.01\right]\right)\end{bmatrix}, \tag{7.108}$$

$$\boldsymbol{M}_0=\mathrm{diag}\left(\left[0.5,0.5,0.5\right]\right)。 \tag{7.109}$$

当星历误差变化满足式（7.58）的关系时，三种算法的仿真结果如图 7.39 所示。

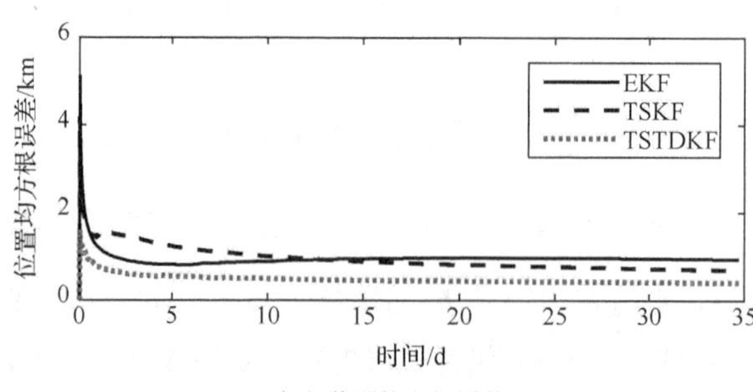

（a）位置均方根误差

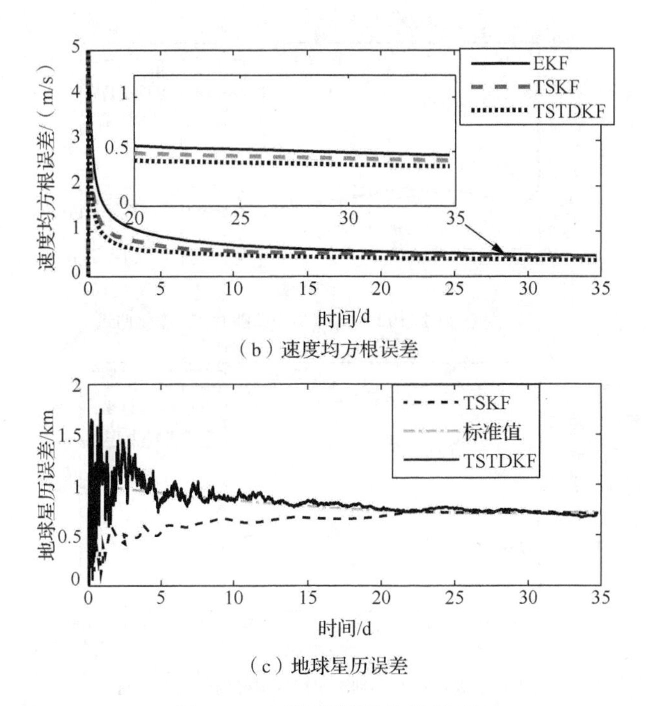

（b）速度均方根误差

（c）地球星历误差

图 7.39　三种算法的仿真结果

通过图 7.39 的对比分析可以发现，在噪声相关且存在变化地球星历误差的条件下，TSTDKF 的位置均方根误差和速度均方根误差均低于 TSKF 和 EKF。在地球星历误差估计方面，TSTDKF 也比 TSKF 收敛更快，效果更好。

为进一步验证算法对地球星历误差的跟踪性能，在相同参数条件下将观测周期延长为 1 年，并将地球星历误差变化趋势在式（7.58）基础上，增加式（7.110）、式（7.111）两种趋势：

$$\delta \boldsymbol{r}_{\mathrm{E}} = \left[\sin\tilde{\omega} \quad \cos\tilde{\omega} \quad 0.5 + 0.5\sin\tilde{\omega}\right]\mathrm{km}\,, \tag{7.110}$$

$$\delta \boldsymbol{r}_{\mathrm{E}} = \left[\sin\tilde{\omega} \quad 0.5 - 0.5\cos\tilde{\omega} \quad \cos\tilde{\omega}\right]\mathrm{km}\,。 \tag{7.111}$$

观察 TSKF 与 TSTDKF 的跟踪情况，如图 7.40 所示。

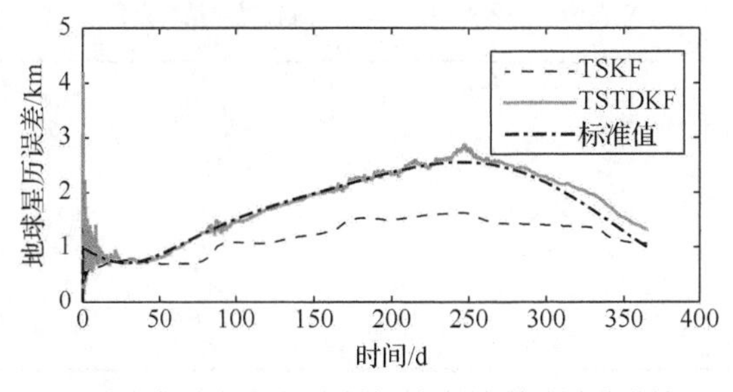

（a）根据式（7.58）地球星历误差随时间的变化曲线

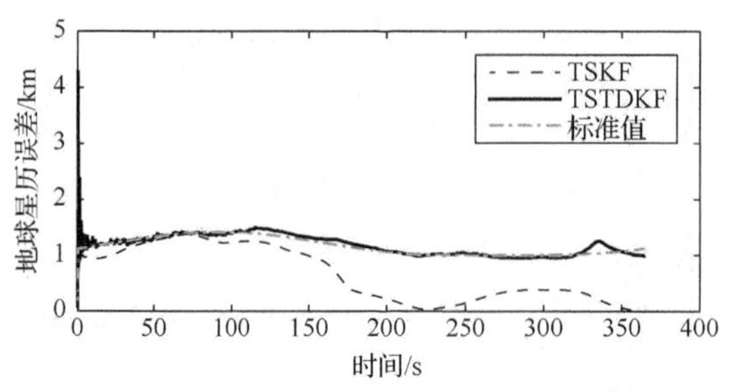

（b）根据式（7.110）地球星历误差随时间的变化曲线

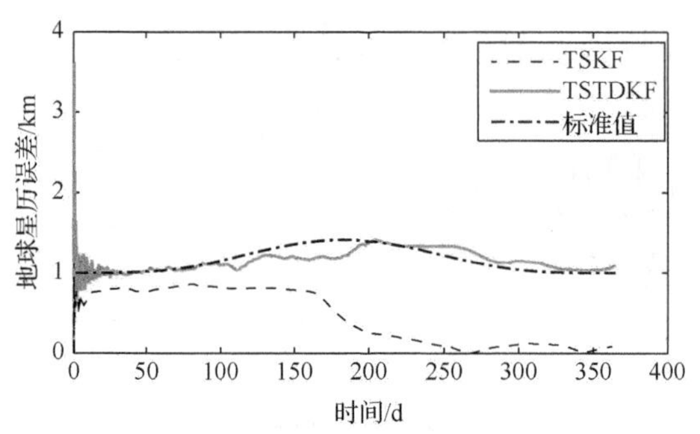

（c）根据式（7.111）地球星历误差随时间的变化曲线

图 7.40　不同算法对地球星历误差的跟踪情况

结合图 7.40 可得，虽然长期来看 TSTDKF 也会在某些拐点存在一定的失真，但均能够有效纠正，总体精度较为稳定，说明本节所设计的 TSTDKF 在应对变化的星历误差方面是有效的。

为说明 TSTDKF 在应对不同噪声情况下的鲁棒性，根据表 7.7 中的实验条件设置分别对三种算法各进行 50 次蒙特卡洛仿真，时间为 30 天。星历误差仍根据式（7.58）设置，最终不同导航算法的均方根误差统计如表 7.8 所示。

表 7.7　实验条件设置情况

实验序号	观测噪声是否有色	过程噪声是否有色	观测噪声与过程噪声是否相关
实验 1	√	√	√
实验 2	√	√	×
实验 3	×	√	×
实验 4	√	×	×
实验 5	×	×	×

表 7.8　不同导航算法的均方根误差统计

实验序号	EKF	TSKF	TSTDKF
实验 1	945.1m,0.47m/s	634.4m,0.41m/s	411.2m,0.34m/s
实验 2	905.8m,0.45m/s	589.3m,0.40m/s	403.0m,0.33m/s
实验 3	865.5m,0.40m/s	517.4m,0.38m/s	399.6m,0.32m/s
实验 4	893.2m,0.42m/s	563.9m,0.40m/s	406.6m,0.34m/s
实验 5	813.6m,0.40m/s	443.2m,0.33m/s	405.3m,0.32m/s

通过对表 7.8 数据的分析可以直观发现：不同噪声条件下，TSTDKF 的导航精度均优于其他算法，且性能表现相对稳定；位置误差对噪声条件的敏感度比速度误差高；在实验 1 条件下，TSTDKF 优势最为突出，位置均方根误差和速度均方根误差分别比 EKF 提升 56.49%和 27.66%，比 TSKF 提升 35.18%和 17.07%；相比于过程噪声，观测噪声为有色噪声时对算法影响更大；在实验 5 条件下，TSKF 结果与 TSTDKF 结果相当。

之所以在实验 5 条件下 TSKF 结果和 TSTDKF 结果相当，是因为各噪声为白噪声时，TSTDKF 的无偏滤波器退化为与 TSKF 完全一致。此时两者的差别仅体现在独立偏差滤波器的设计上。根据图 7.39 和图 7.40 可见，TSKF 在开始的 30 天内虽然收敛较慢，但仍可缓慢地接近标准值。但是长时间运行时，TSKF 往往难以保证较好的跟踪精度，因此随着时间增加，导航误差将会逐渐增大。

这是因为 TSKF 的设计初衷是应对定常偏差问题。虽然在其他文献中也指出针对缓慢变化的误差具有一定的有效性，但是这仅是短期及小范围内。如图 7.39 所示，在初期 TSKF 确实可以在一定程度上实现对星历误差的追踪。这是因为地球星历误差变化缓慢且小幅，基本可认为是常值。但是随着时间延迟、变化幅度增大，TSKF 缺乏有效跟踪性能的问题就会暴露，如图 7.40 所示。

7.4　基于异步重叠观测方法的预修正导航算法

7.4.1　异步观测方法

X 射线脉冲星导航的观测量为不同脉冲星辐射信号到达航天器的时间。虽然导航所选用脉冲星的辐射频率均具有非常高的稳定性，但是不同脉冲星的参数还是具有较大差别的，这也就导致了不同脉冲星的观测噪声具有较大的差距。其具体计算方法见 X 射线脉冲星导航数学模型。

通过式（7.60）可以看到，如果不同脉冲星需要满足统一的观测噪声要求，则在硬件相同的条件下，观测时间会有显著差异。应用传统观测方法的算法为保证精度会保守地选定所有脉冲星中最长的观测周期作为该导航算法的整体观测周期。这就使得部分信号强度较好的脉冲星无谓地延长了观测时间，而且算法是在一次完整的观测周期之后才会更新计算一次定位数据，所以也就降低了算法的实时性。同样以 B0531+21、B1821−24 和 B1937+21 为例，在探测器面积为 1m^2 条件下，如果要求噪声标准差 $c \cdot \sigma_{\text{TOA}}$ 不低于 600m，可计算三颗脉冲星的观测时间分别为 18s、148s 和 168s。各脉冲星的具体参数如表 7.1 所示。

如果三颗脉冲星采用相同周期进行观测，即同步观测法，则所有脉冲星的观测周期至少应统一设为 168s。在 168s 的时间周期内，每个脉冲星只产生一个观测信号 TOA，同步观测方法工作流程如图 7.41 所示。

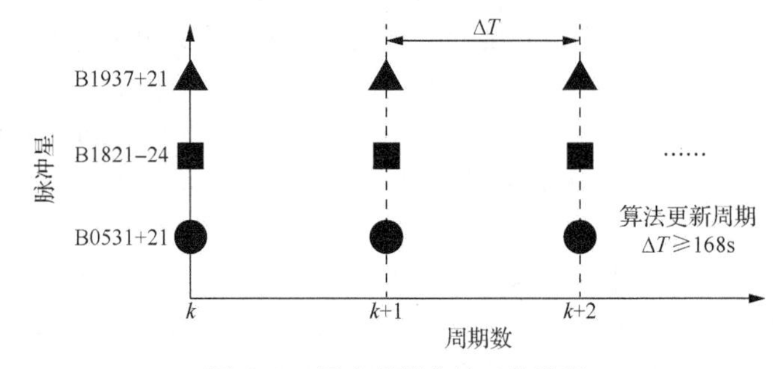

图 7.41　同步观测方法工作流程

三颗脉冲星采用不同的观测周期进行观测，即异步观测方法，可将不同脉冲星的观测周期分开设置。同样以上述三颗脉冲星为例，由于满足噪声方差要求的最小观测时间分别是 19s、148s 和 168s，为方便问题描述和数据处理，可将三颗脉冲星的观测周期分别设为 60s、120s 和 180s，则异步观测方法工作流程如图 7.42 所示。

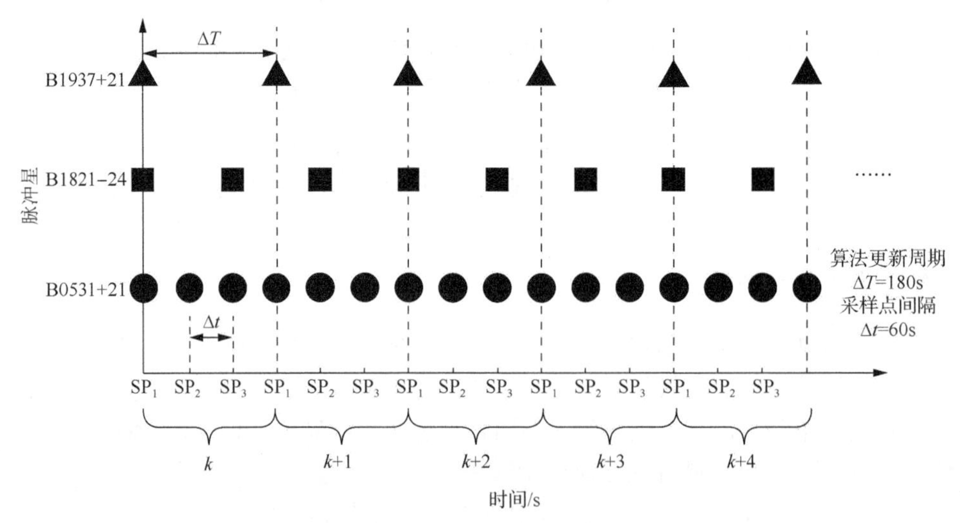

图 7.42　异步观测方法工作流程

图 7.42 中，算法更新周期为最大的脉冲星观测周期，但是该周期根据最小脉冲星的观测周期被分为了若干个采样点 SP_i。采样点数的增加降低了动力学方程对状态量预测的误差，同时观测量也从 3 个 TOA 变为了 5～6 个，实现了整体导航精度的提升[175]。

此时系统的数学模型可以写为

$$\boldsymbol{X}(k+1)=\boldsymbol{F}(\boldsymbol{X}(k))+\boldsymbol{\Gamma}(k)\boldsymbol{W}(k), \tag{7.112}$$

$$\boldsymbol{X}(k+1)=\begin{bmatrix}\boldsymbol{x}_e(3k+1) & \boldsymbol{x}_e(3k+2) & \boldsymbol{x}_e(3k+3)\end{bmatrix}^{\mathrm{T}}, \tag{7.113}$$

$$\boldsymbol{F}=\begin{bmatrix}\boldsymbol{0} & \boldsymbol{0} & f(\cdot)\\ \boldsymbol{0} & \boldsymbol{0} & f(f(\cdot))\\ \boldsymbol{0} & \boldsymbol{0} & f(f(f(\cdot)))\end{bmatrix}, \tag{7.114}$$

$$f(\boldsymbol{x}_e)=\boldsymbol{x}_e+\begin{bmatrix}v_x\\ v_y\\ v_z\\ -\mu\dfrac{x_e}{r^3}\left[1-J_2\left(\dfrac{R_{\mathrm{E}}}{r}\right)^2\left(7.5\dfrac{z_e^{\,2}}{r^2}-1.5\right)\right]+\Delta F_x\\ -\mu\dfrac{y_e}{r^3}\left[1-J_2\left(\dfrac{R_{\mathrm{E}}}{r}\right)^2\left(7.5\dfrac{z_e^{\,2}}{r^2}-1.5\right)\right]+\Delta F_y\\ -\mu\dfrac{z_e}{r^3}\left[1-J_2\left(\dfrac{R_{\mathrm{E}}}{r}\right)^2\left(7.5\dfrac{z_e^{\,2}}{r^2}-4.5\right)\right]+\Delta F_z\end{bmatrix}\tau, \tag{7.115}$$

$$\boldsymbol{Z}(k+1)=\boldsymbol{H}(\boldsymbol{X}(k+1))+\boldsymbol{V}(k+1), \tag{7.116}$$

$$\boldsymbol{Z}(k+1)=\begin{bmatrix}z_1(3k+1)\\ z_1(3k+2)\\ z_1(3k+3)\\ z_2(3k+1)\\ z_2(3k+3)\\ z_3(3k+1)\end{bmatrix}\text{或}\begin{bmatrix}z_1(3k+1)\\ z_1(3k+2)\\ z_1(3k+3)\\ z_2(3k+2)\\ z_3(3k+1)\end{bmatrix}, \tag{7.117}$$

$$\boldsymbol{H}=\begin{bmatrix} h_1(\cdot) & \mathbf{0} & \mathbf{0} \\ \mathbf{0} & h_1(\cdot) & \mathbf{0} \\ \mathbf{0} & \mathbf{0} & h_1(\cdot) \\ h_2(\cdot) & \mathbf{0} & \mathbf{0} \\ \mathbf{0} & \mathbf{0} & h_2(\cdot) \\ h_3(\cdot) & \mathbf{0} & \mathbf{0} \end{bmatrix} \text{或} \begin{bmatrix} h_1(\cdot) & \mathbf{0} & \mathbf{0} \\ \mathbf{0} & h_1(\cdot) & \mathbf{0} \\ \mathbf{0} & \mathbf{0} & h_1(\cdot) \\ \mathbf{0} & h_2(\cdot) & \mathbf{0} \\ h_3(\cdot) & \mathbf{0} & \mathbf{0} \end{bmatrix}, \tag{7.118}$$

$$h_i(\cdot)=\frac{\boldsymbol{n}_i\cdot\boldsymbol{r}_{\text{sat}}}{c}+\frac{1}{2cD_0}\left[\left(\boldsymbol{n}_i\cdot\boldsymbol{r}_{\text{sat}}\right)^2-\left|\boldsymbol{r}_{\text{sat}}\right|^2\right]+2\frac{GM_{\text{sun}}}{c^3}\ln\left|1+\frac{\boldsymbol{n}_i\cdot\boldsymbol{r}_{\text{sat}}+\left|\boldsymbol{r}_{\text{sat}}\right|}{\boldsymbol{n}_i\cdot\boldsymbol{b}+\left|\boldsymbol{b}\right|}\right|, \tag{7.119}$$

$$\boldsymbol{r}_{\text{sat}}=\boldsymbol{r}+\boldsymbol{r}_{\text{E}}。 \tag{7.120}$$

7.4.2　异步重叠观测方法

前面提到的异步观测方法虽然能够带来导航精度上的提升，但是仍然存在以下不足。

1. 算法的实时性改善不明显

虽然每组采样点SP_i之间的时间间隔变为了最小的脉冲星观测周期，但是算法需要一次刷新一组采样点，刷新间隔仍然是最大的脉冲星观测周期，这样一来同样无法较好改善算法的实时性。

2. 算法的计算量陡然增加

导航解算绝大多数是矩阵运算。然而采用异步观测方法虽然降低了动力学方程在采样点间的预测误差，但是也使得状态量的维数成倍增加。对于 EKF 类的滤波器而言，计算量主要集中在雅可比矩阵的计算和状态量及误差方差阵的一步预测。采样点的成倍增加意味着上述两个环节的计算也会成倍增加，这给硬件的计算能力带来了较大考验。

3. 个别采样点上可利用的观测量不足

通过以上的分析可以发现，使用异步观测方法的导航算法采样点SP_i增加的倍数明显大于观测量增加的倍数，这就导致一个周期内某一个采样点上的观测量不足绝对定位所需的 3 个不同方向脉冲星的 TOA，甚至还会出现只有一个观测量可用的情况。因为卡尔曼滤波算法会根据前一时刻的最优估计值预测下一时刻的状态量，所以若极少的个别采样点上不同方向脉冲星的 TOA 数量少于 3 个，对导航精度影响不大，但是如果周期性地出现采样点观测量少于 3 个的情况，会使导航精度大打折扣。

4. 状态量的一步预测值过度依赖周期内的最后一个采样点

通过分析式（7.114）可以发现，利用异步观测方法的导航算法进行状态量的一步预测时，下一时刻的三个采样点预测值均为在上一周期最后一个采样点 SP_3 的基础上预测所得。然而通过对图 7.42 的分析发现，SP_3 处的观测量最多只有两个，一半时间是只有一个。因此如果在 SP_3 处导航算法出现了较大的系统错误或者存在较大的导航误差，会引发较大的连锁反应，同样会降低算法的容错性和精度。

为解决以上存在的问题，本章在前面几节内容的基础上创新性地提出了异步重叠观测方法。同样以 B0531+21、B1821−24 和 B1937+21 三颗脉冲星为例，异步重叠观测方法工作流程如图 7.43 所示。

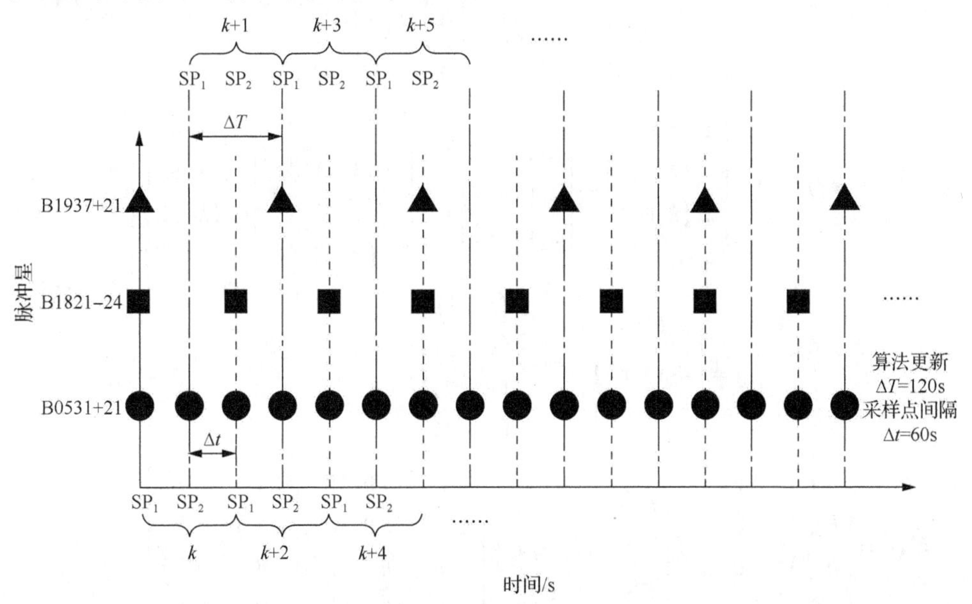

图 7.43　异步重叠观测方法工作流程

通过对以上过程的分析可以发现，异步重叠观测方法是在异步观测方法的基础上，将相邻两个最小脉冲星观测周期作为算法的更新周期，其间有两个采样点，依次为 SP_1、SP_2。在下一周期的滤波计算中，前一周期的第二个采样点 SP_2 变为了该周期的第一个采样点 SP_1，而与前一周期第二个采样点间隔一个最小脉冲观测周期的时间点成为这一周期的第二个采样点 SP_2，即

$$\hat{\boldsymbol{X}}(k)=\left[\boldsymbol{x}_e(k)\quad \boldsymbol{x}_e(k+1)\right]^{\mathrm{T}},\tag{7.121}$$

$$\hat{\boldsymbol{X}}(k+1)=\left[\boldsymbol{x}_e(k+1)\quad \boldsymbol{x}_e(k+2)\right]^{\mathrm{T}}。\tag{7.122}$$

整个过程也可以理解为相邻的前后两个算法在更新周期顺序上重叠了一个采样点，或者说在时间上重叠了一个最小脉冲星观测周期，使得算法的数据更新周期由最大脉冲星观测周期变为了最小脉冲星观测周期，提高了实时性。采样点个数也由 3 个变为了 2 个，将状态量从 18 维变为了 12 维，降低了每次计算的运算量。同时，每次状态量的预测也可由周期的最后一个采样点变为 2 个采样点同时做一步预测，增强了算法的鲁棒性。

此时数学模型应当为

$$\hat{\boldsymbol{X}}(k+1)=\hat{\boldsymbol{F}}\left(\hat{\boldsymbol{X}}(k)\right)+\hat{\boldsymbol{\Gamma}}(k)\hat{\boldsymbol{W}}(k), \tag{7.123}$$

$$\hat{\boldsymbol{X}}(k)=\begin{bmatrix}\boldsymbol{x}_e(k) & \boldsymbol{x}_e(k+1)\end{bmatrix}^{\mathrm{T}}, \tag{7.124}$$

$$\hat{\boldsymbol{F}}=\begin{bmatrix} f(\cdot) & \mathbf{0} \\ \mathbf{0} & f(\cdot)\end{bmatrix} \text{或} \begin{bmatrix} \mathbf{0} & f(\cdot) \\ \mathbf{0} & f\left(f(\cdot)\right)\end{bmatrix}, \tag{7.125}$$

$$\hat{\boldsymbol{Z}}(k+1)=\hat{\boldsymbol{H}}\left(\hat{\boldsymbol{X}}(k+1)\right)+\hat{\boldsymbol{V}}(k+1), \tag{7.126}$$

$$\begin{aligned}\hat{\boldsymbol{Z}}(k+1)=&\begin{bmatrix} z_1(k+1) \\ z_2(k+1) \\ z_3(k+1) \\ z_1(k+2)\end{bmatrix} \text{或} \begin{bmatrix} z_1(k+1) \\ z_1(k+2) \\ z_2(k+2)\end{bmatrix} \text{或} \begin{bmatrix} z_1(k+1) \\ z_2(k+1) \\ z_1(k+2) \\ z_3(k+2)\end{bmatrix} \text{或} \begin{bmatrix} z_1(k+1) \\ z_3(k+1) \\ z_1(k+2) \\ z_2(k+2)\end{bmatrix} \\ &\text{或} \begin{bmatrix} z_1(k+1) \\ z_2(k+1) \\ z_1(k+2)\end{bmatrix} \text{或} \begin{bmatrix} z_1(k+1) \\ z_1(k+2) \\ z_2(k+2) \\ z_3(k+2)\end{bmatrix},\end{aligned} \tag{7.127}$$

$$\begin{aligned}\hat{\boldsymbol{H}}(\cdot)=&\begin{bmatrix} h_1(\cdot) & \mathbf{0} \\ h_2(\cdot) & \mathbf{0} \\ h_3(\cdot) & \mathbf{0} \\ \mathbf{0} & h_1(\cdot)\end{bmatrix} \text{或} \begin{bmatrix} h_1(\cdot) & \mathbf{0} \\ \mathbf{0} & h_1(\cdot) \\ \mathbf{0} & h_2(\cdot)\end{bmatrix} \text{或} \begin{bmatrix} h_1(\cdot) & \mathbf{0} \\ h_2(\cdot) & \mathbf{0} \\ \mathbf{0} & h_1(\cdot) \\ \mathbf{0} & h_3(\cdot)\end{bmatrix} \text{或} \begin{bmatrix} h_1(\cdot) & \mathbf{0} \\ h_3(\cdot) & \mathbf{0} \\ \mathbf{0} & h_1(\cdot) \\ \mathbf{0} & h_2(\cdot)\end{bmatrix} \\ &\text{或} \begin{bmatrix} h_1(\cdot) & \mathbf{0} \\ h_2(\cdot) & \mathbf{0} \\ \mathbf{0} & h_1(\cdot)\end{bmatrix} \text{或} \begin{bmatrix} h_1(\cdot) & \mathbf{0} \\ \mathbf{0} & h_1(\cdot) \\ \mathbf{0} & h_2(\cdot) \\ \mathbf{0} & h_3(\cdot)\end{bmatrix},\end{aligned} \tag{7.128}$$

7.4.3 预修正扩展卡尔曼滤波器设计

采取了上述的异步重叠观测方法之后，虽然极大缩短了算法的更新周期，但是状态量的维数仍为传统算法的 2 倍。此外，这样的观测方法不仅没有很好解决观测量不足的问题，还引入了新的问题，那就是每个采样点会被重复计算 2 次。第一次为该采样点作为第二个采样点 SP_2 参与前一周期的计算，第二次是作为第一个采样点 SP_2 参与后一周期的计算。为此，本节对传统扩展卡尔曼滤波器进行了改进，设计了预修正扩展卡尔曼滤波器。预修正扩展卡尔曼滤波器充分利用了每个采样点计算 2 次的特点，既提高了状态量的预测精度、优化了计算过程，又解决了观测量不足的问题，进一步提高了算法的整体性能。

结合式（7.121）和式（7.122）可得，如果使用原始的扩展卡尔曼滤波器解算基于异步重叠观测方法的导航算法，则整个过程可以写为时间更新和量测更新。时间更新表示为

$$\hat{\boldsymbol{X}}(k+1|k)=\left[\tilde{\boldsymbol{x}}_e(k+1|k)\quad \tilde{\boldsymbol{x}}_e(k+2|k+1)\right]^{\mathrm{T}}=\begin{bmatrix}\boldsymbol{\Phi}(k) & \boldsymbol{0}\\ \boldsymbol{0} & \boldsymbol{\Phi}(k+1)\end{bmatrix}\left[\tilde{\boldsymbol{x}}_e(k)\quad \tilde{\boldsymbol{x}}_e(k+1)\right]^{\mathrm{T}},\tag{7.129}$$

$$\hat{\boldsymbol{P}}(k+1|k)=\begin{bmatrix}\boldsymbol{\Phi}(k) & \boldsymbol{0}\\ \boldsymbol{0} & \boldsymbol{\Phi}(k+1)\end{bmatrix}\hat{\boldsymbol{P}}(k)\begin{bmatrix}\boldsymbol{\Phi}(k) & \boldsymbol{0}\\ \boldsymbol{0} & \boldsymbol{\Phi}(k+1)\end{bmatrix}^{\mathrm{T}}+\hat{\boldsymbol{\Gamma}}(k)\boldsymbol{Q}\hat{\boldsymbol{\Gamma}}(k)^{\mathrm{T}},\tag{7.130}$$

$$\hat{\boldsymbol{P}}(k+1|k)=\begin{bmatrix}\boldsymbol{p}(k+1|k) & \boldsymbol{0}\\ \boldsymbol{0} & \boldsymbol{p}(k+2|k+1)\end{bmatrix},\tag{7.131}$$

$$\hat{\boldsymbol{P}}(k)=\begin{bmatrix}\boldsymbol{p}(k) & \boldsymbol{0}\\ \boldsymbol{0} & \boldsymbol{p}(k+1)\end{bmatrix},\tag{7.132}$$

$$\hat{\boldsymbol{Z}}(k+1|k)=\hat{\boldsymbol{H}}_{\mathrm{L}}(k+1)\left[\tilde{\boldsymbol{x}}_e(k+1|k)\quad \tilde{\boldsymbol{x}}_e(k+2|k+1)\right]^{\mathrm{T}}。\tag{7.133}$$

量测更新表示为

$$\boldsymbol{K}(k+1)=\hat{\boldsymbol{P}}(k+1|k)\hat{\boldsymbol{H}}_{\mathrm{L}}(k+1)^{\mathrm{T}}\left[\hat{\boldsymbol{H}}_{\mathrm{L}}(k+1)\hat{\boldsymbol{P}}(k+1|k)\hat{\boldsymbol{H}}_{\mathrm{L}}(k+1)^{\mathrm{T}}+\boldsymbol{R}\right]^{-1},\tag{7.134}$$

$$\hat{\boldsymbol{X}}(k+1)=\hat{\boldsymbol{X}}(k+1|k)+\boldsymbol{K}(k+1)\left[\boldsymbol{Z}(k+1)-\hat{\boldsymbol{Z}}(k+1|k)\right],\tag{7.135}$$

$$\hat{\boldsymbol{P}}(k+1)=\left[\boldsymbol{I}-\boldsymbol{K}(k+1)\hat{\boldsymbol{H}}_{\mathrm{L}}(k+1)\right]\hat{\boldsymbol{P}}(k+1|k),\tag{7.136}$$

其中，$\tilde{\boldsymbol{x}}_e(k)$ 和 $\tilde{\boldsymbol{x}}_e(k+1|k)$ 分别为采样点 $\boldsymbol{x}(k)$ 的估计值和一步预测值；$\boldsymbol{\Phi}(k)$ 为通过 Jacobian 矩阵计算得到的 k 采样点状态转移矩阵；$\begin{bmatrix}\boldsymbol{\Phi}(k) & \boldsymbol{0}\\ \boldsymbol{0} & \boldsymbol{\Phi}(k+1)\end{bmatrix}$ 为整体状态量的状态转移矩阵，且 $\boldsymbol{\Phi}(k)=\dfrac{\partial f}{\partial \tilde{\boldsymbol{x}}_e(k)}$；$\hat{\boldsymbol{P}}(k)$ 和 $\hat{\boldsymbol{P}}(k+1|k)$ 分别为误差方差阵的 k 周期估计值和 $k+1$ 周期预测值；$\hat{\boldsymbol{H}}_{\mathrm{L}}(k+1)$ 为 $k+1$ 周期的线性化观测矩阵，具体可参考 7.1 节结论；$\hat{\boldsymbol{Z}}(k+1|k)$ 和 $\boldsymbol{Z}(k+1)$ 分别为 $k+1$ 周期观测量的预测值和实际值；$\boldsymbol{K}(k+1)$ 为 $k+1$ 周期的增益矩阵；$\boldsymbol{Q}$ 和 $\boldsymbol{R}$ 分别为系统噪声和观测噪声

的方差，且 $\boldsymbol{Q}$ 由每个采样点对应的系统噪声 $\boldsymbol{q}_{\text{sample}\_i}$ 对角组成，即

$$\boldsymbol{Q}=\begin{bmatrix} \boldsymbol{q}_{\text{sample}\_1} & \mathbf{0} & \mathbf{0} \\ \mathbf{0} & \ddots & \mathbf{0} \\ \mathbf{0} & \mathbf{0} & \boldsymbol{q}_{\text{sample}\_i} \end{bmatrix}。 \tag{7.137}$$

通过对式（7.129）和式（7.130）的分析可以发现，采样点的两次重叠计算基本相同，不会引入其他新息的修正，这就造成了计算资源的浪费。为充分利用这两次计算结果，并弥补单个采样点观测量不足的问题，本节将采样点的第一次计算结果仅作为下一周期计算中该点的一步预测值使用，而将下一周期的计算中所得值作为最终结果。也就是说当 $\boldsymbol{x}_e(k+1)$ 在 k 周期作为第二个采样点参与计算时，会得到该点的估计值 $\overline{\boldsymbol{x}}_{e|k}(k+1)$。当 $\boldsymbol{x}_e(k+1)$ 又在 $k+1$ 周期作为第一个采样点参与计算时，$\overline{\boldsymbol{x}}_{e|k}(k+1)$ 仅作为 $\boldsymbol{x}_e(k+1)$ 的一步预测值 $\tilde{\boldsymbol{x}}_{e|k+1}(k+1|k)$ 使用，最终在 $k+1$ 周期计算得到的最优估计值 $\tilde{\boldsymbol{x}}_{e|k+1}(k+1)$ 作为该采样点的最终估计值 $\tilde{\boldsymbol{x}}_e(k+1)$。此时，式（7.129）中的更新式应当改为

$$\begin{aligned}\hat{\boldsymbol{X}}(k+1|k)&=\left[\tilde{\boldsymbol{x}}_{e|k+1}(k+1|k) \quad \tilde{\boldsymbol{x}}_{e|k+1}(k+2|k+1)\right]^{\mathrm{T}} \\ &=\begin{bmatrix} \mathbf{0} & \boldsymbol{I} \\ \mathbf{0} & \boldsymbol{\varPhi}(k+1) \end{bmatrix}\left[\tilde{\boldsymbol{x}}_{e|k}(k) \quad \overline{\boldsymbol{x}}_{e|k}(k+1)\right]^{\mathrm{T}}。\end{aligned} \tag{7.138}$$

对应的 $\boldsymbol{x}_e(k+1)$ 在 k 周期的误差方差阵估计值 $\boldsymbol{p}_k(k+1)$ 同样也可以作为 $k+1$ 周期的一步预测值 $\boldsymbol{p}_{k+1}(k+1|k)$ 使用。此时误差方差阵的预测式（7.130）则可另写为

$$\hat{\boldsymbol{P}}(k+1|k)=\begin{bmatrix} \mathbf{0} & \boldsymbol{I} \\ \mathbf{0} & \boldsymbol{\varPhi}(k+1) \end{bmatrix}\hat{\boldsymbol{P}}_k(k)\begin{bmatrix} \mathbf{0} & \boldsymbol{I} \\ \mathbf{0} & \boldsymbol{\varPhi}(k+1) \end{bmatrix}^{\mathrm{T}}+\hat{\boldsymbol{\varGamma}}(k)\boldsymbol{Q}\hat{\boldsymbol{\varGamma}}(k)^{\mathrm{T}}。 \tag{7.139}$$

将式（7.139）进一步展开后为

$$\hat{\boldsymbol{P}}(k+1|k)=\begin{bmatrix} \overline{\boldsymbol{p}}_k(k+1) & \overline{\boldsymbol{p}}_k(k+1)\boldsymbol{\varPhi}(k+1)^{\mathrm{T}} \\ \boldsymbol{\varPhi}(k+1)\overline{\boldsymbol{p}}_k(k+1) & \boldsymbol{\varPhi}(k+1)\overline{\boldsymbol{p}}_k(k+1)\boldsymbol{\varPhi}(k+1)^{\mathrm{T}} \end{bmatrix}+\hat{\boldsymbol{\varGamma}}(k)\boldsymbol{Q}\hat{\boldsymbol{\varGamma}}(k)^{\mathrm{T}}。 \tag{7.140}$$

结合式（7.134）和式（7.140）的对比可见，该方法中第一次修正作用是当前采样点的观测量与前一采样点观测量的耦合修正，而第二次修正是该采样点与后一采样点观测量的耦合修正。两次修正先后引入了前后两个采样点的观测数据，一定程度上弥补了 $\boldsymbol{x}_e(k+1)$ 上可能存在的观测量不足的缺陷。作为预测量而言，$\overline{\boldsymbol{x}}_{e|k}(k+1)$ 与 $\overline{\boldsymbol{p}}_k(k+1)$ 比式（7.129）中的预测值 $\tilde{\boldsymbol{x}}_e(k+1|k)$ 和式（7.131）中的 $\boldsymbol{p}(k+1|k)$ 更接近真值，因为它们都已经得到了一次观测量的修正。这个修正的过程称为“预修正”。

从精简计算的角度考虑，采用预修正的方法使得改进后的式（7.138）和式（7.140）相比于式（7.129）和式（7.130）而言，不仅计算复杂度降低了，状态转移矩阵 $\boldsymbol{\Phi}(k)$ 的计算和状态量及误差方差阵的一步预测也都只需计算一次。也就是说，所设计的预修正扩展卡尔曼滤波器的雅可比矩阵计算、状态量和误差方差阵的一步预测等复杂计算环节与普通 EKF 相同。这对于连续非线性系统的滤波计算而言具有很好的改善作用。

最后通过分析式（7.138）还发现，预修正的方法仍是在传统状态转移矩阵预测结果的基础上进行的二次修正。但是传统 EKF 中的预测方法本身对非线性较强的系统就有很大的非线性误差。因此本节再次引入龙格-库塔法直接求解式（7.115）作为状态量的初次预测方法，避免利用雅可比矩阵进行线性化处理时存在的截断误差。这样一来，整个算法的状态量预测成为“龙格-库塔+预修正”的模式。假设使用龙格-库塔法的更新函数为 $\mathbf{RK}(\cdot)$，则式（7.138）又可写为

$$\begin{aligned}\hat{\boldsymbol{X}}(k+1|k)&=\left[\tilde{\boldsymbol{x}}_{e|k+1}(k+1|k)\quad \tilde{\boldsymbol{x}}_{e|k+1}(k+2|k+1)\right]^{\mathrm{T}}\\&=\begin{bmatrix}\mathbf{0} & \boldsymbol{I}\\ \mathbf{0} & \mathbf{RK}(\cdot)\end{bmatrix}\left[\tilde{\boldsymbol{x}}_{e|k}(k)\quad \bar{\boldsymbol{x}}_{e|k}(k+1)\right]^{\mathrm{T}},\end{aligned} \tag{7.141}$$

经过以上的优化过程，预修正扩展卡尔曼滤波器的计算过程可以写为时间更新和测量更新。时间更新为

$$\begin{aligned}\hat{\boldsymbol{X}}(k+1|k)&=\left[\tilde{\boldsymbol{x}}_{e|k+1}(k+1|k)\quad \tilde{\boldsymbol{x}}_{e|k+1}(k+2|k+1)\right]^{\mathrm{T}}\\&=\begin{bmatrix}\mathbf{0} & \boldsymbol{I}\\ \mathbf{0} & \mathbf{RK}(\cdot)\end{bmatrix}\left[\tilde{\boldsymbol{x}}_{e|k}(k)\quad \bar{\boldsymbol{x}}_{e|k}(k+1)\right]^{\mathrm{T}},\end{aligned} \tag{7.142}$$

$$\hat{\boldsymbol{P}}(k+1|k)=\begin{bmatrix}\bar{\boldsymbol{p}}_k(k+1) & \bar{\boldsymbol{p}}_k(k+1)\boldsymbol{\Phi}(k+1)^{\mathrm{T}}\\ \boldsymbol{\Phi}(k+1)\bar{\boldsymbol{p}}_k(k+1) & \boldsymbol{\Phi}(k+1)\bar{\boldsymbol{p}}_k(k+1)\boldsymbol{\Phi}(k+1)^{\mathrm{T}}\end{bmatrix}+\hat{\boldsymbol{\Gamma}}(k)\boldsymbol{Q}\hat{\boldsymbol{\Gamma}}(k)^{\mathrm{T}}, \tag{7.143}$$

$$\hat{\boldsymbol{Z}}(k+1|k)=\hat{\boldsymbol{H}}(k+1)\left[\tilde{\boldsymbol{x}}_e(k+1|k)\quad \tilde{\boldsymbol{x}}_e(k+2|k+1)\right]^{\mathrm{T}}。 \tag{7.144}$$

测量更新为

$$\boldsymbol{K}(k+1)=\hat{\boldsymbol{P}}(k+1|k)\hat{\boldsymbol{H}}(k+1)^{\mathrm{T}}\left[\hat{\boldsymbol{H}}(k+1)\hat{\boldsymbol{P}}(k+1|k)\hat{\boldsymbol{H}}(k+1)^{\mathrm{T}}+\boldsymbol{R}\right]^{-1}, \tag{7.145}$$

$$\hat{\boldsymbol{X}}(k+1)=\hat{\boldsymbol{X}}(k+1|k)+\boldsymbol{K}(k+1)\left[\boldsymbol{Z}(k+1)-\hat{\boldsymbol{Z}}(k+1|k)\right], \tag{7.146}$$

$$\hat{\boldsymbol{P}}(k+1)=\left[\boldsymbol{I}-\boldsymbol{K}(k+1)\hat{\boldsymbol{H}}(k+1)\right]\hat{\boldsymbol{P}}(k+1|k)。 \tag{7.147}$$

7.4.4　仿真分析

为证明算法对导航精度的提升，本节利用表 7.1 中的三颗脉冲星在相同的卫星轨道上采用 4 种不同导航算法分别进行解算，这 4 种导航算法分别为更新周期为 60s 和 180s 的传统扩展卡尔曼滤波算法、采用图 7.42 中异步观测方法的扩展卡尔曼滤波算法和采用图 7.43 中异步重叠观测方法的预修正扩展卡尔曼滤波算法。关于观测方程的线性化问题参考文献[82]。仿真使用的轨道基本参数见表 7.2 所示。相关脉冲星不同观测时间下的噪声方差由式（7.60）计算可得，其中 $B_x = 0.005\text{ph}/(\text{cm}^2 \cdot \text{s})$，$A = 1\text{m}^2$。

仿真中的初始导航误差统一设置为$[2\text{km}, 2\text{km}, 2\text{km}, 50\text{m/s}, 50\text{m/s}, 50\text{m/s}]$，每个采样点的初始状态误差方差阵为

$$\boldsymbol{p}(0) = \begin{bmatrix} \boldsymbol{p}_r^2 \boldsymbol{I}_{3\times3} & \boldsymbol{0} \\ \boldsymbol{0} & \boldsymbol{p}_v^2 \boldsymbol{I}_{3\times3} \end{bmatrix}, \tag{7.148}$$

其中，$\boldsymbol{p}_r = 2\text{km}$；$\boldsymbol{p}_v = 50\text{m/s}$。

每个采样点对应的系统噪声方差阵为

$$\boldsymbol{q}_{\text{sample}\_i} = \begin{bmatrix} q_r^2 \boldsymbol{I}_{3\times3} & \boldsymbol{0} \\ \boldsymbol{0} & q_v^2 \boldsymbol{I}_{3\times3} \end{bmatrix}, \tag{7.149}$$

其中，$q_r = 1\times10^{-8}\text{km}$；$q_v = 1\times10^{-4}\text{m/s}$。

不同导航算法各自独立进行 50 次蒙特卡洛仿真运算。解算的位置误差和速度误差情况分别如图 7.44 和图 7.45 所示，其中位置误差和速度误差均以均方根误差（RMSE）作为评价指标。其定义为

$$\text{RMSE}_r = \sqrt{\frac{1}{M_{\text{SP\_sum}}} \sum_{k=1}^{M_{\text{SP\_sum}}} \left|\Delta \boldsymbol{r}_k\right|^2}, \tag{7.150}$$

$$\text{RMSE}_v = \sqrt{\frac{1}{M_{\text{SP\_sum}}} \sum_{k=1}^{M_{\text{SP\_sum}}} \left|\Delta \boldsymbol{v}_k\right|^2}, \tag{7.151}$$

其中，$\left|\Delta \boldsymbol{r}_k\right|$和$\left|\Delta \boldsymbol{v}_k\right|$为$k$时刻采样点位置和速度估计值与实际值之差的模；$M_{\text{SP_sum}}$为当前的采样点数总和。

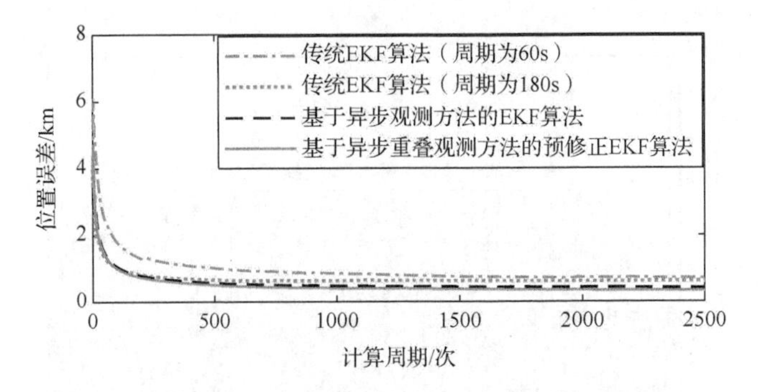

图 7.44　不同算法的位置误差

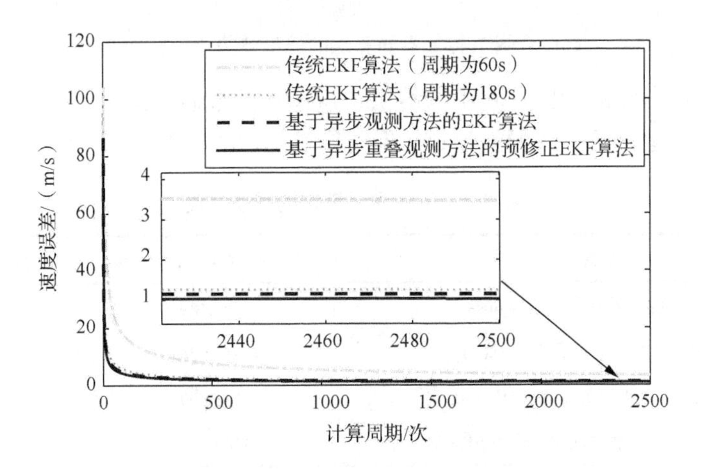

图 7.45　不同算法的速度误差

不同算法的位置均方差和速度均方差变化情况如图 7.46 和图 7.47 所示。

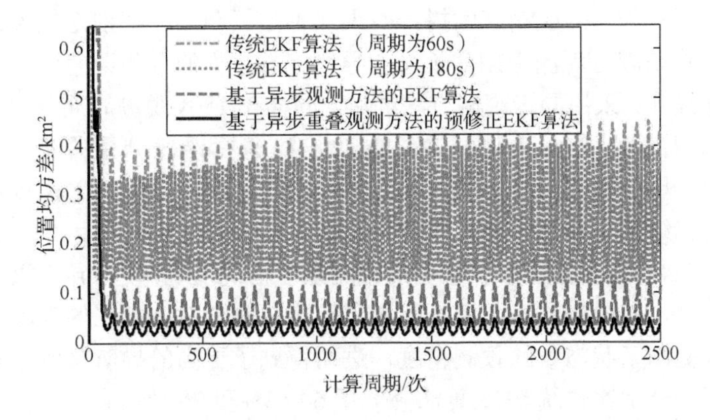

图 7.46　不同算法的位置均方差

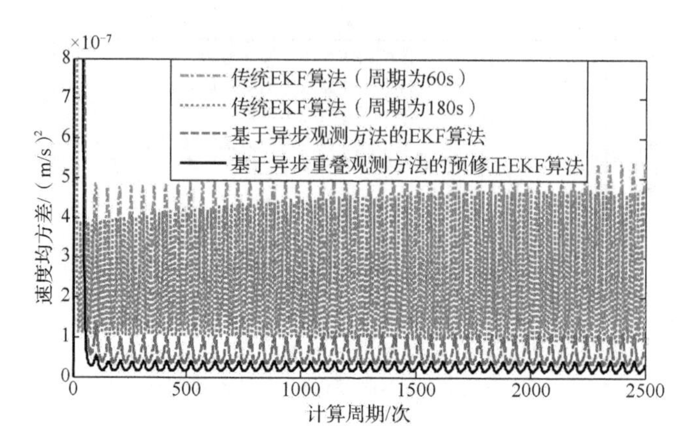

图 7.47　不同算法的速度均方差

为实现更具体的对比，将不同算法每次运行的最后 100 个采样点的平均误差作为算法该次运算的最终导航误差。不同导航算法的导航精度统计如表 7.9 所示。

表 7.9　不同导航算法的导航精度

导航算法	位置误差/m	速度误差/（m/s）
传统 EKF 算法（周期为 60s）	718.6189	3.4958
传统 EKF 算法（周期为 180s）	626.6026	1.2566
基于异步观测方法的 EKF 算法	415.5909	1.1525
基于异步重叠观测方法的预修正 EKF 算法	326.0065	1.0312

通过对以上数据的分析可以发现，同样采用传统 EKF 算法，观测时间越长，导航精度越高。这是因为观测时间越长，得到的观测信号信噪比越高。但尽管观测周期扩大了三倍，导航精度的提升效果却不是很明显，特别是位置误差仅降低了 12.8%。这是因为观测周期变长又会导致状态方程的预测误差变大，影响导航精度的继续提升。采用异步观测方法之后，同样在 180s 观测周期条件下，位置和速度的预测误差会更小，对应的位置误差和速度误差分别降低了 42.17%和 67.03%，这是因为采用异步观测方法之后增加了采样周期内的采样点数，增加观测量的同时也缩短了单次预测的时间步长。

结合图 7.48 和图 7.49 中状态量的预测误差情况发现，使用异步重叠观测方法和预修正扩展卡尔曼滤波器之后，解决了异步观测方法中存在的观测量不足等问题，进一步提高了状态量的预测精度，进而得到了更高的导航精度，其中位置误差和速度误差分别比传统 EKF 算法降低了 54.63%和 70.5%。此外，在实际仿真中发现，使用状态转移矩阵进行预测的传统 EKF 算法极易出现发散，这也再一次说明了引入“龙格-库塔+预修正”预测方法的必要性。

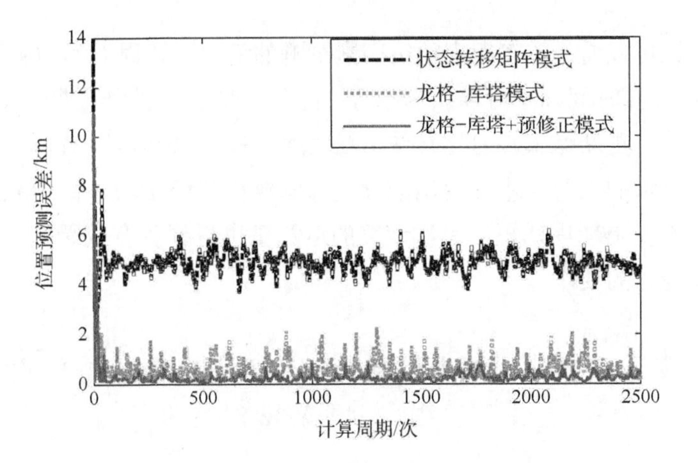

图 7.48　更新周期为 60s 时不同状态预测方法的位置预测误差

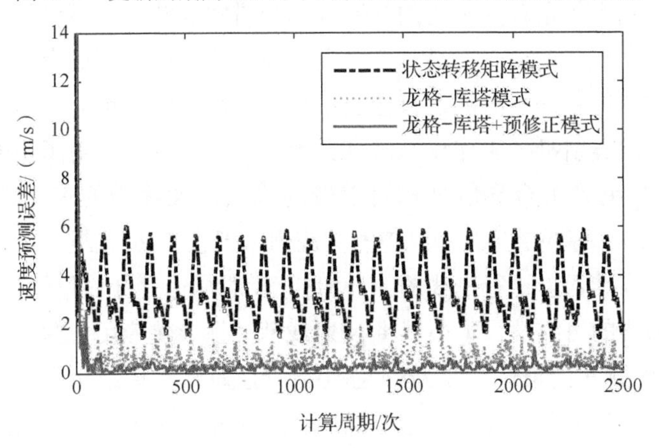

图 7.49　更新周期为 60s 时不同状态预测方法速度预测误差

关于计算量方面的问题可以转化为运算时间来看。不同算法单次数据更新的运算时间可见图 7.50。

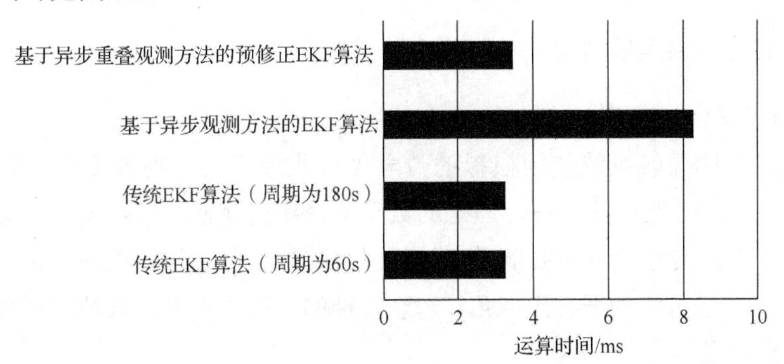

图 7.50　不同算法单次数据更新的运算时间

通过对比可以看出，在考虑随机因素影响的情况下，周期为 60s 和 180s 的传统 EKF 算法运算时间几乎可以认为相等。说明运算量与观测周期无关。使用异步观测方法的单次更新运算耗时比传统 EKF 算法增加了 2 倍多，说明采样点数的增加导致了计算量的上升。本章提出的导航算法仅比传统 EKF 算法增加了 6.9%，说明该算法不仅更新周期短，单次运算的运算量也得到了有效缓解，降低了对硬件设备计算能力的要求。

7.5 基于多重次优渐消扩展卡尔曼滤波的惯性/星光/脉冲星组合导航算法

当前弹道式飞行器较为常用的导航方式为惯性导航，它不仅能够满足飞行器对数据更新速率较高的要求，还具有自主性强、可靠性高等优点。但是受工艺限制，纯惯性的导航系统长时间运行会由于器件漂移产生严重的误差累积，并且对初始对准等各项发射准备工作要求较高。为此，世界各国应用了诸多组合导航技术，其中惯性/星光组合导航技术目前较为成熟，如美国的三叉戟Ⅱ，苏联的 SS-N-8、SS-N-18 等弹道导弹中都有相关应用。但惯性/星光组合导航主要针对陀螺漂移和初始瞄准误差进行在线的估计和补偿，对加速度计偏置的估计并不准确。为保证导航系统的可靠性，本小节将 X 射线脉冲星导航应用于弹道式飞行器，设计了基于 SMFEKF 的惯性/星光/脉冲星组合导航算法。该组合导航算法以捷联惯性导航的误差模型为基础建立状态方程，利用脉冲星和星光的观测量对捷联惯性导航的输出进行修正。同时考虑到脉冲星导航的修正次数有限，算法采用 SMFEKF 方法实现脉冲星导航与另外两种导航的数据融合，提高每次融合过程中脉冲星导航的占比。

7.5.1 惯性导航误差模型

1）数学平台失准角误差模型

捷联式惯性导航系统使用模拟的数学平台代替真实的物理平台进行导航解算。但是由于陀螺漂移的存在，理想的数学平台和实际使用的数学平台会存在一定的误差。假设实际使用的数学平台与理想的数学平台之间转动的欧拉角分别为 ϕ_x、ϕ_y、ϕ_z，也可称为平台失准角。忽略陀螺的高次项误差，其数学平台失准角的误差方程可表示为

$$\begin{bmatrix} \phi_x \\ \phi_y \\ \phi_z \end{bmatrix} = \boldsymbol{C}_b^i \begin{bmatrix} \tau_x + W_{\tau_x} \\ \tau_y + W_{\tau_y} \\ \tau_z + W_{\tau_z} \end{bmatrix}, \tag{7.152}$$

其中，$\boldsymbol{C}_b^i$ 为弹体坐标系到发射点惯性坐标系的姿态转移矩阵；τ_x、τ_y、τ_z 为陀螺常值漂移；W_{τ_x}、W_{τ_y}、W_{τ_z} 为高斯白噪声。

2）加速度误差模型

由于弹道式飞行器飞行时间较短且在近地空间，可将其简化为二体问题。假设飞行时间内地球相对于太阳的转动速度为常值，弹道式飞行器的导航坐标系选为发射点惯性坐标系。在飞行过程中，其加速度误差来源主要考虑加速度计自身误差和导航坐标系失准导致的转换误差。

加速度计自身误差是指在经过标定以后，加速度计仍然存在的常值偏置，这部分误差会导致比力测量不准确。导航坐标系失准导致的转换误差是指数学平台失准角的存在，使得比力由载体坐标系转化到导航坐标系时产生误差。其加速度误差模型可以表示为

$$\begin{bmatrix} \delta a_x \\ \delta a_y \\ \delta a_z \end{bmatrix} = \begin{bmatrix} 0 & \bar{a}_z & -\bar{a}_y \\ -\bar{a}_z & 0 & \bar{a}_x \\ \bar{a}_y & -\bar{a}_x & 0 \end{bmatrix} \begin{bmatrix} \phi_x \\ \phi_y \\ \phi_z \end{bmatrix} + \boldsymbol{C}_b^i \begin{bmatrix} \nabla_x + W_{\nabla_x} \\ \nabla_y + W_{\nabla_y} \\ \nabla_z + W_{\nabla_z} \end{bmatrix}, \tag{7.153}$$

其中，$\bar{a}_x$、$\bar{a}_y$、$\bar{a}_z$ 为加速度计敏感到的视加速度；∇_x、∇_y、∇_z 为常值偏置；W_{∇_x}、W_{∇_y}、W_{∇_z} 为高斯白噪声。

3）速度位置误差模型

弹道式飞行器的自由飞行段位于大气层以外，此时主推发动机已经停止工作，且空气阻力较低，所以飞行器的受力主要考虑地球引力。如果将地球的引力场模型近似为球形有心力场模型，则在不考虑加速度误差的情况下，速度位置误差模型可以表示为

$$\begin{bmatrix} \delta\dot{V}_x \\ \delta\dot{V}_y \\ \delta\dot{V}_z \\ \delta\dot{x} \\ \delta\dot{y} \\ \delta\dot{z} \end{bmatrix} = \begin{bmatrix} 0 & 0 & 0 & \dfrac{\partial g_x}{\partial x} & \dfrac{\partial g_x}{\partial y} & \dfrac{\partial g_x}{\partial z} \\ 0 & 0 & 0 & \dfrac{\partial g_y}{\partial x} & \dfrac{\partial g_y}{\partial y} & \dfrac{\partial g_y}{\partial z} \\ 0 & 0 & 0 & \dfrac{\partial g_z}{\partial x} & \dfrac{\partial g_z}{\partial y} & \dfrac{\partial g_z}{\partial z} \\ 1 & 0 & 0 & 0 & 0 & 0 \\ 0 & 1 & 0 & 0 & 0 & 0 \\ 0 & 0 & 1 & 0 & 0 & 0 \end{bmatrix} \begin{bmatrix} \delta V_x \\ \delta V_y \\ \delta V_z \\ \delta x \\ \delta y \\ \delta z \end{bmatrix}, \tag{7.154}$$

其中，$\frac{\partial g_i}{\partial j}$为$i$方向的引力对$j$坐标的导数，其数值与弹道式飞行器的位置有关，可以表示为

$$\frac{\partial g_x}{\partial x}=\frac{-GM}{r^3}\left(1-3\frac{x^2}{r^2}\right)\qquad \frac{\partial g_y}{\partial x}=\frac{\partial g_x}{\partial y}\qquad \frac{\partial g_z}{\partial x}=\frac{\partial g_x}{\partial z}$$

$$\frac{\partial g_x}{\partial y}=3\frac{GM}{r^3}\frac{x\left(y+R_0\right)}{r^2}\qquad \frac{\partial g_y}{\partial y}=-\frac{GM}{r^3}\left(1-3\frac{\left(R_0+y\right)^2}{r^2}\right)\qquad \frac{\partial g_z}{\partial y}=\frac{\partial g_y}{\partial z}$$

$$\frac{\partial g_x}{\partial z}=3\frac{GM}{r^3}\frac{xz}{r^2}\qquad \frac{\partial g_y}{\partial z}=3\frac{GM}{r^3}\left(\frac{\left(R_0+y\right)z}{r^2}\right)\qquad \frac{\partial g_x}{\partial z}=-\frac{GM}{r^3}\left(1-3\frac{z^2}{r^2}\right)$$

$$r=\sqrt{x^2+\left(y+R_0\right)^2+z^2}\,,\tag{7.155}$$

其中，R_0为发射点子午圈曲率半径。

7.5.2 观测模型

1）X射线脉冲星导航修正模型

引入脉冲星导航主要是对惯性导航输出的位置和速度进行修正。与绝对定位的原理不同，X射线脉冲星导航对惯性导航的修正需要同时利用惯性导航输出的位置$\hat{\boldsymbol{r}}_m$和观测TOA t_m。假设工作过程中不受其他误差影响，根据X射线脉冲星导航基本原理，将观测数据t_m和惯性导航输出的位置$\hat{\boldsymbol{r}}_m$作为输入，可以得到根据惯性导航输出的位置推算所得的SSB处TOA：

$$\hat{t}_{\mathrm{SSB}}=t_m+\frac{\boldsymbol{n}\cdot\hat{\boldsymbol{r}}_m}{c}+\frac{1}{2cD_0}\left[\left(\boldsymbol{n}\cdot\hat{\boldsymbol{r}}_m\right)^2-\left|\hat{\boldsymbol{r}}_m\right|^2\right]+2\frac{GM_{\mathrm{sun}}}{c^3}\ln\left|1+\frac{\boldsymbol{n}\cdot\hat{\boldsymbol{r}}_m+\left|\hat{\boldsymbol{r}}_m\right|}{\boldsymbol{n}\cdot\boldsymbol{b}+\left|\boldsymbol{b}\right|}\right|+o\left(10^{-8}\right)。\tag{7.156}$$

同样，利用相位时间模型可得到真实的到达时间t_{SSB}，两者的差值也就反映了当前的导航误差：

$$\hat{t}_{\mathrm{SSB}}-t_{\mathrm{SSB}}=\Delta\hat{t}_{\mathrm{SSB}}=\frac{\boldsymbol{n}\cdot\left(\hat{\boldsymbol{r}}_m-\boldsymbol{r}_m\right)}{c}+\varepsilon\left(\hat{\boldsymbol{r}}_m\right)-\varepsilon\left(\boldsymbol{r}_m\right),\tag{7.157}$$

其中，$\hat{\boldsymbol{r}}_m$为惯性导航输出位置在ICRS中的矢量；$\boldsymbol{r}_m$为飞行器在ICRS中的真实位置。

2）星光导航修正模型

引入星光导航主要是对惯性导航的姿态输出进行修正，并间接消除姿态误差引起的位置误差和速度误差。星光导航的测量原理如图7.51所示[176]。其中，

$O_sx_sy_sz_s$ 为星敏感器坐标系；$O_px_py_p$ 为 CCD 成像平面坐标系；$\boldsymbol{P}$ 为恒星 Q 在 $O_px_py_p$ 中的成像点，其在 O_py_p 轴和 O_px_p 轴的投影点分别为 P' 和 P''；α_i 为 $P'O_s$ 与 O_pO_s 之间的夹角；β_i 为 $P'O_s$ 与 PO_s 之间的夹角。

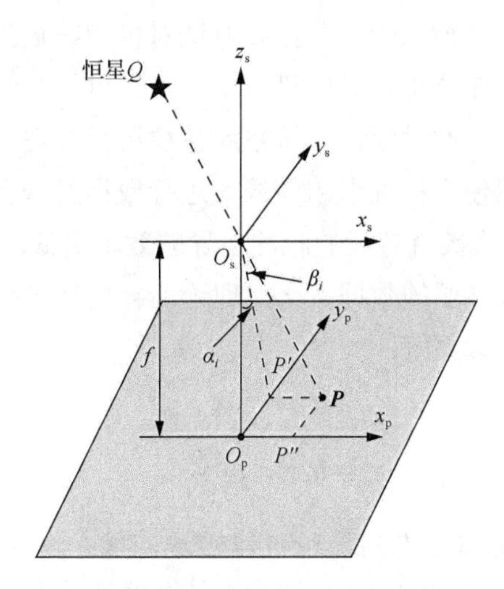

图 7.51　星光导航的测量原理

通过图 7.51 中的几何关系可得

$$\tan\alpha_i = \frac{O_pP'}{f}, \tag{7.158}$$

$$\tan\beta_i = \frac{O_pP''}{f/\cos\alpha_i}, \tag{7.159}$$

则 $\boldsymbol{P}$ 在 $O_sx_sy_sz_s$ 中的单位矢量可以表示为

$$\boldsymbol{P} = \begin{bmatrix} -\sin\alpha_i\cos\beta_i \\ \cos\alpha_i\cos\beta_i \\ -\sin\beta_i \end{bmatrix} + \boldsymbol{V}_{\text{CNS}}, \tag{7.160}$$

其中，$\boldsymbol{V}_{\text{CNS}}$ 为星敏感器的测量误差矢量。

通过观测多颗在惯性坐标系中已知单位方向矢量的恒星，经过矩阵运算便可得到 $O_sx_sy_sz_s$ 坐标系与对应惯性坐标系的转换矩阵。已知 $O_sx_sy_sz_s$ 坐标系与弹体坐标系的关系，便进一步得到此时的姿态矩阵，也就得到了此时的三个姿态角。通常情况下可直接将星光导航与惯性导航的差值作为当前的失准角。

7.5.3　多重次优渐消扩展卡尔曼滤波器

多重次优渐消扩展卡尔曼滤波最早由周东华等[177]提出，通过在误差方差阵的一步预测中添加多重次优渐消因子，提高算法对模型参数失准的鲁棒性及突变状态下的系统跟踪能力。在该组合导航算法中，当经过较长时间的脉冲累积之后，脉冲星导航才开始工作，此时惯性导航系统往往已经存在了较大的导航偏差。在这种情况下，如果仍然使用标准卡尔曼滤波进行数据融合会弱化脉冲星导航的校正效果，使得原本校正次数就有限的脉冲星导航效率更低。但如果引入渐消因子，提高单次融合中脉冲星导航的数据占比，理论上会提高导航效率。

考虑如下非线性离散系统：

$$\begin{cases} \boldsymbol{x}_{k+1} = \boldsymbol{f}_k\left(\boldsymbol{x}_k\right) + \boldsymbol{w}_k \\ \boldsymbol{z}_k = \boldsymbol{h}_k\left(\boldsymbol{x}_k\right) + \boldsymbol{v}_k \end{cases}, \tag{7.161}$$

其中，$\boldsymbol{x}_k$ 和 $\boldsymbol{z}_k$ 分别为 n 维状态向量和 m 维观测向量；$\boldsymbol{w}_k$ 和 $\boldsymbol{v}_k$ 分别为 n 维系统噪声和 m 维观测噪声；$\boldsymbol{f}_k(\cdot)$ 和 $\boldsymbol{h}_k(\cdot)$ 分别为系统非线性状态函数和观测函数。

$\boldsymbol{w}_k$ 和 $\boldsymbol{v}_k$ 满足：

$$\begin{cases} E\left[\boldsymbol{w}_k\right] = \boldsymbol{q}_k, \operatorname{cov}\left[\boldsymbol{w}_k, \boldsymbol{w}_j^{\mathrm{T}}\right] = \boldsymbol{Q}_k \boldsymbol{\delta}_{kj} \\ E\left[\boldsymbol{v}_k\right] = \boldsymbol{q}_k, \operatorname{cov}\left[\boldsymbol{v}_k, \boldsymbol{v}_j^{\mathrm{T}}\right] = \boldsymbol{R}_k \boldsymbol{\delta}_{kj} \\ \operatorname{cov}\left[\boldsymbol{w}_k, \boldsymbol{v}_j^{\mathrm{T}}\right] = 0 \end{cases}, \tag{7.162}$$

其中，$\boldsymbol{Q}_k$ 和 $\boldsymbol{R}_k$ 均为正定对称阵；$\boldsymbol{\delta}_{kj}$ 为 Kronecker-δ 函数。

SMFEKF 的递推式为

$$\hat{\boldsymbol{x}}_{k+1|k} = \boldsymbol{f}_k\left(\hat{\boldsymbol{x}}_k\right) + \boldsymbol{q}_k, \tag{7.163}$$

$$\boldsymbol{p}_{k+1|k} = \boldsymbol{L}_{\mathrm{md}} \boldsymbol{F}_{k+1,k} \boldsymbol{p}_k \boldsymbol{F}_{k+1,k}^{\mathrm{T}} + \boldsymbol{Q}_k, \tag{7.164}$$

$$\hat{\boldsymbol{z}}_{k+1|k} = \boldsymbol{h}_{k+1}\left(\hat{\boldsymbol{x}}_{k+1|k}\right) + \boldsymbol{r}_{k+1}, \tag{7.165}$$

$$\boldsymbol{p}_{k+1|k} = \boldsymbol{L}_{\mathrm{md}} \boldsymbol{F}_{k+1,k} \boldsymbol{p}_k \boldsymbol{F}_{k+1,k}^{\mathrm{T}} + \boldsymbol{Q}_k, \tag{7.166}$$

$$\hat{\boldsymbol{x}}_{k+1} = \hat{\boldsymbol{x}}_{k+1|k} + \boldsymbol{K}_{k+1}\left(\boldsymbol{z}_{k+1} - \hat{\boldsymbol{z}}_{k+1|k}\right), \tag{7.167}$$

$$\boldsymbol{P}_{k+1} = \left(\boldsymbol{I} - \boldsymbol{K}_{k+1} \boldsymbol{H}_{k+1}\right) \boldsymbol{P}_{k+1|k}, \tag{7.168}$$

其中，

$$\begin{cases} \boldsymbol{F}_{k+1,k} = \left.\dfrac{\partial \boldsymbol{f}_k\left(\boldsymbol{x}_k\right)}{\partial \boldsymbol{x}_k}\right|_{\boldsymbol{x}_k=\hat{\boldsymbol{x}}_k} \\ \boldsymbol{H}_{k+1} = \left.\dfrac{\partial \boldsymbol{f}_{k+1}\left(\boldsymbol{x}_{k+1}\right)}{\partial \boldsymbol{x}_{k+1}}\right|_{\boldsymbol{x}_{k+1}=\hat{\boldsymbol{x}}_{k+1|k}} \end{cases} 。 \tag{7.169}$$

多重次优渐消因子 $\boldsymbol{L}_{\mathrm{md}}$ 的求解过程如下所示：

$$\boldsymbol{L}_{\mathrm{md}} = \mathrm{diag}\left(\lambda_1, \lambda_2, \cdots, \lambda_n\right), \tag{7.170}$$

$$\lambda_1 : \lambda_2 : \cdots : \lambda_n = a_1 : a_2 : \cdots : a_n, \tag{7.171}$$

$$\boldsymbol{\varepsilon}_k = \boldsymbol{z}_k - \hat{\boldsymbol{z}}_{k|k-1}, \tag{7.172}$$

$$\boldsymbol{V}(k) = \begin{cases} \boldsymbol{\varepsilon}_1\boldsymbol{\varepsilon}_1^{\mathrm{T}}, & k=1 \\ \dfrac{\rho\boldsymbol{V}(k-1)+\boldsymbol{\varepsilon}_k\boldsymbol{\varepsilon}_k^{\mathrm{T}}}{1+\rho}, & k\geqslant 1 \end{cases}, \tag{7.173}$$

$$\boldsymbol{N}_k = \boldsymbol{V}_k - \boldsymbol{H}_k\boldsymbol{Q}_k\boldsymbol{H}_k^{\mathrm{T}} - \boldsymbol{R}_k, \tag{7.174}$$

$$\boldsymbol{M}_k = \boldsymbol{F}_{k|k-1}\boldsymbol{P}_{k-1|k-1}\boldsymbol{F}_{k|k-1}^{\mathrm{T}}\boldsymbol{H}_k^{\mathrm{T}}\boldsymbol{H}_k, \tag{7.175}$$

$$\lambda_i = \begin{cases} a_i c_k, & a_i c_k > 1 \\ 1, & a_i c_k \leqslant 1 \end{cases}, \quad c_k = \frac{\mathrm{tr}\left[\boldsymbol{N}_k\right]}{\sum_{i=1}^{n}\alpha_i\boldsymbol{M}_k^{ii}}, \tag{7.176}$$

其中，ρ 为遗忘因子，通常取 0.95。

7.5.4　组合导航算法设计

1. 组合导航方案设计

因为脉冲星导航和星光导航都只能输出离散的信息，特别是脉冲星导航的光子累积时间较长，所以在不同的时刻面临的数据融合任务不同。三种导航方式的更新速率从高到低依次为惯性导航、星光导航、脉冲星导航。为简化融合关系，可设置脉冲星导航的更新速率为星光导航的整数倍，星光导航的更新速率为惯性导航的整数倍。如此一来，仅存在三种情况的数据融合处理，即仅惯性导航，惯性导航与星光导航，惯性导航、星光导航与脉冲星导航。

当仅有惯性导航数据时，直接输出惯性导航数据；当仅存在星光导航与惯性导航而无脉冲星导航数据时，使用 EKF 对两者进行融合；当三者同时存在时，使用 SMFEKF 进行融合，提高脉冲星导航的修正效果。组合导航方案如图 7.52 所示。

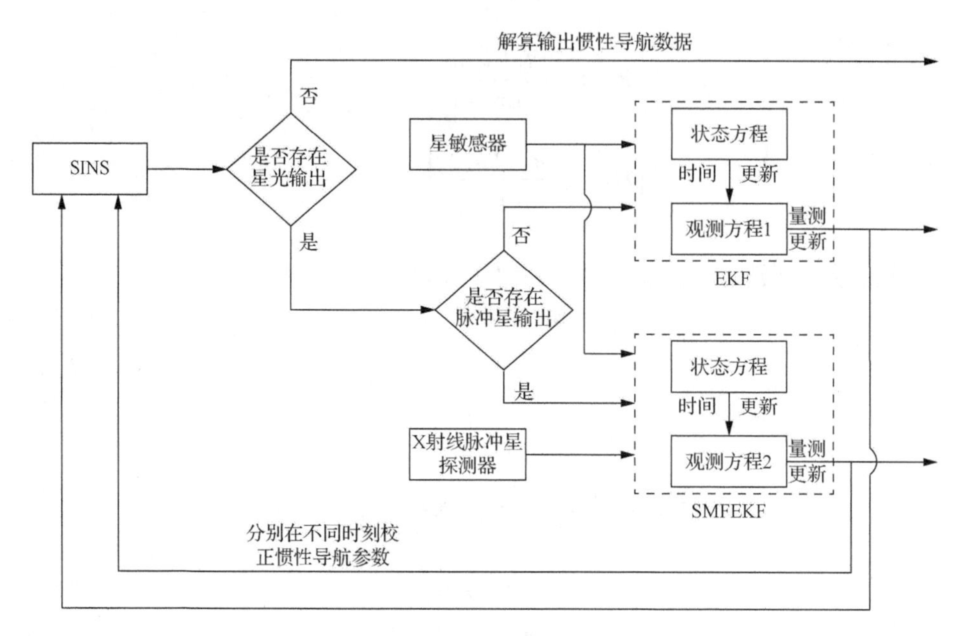

图 7.52　组合导航方案

在该组合导航算法中，EKF 和 SMFEKF 因状态量相同，所以具有相同的状态方程。但两个滤波器的观测量是不同的，所以两个观测方程之间存在一定的差异。

2. 状态方程

结合以上误差模型和观测模型，组合导航算法以发射点惯性坐标系为基准，状态量为 $X=\left[\phi_x,\phi_y,\phi_z,\delta V_x,\delta V_y,\delta V_z,\delta x,\delta y,\delta z,\tau_x,\tau_y,\tau_z,\varDelta_x,\varDelta_y,\varDelta_z\right]$，依次代表三个方向的平台失准角、发射惯性坐标系的三个速度和位置误差、三个方向的陀螺常值漂移及加速度计常值偏置。因此，状态方程可以写为[178]

$$\dot{\boldsymbol{X}}(t)=\boldsymbol{F}(t)\boldsymbol{X}(t)+\boldsymbol{G}(t)\boldsymbol{W}(t), \tag{7.177}$$

$$\boldsymbol{F}(t)=\begin{bmatrix}\boldsymbol{0}_{3\times3} & \boldsymbol{0}_{3\times3} & \boldsymbol{0}_{3\times3} & \boldsymbol{C}_b^i & \boldsymbol{0}_{3\times3}\\ \boldsymbol{F}_1 & \boldsymbol{0}_{3\times3} & \dfrac{\partial \boldsymbol{g}}{\partial \boldsymbol{r}_i} & \boldsymbol{0}_{3\times3} & \boldsymbol{C}_b^i\\ \boldsymbol{0}_{3\times3} & \boldsymbol{0}_{3\times3} & \boldsymbol{0}_{3\times3} & \boldsymbol{0}_{3\times3} & \boldsymbol{0}_{3\times3}\\ \boldsymbol{0}_{3\times3} & \boldsymbol{0}_{3\times3} & \boldsymbol{0}_{3\times3} & \boldsymbol{0}_{3\times3} & \boldsymbol{0}_{3\times3}\\ \boldsymbol{0}_{3\times3} & \boldsymbol{0}_{3\times3} & \boldsymbol{0}_{3\times3} & \boldsymbol{0}_{3\times3} & \boldsymbol{0}_{3\times3}\end{bmatrix}, \tag{7.178}$$

$$\boldsymbol{F}_1=\begin{bmatrix}0 & \bar{a}_z & -\bar{a}_y\\ -\bar{a}_z & 0 & \bar{a}_x\\ \bar{a}_y & -\bar{a}_x & 0\end{bmatrix}, \tag{7.179}$$

$$\boldsymbol{G}(t)=\begin{bmatrix}\boldsymbol{C}_b^i & \boldsymbol{0}_{3\times3}\\ \boldsymbol{0}_{3\times3} & \boldsymbol{C}_b^i\\ \boldsymbol{0}_{3\times3} & \boldsymbol{0}_{3\times3}\\ \boldsymbol{0}_{3\times3} & \boldsymbol{0}_{3\times3}\\ \boldsymbol{0}_{3\times3} & \boldsymbol{0}_{3\times3}\end{bmatrix}, \tag{7.180}$$

$$\boldsymbol{W}(t)=\begin{bmatrix}W_{\tau_x} & W_{\tau_y} & W_{\tau_z} & W_{\Delta_x} & W_{\Delta_y} & W_{\Delta_z}\end{bmatrix}^{\mathrm{T}}, \tag{7.181}$$

其中，$\boldsymbol{r}_i$ 为弹道式飞行器在发射惯性坐标系中的位置。

3. 观测方程

当仅有惯性导航数据时，系统直接输出该数据，无须考虑观测方程的构建。因此，观测方程只存在两种情况。

1）仅有惯性导航与星光导航输出

在该种模式下，通过 EKF 进行星光导航与惯性导航的数据融合，可以有效补偿陀螺漂移的影响，提高导航精度。因为星光导航的姿态精度较高，所以可将星光导航与惯性导航的差值近似作为平台失准角。因此，观测方程可以写为

$$\boldsymbol{Z}(t)=\begin{bmatrix}\phi_x\\ \phi_y\\ \phi_z\end{bmatrix}=\boldsymbol{H}_{\mathrm{CNS}}(t)\boldsymbol{X}(t)+\boldsymbol{V}_{\mathrm{CNS}}(t), \tag{7.182}$$

$$\boldsymbol{H}_{\mathrm{CNS}}(t)=\begin{bmatrix}\boldsymbol{I}_{3\times3} & \boldsymbol{0}_{3\times3} & \boldsymbol{0}_{3\times9}\end{bmatrix}, \tag{7.183}$$

其中，$\boldsymbol{V}_{\mathrm{CNS}}(t)$ 为星敏感器的量测噪声，与星敏感器的精度有关。

2）三种导航方式同时存在输出

在该种模式下，需要同时融合惯性导航、星光导航和脉冲星导航的数据，所以观测方程的量测矩阵维数与观测的脉冲星数量有关。在脉冲星导航中，观测方程使用的坐标基准为 ICRS，而该算法状态方程的基准为发射点惯性坐标系，所以需要进行相应的坐标转化。

结合第 3 章的高阶项分析和式（7.157）可得

$$\Delta\tilde{t}_{\mathrm{SSB}}\approx\frac{\boldsymbol{n}\cdot(\hat{\boldsymbol{r}}_m-\boldsymbol{r}_m)}{c}。 \tag{7.184}$$

根据坐标关系，飞行器在 ECI 中的位置 $\boldsymbol{r}$ 满足：

$$\boldsymbol{r}=\boldsymbol{C}_i^e\boldsymbol{r}_i+\boldsymbol{R}_i^c, \tag{7.185}$$

$$\boldsymbol{C}_i^e=\begin{bmatrix}-\cos A\sin\lambda\cos\mu-\sin A\sin\mu & \cos\lambda\cos\mu & \sin A\sin\lambda\cos\mu-\cos A\sin\mu\\ -\cos A\sin\lambda\sin\mu-\sin A\cos\mu & \cos\lambda\sin\mu & \sin A\sin\lambda\sin\mu-\cos A\cos\mu\\ \cos A\cos\mu & \sin\lambda & -\sin A\cos\mu\end{bmatrix}, \tag{7.186}$$

$$\boldsymbol{R}_i^c = \left[R_0 \cos\lambda \cos(\mu + \omega_e t) \quad R_0 \cos\lambda \sin(\mu + \omega_e t) \quad R_0 \sin\lambda \right], \tag{7.187}$$

其中，$\boldsymbol{C}_i^e$ 为转换矩阵；$\boldsymbol{R}_i^c$ 为发射点在 ECI 中的位置；A 为发射方位角；μ 为发射点经度；λ 为发射点纬度；ω_e 为地球自转角速度；t 为发射时间。

因为飞行时间较短，所以可忽略相对论效应的影响，根据基本坐标系的转换关系，直接完成飞行器位置从 ECI 到 ICRS 的转化：

$$\boldsymbol{r}_m = \boldsymbol{r} + \boldsymbol{r}_{\text{earth}} 。\tag{7.188}$$

结合式（7.185）和式（7.188）可得

$$\hat{\boldsymbol{r}}_m - \boldsymbol{r}_m = \boldsymbol{C}_i^e \left(\hat{\boldsymbol{r}}_i - \boldsymbol{r}_i \right) 。\tag{7.189}$$

将式（7.189）代入式（7.184）可得

$$\Delta \hat{t}_{\text{SSB}} = \frac{\boldsymbol{n} \cdot \left[\boldsymbol{C}_i^e \left(\hat{\boldsymbol{r}}_i - \boldsymbol{r}_i \right) \right]}{c}, \tag{7.190}$$

则不同数量的脉冲星对应的观测方程可以表示为

$$\boldsymbol{Z}_{\text{XP}}(t) = \begin{bmatrix} \phi_x \\ \phi_y \\ \phi_z \\ \Delta \hat{t}_{\text{SSB}}^{(1)} \\ \vdots \\ \Delta \hat{t}_{\text{SSB}}^{(i)} \end{bmatrix} = \boldsymbol{H}_{\text{XP}}(t) \boldsymbol{X}(t) + \boldsymbol{V}_{\text{XP}}(t), \tag{7.191}$$

$$\boldsymbol{H}_{\text{XP}}(t) = \begin{bmatrix} \boldsymbol{I}_{3\times3} & \boldsymbol{0}_{3\times3} & \boldsymbol{0}_{3\times3} & \boldsymbol{0}_{3\times6} \\ \boldsymbol{0}_{1\times3} & \boldsymbol{0}_{1\times3} & \dfrac{\boldsymbol{n}_{(1)}^{\text{T}} C_i^e}{c} & \boldsymbol{0}_{1\times6} \\ \vdots & \vdots & \vdots & \vdots \\ \boldsymbol{0}_{1\times3} & \boldsymbol{0}_{1\times3} & \dfrac{\boldsymbol{n}_{(i)}^{\text{T}} C_i^e}{c} & \boldsymbol{0}_{1\times6} \end{bmatrix}, \tag{7.192}$$

其中，$\boldsymbol{n}_{(i)}$ 为不同脉冲星在 ICRS 中的方向矢量；$\boldsymbol{V}_{\text{XP}}(t)$ 为量测噪声。

7.5.5 仿真分析

仿真中分别观测 1～3 颗脉冲星，脉冲星编号及属性见表 7.1 所示。地球扁率 $e = 1/298$，地球自转角速率 $\omega_e = 15°/\text{h}$，地球重力加速度 $g_0 = 9.7803267714\,\text{m/s}^2$。发射点纬度 $\lambda = 39.98°\text{N}$，发射点经度 $\mu = 116.34°\text{E}$，发射方位角 $A = 90°$，仿真时间为 1500s，主动段转弯结束时间为 60s，发动机关机时间为 160s，推力加速度为 45m/s^2，$\rho = 0.95$。仿真标准轨迹如图 7.53 所示。

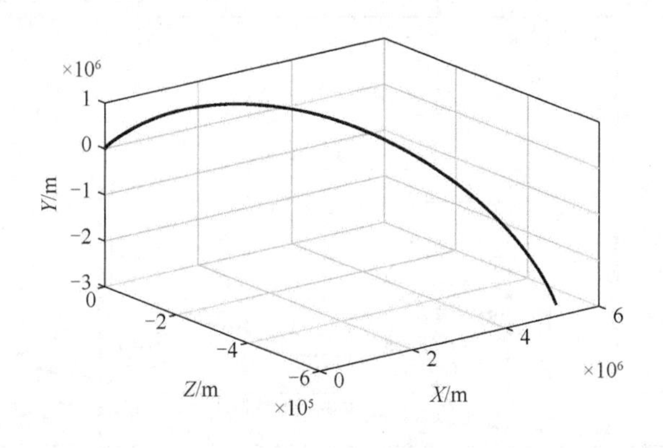

图 7.53　仿真标准轨迹

假设陀螺常值漂移为 0.1°/h，加速度计常值偏置为 50μg，陀螺噪声标准差为 0.05°/h，加速度计噪声标准差为 25μg，初始失准角为[90″，180″，90″]。捷联惯性导航的更新时间为 0.01s，星光导航的更新时间为 0.1s，脉冲星导航的更新时间为 100s。探测器面积为 1m^2，脉冲累积时间为 1000s。星敏感器量测噪声的标准差为 3″，多重次优渐消因子比例为[1,1,1,1.5,1.5,1.5,1.5,1.5,1.5,1,1,1,1,1,1]。设定发动机关机后星敏感器和 X 射线探测器同时开始工作。由于组合导航观测 1 颗脉冲星和 2 颗脉冲星的组合各有三种，为直观简洁地对比不同算法的性能，图 7.54～图 7.56 中的脉冲星组合分别为 B0531+21、(B0531+21, B1821−24)、(B0531+21, B1821−24, B1937+21)。其他脉冲星组合的最终仿真结果取 10 次的平均值统计于图 7.57 和图 7.58。为证明组合导航中加入 SMFEKF 对性能的提升作用，图 7.57 和图 7.58 中还添加了仅使用 EKF，而不使用 SMFEKF 进行数据融合的惯性/星光/脉冲星组合导航结果。

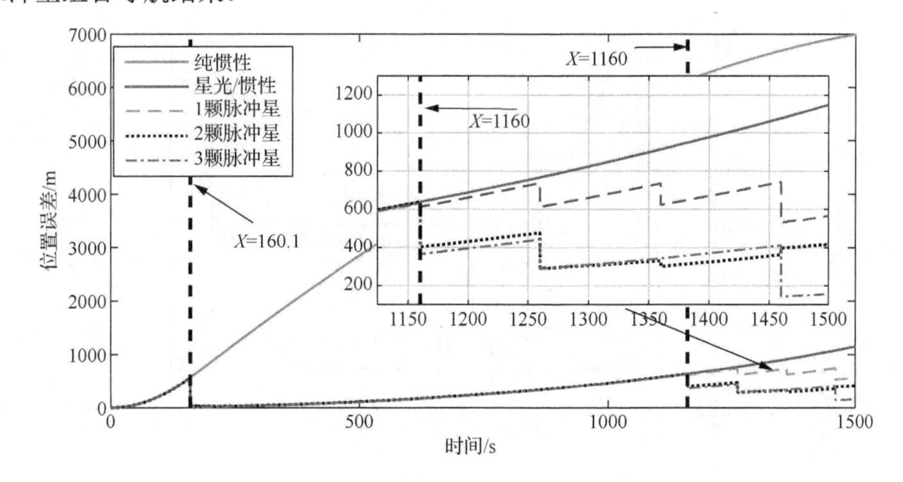

图 7.54　不同组合导航算法的位置误差变化

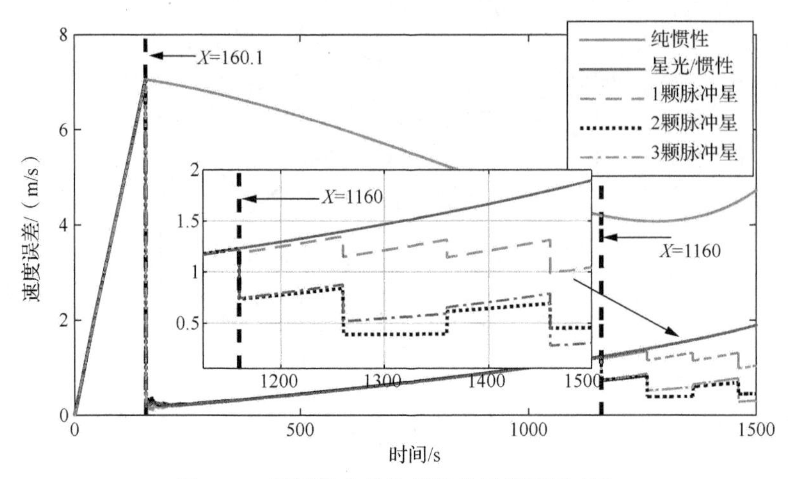

图 7.55　不同组合导航算法的速度误差变化

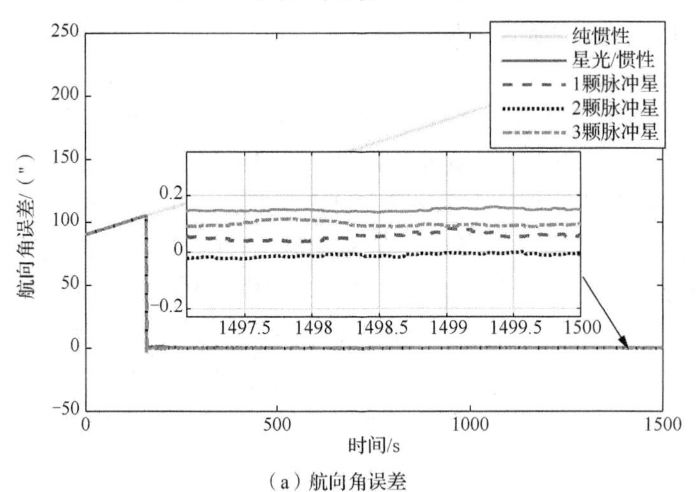

（a）航向角误差

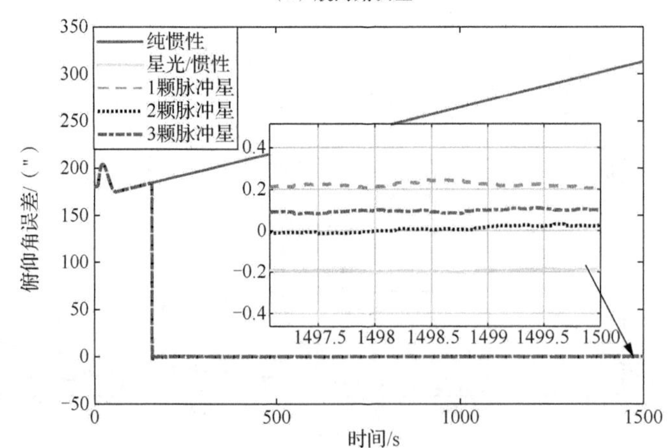

（b）俯仰角误差

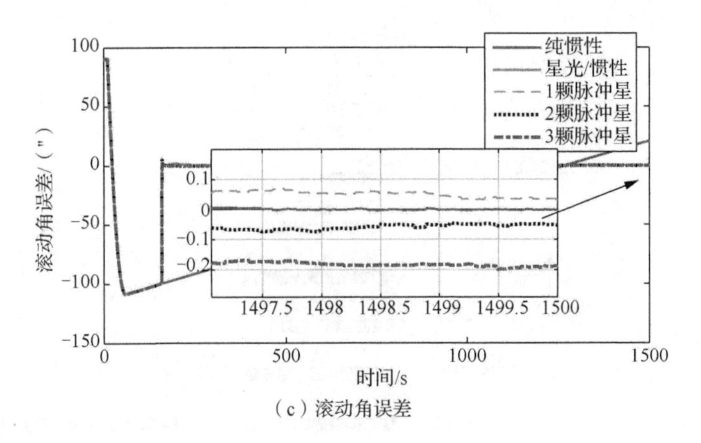

(c) 滚动角误差

图 7.56 不同组合导航算法的姿态误差变化

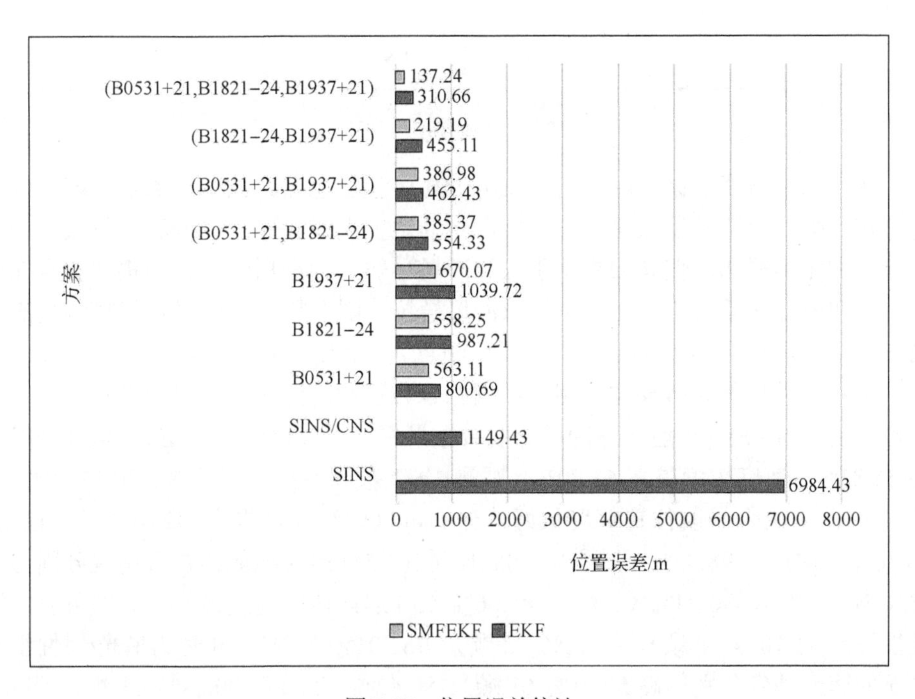

图 7.57 位置误差统计

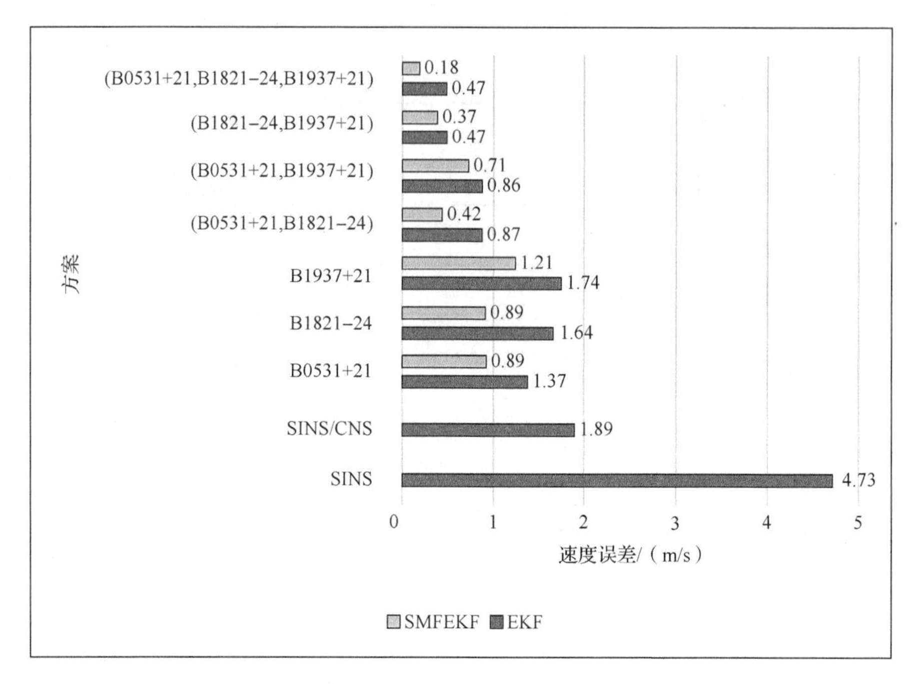

图 7.58　速度误差统计

通过以上仿真数据可以看出，在第 160.1s 星敏感器开始输出数据，能够快速补偿初始失准角和陀螺漂移在主动段产生的位置误差、速度误差和姿态误差，并持续抑制陀螺漂移。但是如果不引入脉冲星导航，则在后续飞行中仍然会存在位置误差和速度误差累积。如果引入脉冲星导航，则在第 1160s 脉冲星探测器产生第一个输出，此后每隔 100s 产生一个观测数据，速度误差和位置误差也会每 100s 修正 1 次。总体修正效果与使用的数据融合方法和观测的脉冲星数量有关。对比发现，使用 SMFEKF 融合脉冲星导航数据最好，可以比仅使用 EKF 位置精度提高 55.82%，速度精度提高 61.70%。观测 1～3 颗脉冲星，基于 SMFEKF 的惯性/星光/脉冲星组合导航位置精度最好，分别可以比纯惯性提高 92.01%（1 颗）、96.86%（2 颗）、98.03%（3 颗），同时比星光/惯性组合导航的位置精度分别提高 51.43%（1 颗）、80.93%（2 颗）、88.06%（3 颗）；速度精度最好，分别可以比纯惯性提高 81.18%（1 颗）、92.18%（2 颗）、96.20%（3 颗），同时比星光/惯性组合导航的速度精度分别提高 52.91%（1 颗）、80.42%（2 颗）、90.48%（3 颗）。可见，基于 SMFEKF 的惯性/星光/脉冲星组合导航的性能相对于纯惯性和星光/惯性组合导航有较为明显的提升，既能有效修正位置误差和速度误差，也保持了星光导航较高的姿态精度。但是观测的脉冲星数量越多，意味着探测设备的载荷越重，必然会过多占用宝贵的空间和载重能力，所以可综合考虑末制导交接班参数或精度条件要求选择合适的脉冲星数量。

7.6 基于虚拟加速度计的 INS/CNS/XNAV 组合导航算法

部分短航时的航天器，要求导航时摆脱对人造信标的依赖。传统的做法是采用 INS/CNS 的组合导航方式。因为 INS 有累积误差，CNS 测角的精度很高，但定位的精度较差，并且定位时受到航天器相对附近天体位置等条件限制，所以需要引入一种新式的不依赖人造信标的导航方式。X 射线脉冲星导航（XNAV）由于可以为航天器提供高精度的时间信息和位置信息，为航天器导航提供了新的解决思路。因为当前 INS 和 CNS 在航天器上应用已经很成熟，所以本书不再对其可行性进行分析，主要讨论 XNAV 在短航时航天器上的应用分析。因为大气对 X 射线具有吸收作用，所以 XNAV 需要在大气层外工作。通常认为海拔 100km 以上的宇宙空间是太空[179]，此处的大气非常稀薄，探测器可以接收 X 射线光子。例如，被研究人员广泛使用的数据源 RXTE 卫星[24]，近地点高度在 380.9km，远地点高度在 384.5km。航天器关机点的海拔通常在大气层以外，所以在关机后的自由飞行段采用 XNAV 进行导航，不会受到大气影响。

相比深空探测等应用场景，短航时航天器由于载荷及结构的限制，对探测器的个数有更严格的限制，只能为 1 个。但是 XNAV 的信号源为流量极其稀疏的光子信号，导致 XNAV 的更新率很低，短时信噪比不高，致使当前 XNAV 主要研究的应用对象是长航时航天器，如深空探测的航天器和卫星等。因此，如何在较短观测时间内保持导航精度是个值得研究的问题，并且解决该问题对长航时的应用对象中的航天器导航更新率的提升也有促进作用。更新率的提升会降低算法的时延，提高导航精度。

7.6.1 基于虚拟加速度计的 INS/CNS/XNAV 组合导航算法的框架

XNAV 在短航时航天器应用中的信号处理部分已经在第 3～5 章进行了研究。根据 5.3 节的分析，第 4 章降噪过程可以和第 5 章设计的 TOA 估计算法并行计算，另外脉冲轮廓恢复和 TOA 估计通常可以同时处理，最终的 XNAV 信号处理流程如图 7.59 所示。经过信号处理，可以获取脉冲星信号的 TOA 信息。然后，根据 TOA 就可以解算出当前的位置和时间。X 射线脉冲星导航系统因为长时间积累不能实时提供导航信息，所以通常不会单独使用。由于本节研究的对象为不依赖人造信标航天器导航方法，因此主要研究 XNAV 与其他不依赖人造信标的导航方式构成的组合导航方法。

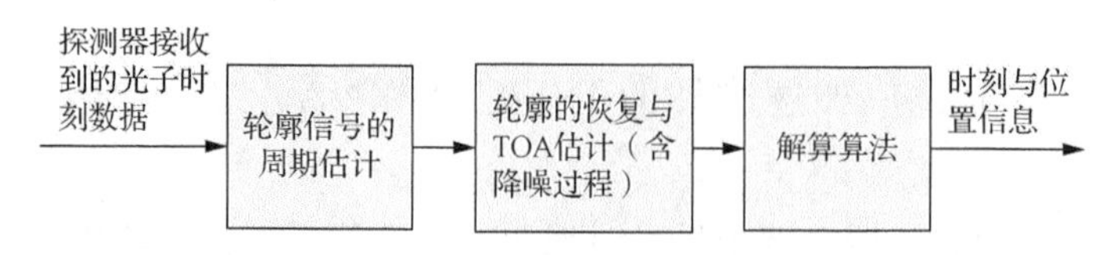

图 7.59　XNAV 信号处理流程图

CNS 通常提供姿态信息以修正 INS 中陀螺的累积误差，但 INS 中加速度计带来的累积误差无法校正。XNAV 可以通过提供位置信息来校正加速度计的累积误差，所以本章主要围绕 INS/CNS/XNAV 组合导航展开研究。

针对传统的多个脉冲星探测器带来的计算复杂、体积大和质量重，以及惯性器件中的加速度计一次项误差引起定位偏差等问题，本章提出了基于虚拟加速度计（virtual accelerometer，VA）的 INS/CNS/XNAV 组合导航方法。该方法的缩写为 INS/CNS/XNAV-VA。这种组合导航方法只需要观测一颗脉冲星，这样航天器仅需要配备一个 X 射线探测器。因此，该方法可以减小航天器的负载。传统 INS/CNS/XNAV 组合导航的导航定位误差是由姿态误差和加速度计误差相互作用产生的。航天器可以通过当前姿态测量精度最高的 CNS，最大限度地提高姿态测量精度。因此，姿态误差对航天器导航定位误差的影响已显著减小。定位误差的主要因素为加速度计的误差。该方法是将加速度计测得的加速度转换到脉冲星矢量坐标系。它的原点是载体的重心，并且其中一个轴的方向与脉冲星的方向一致。此方法构造的虚拟加速度计，用于修正加速度的误差。然后，使用卡尔曼滤波方法来估计位置误差、速度误差和角度误差。

INS/CNS/XNAV-VA 组合导航通过设计两级卡尔曼滤波器，完成了两次信息融合：VA/XNAV 的信息融合和 INS/CNS/XNAV 的信息融合。该方法可以充分利用 XNAV 的信息，通过修正加速计的一次项误差来提高总体的导航定位精度。

本章提出的导航算法框图如图 7.60 所示。首先，根据实际加速度计$\left\{A_x, A_y, A_z\right\}$，通过坐标变换构造了虚拟加速度计$\left\{\widehat{A}_x, \widehat{A}_y, \widehat{A}_z\right\}$，$\widehat{A}_z$ 加速度计指向预定脉冲星的方向。然后设计两个扩展卡尔曼滤波器（EKF）：第一个 EKF 完成 VA/XNAV 的信息融合，用以修正指向脉冲星方向的加速度计的模型参数，再将第一个 EKF 的估计结果输入到另一个 EKF 中，实现 INS/CNS/XNAV 的信息融合，以修正航天器的位置、速度和姿态。详细的工作过程：当没有 CNS 和单 X 射线脉冲星导航（single X-ray pulsar navigation，SXPN）数据时，航天器将根据 INS 信息和轨道数据来计算当前位置和姿态。当存在 CNS 信息时，将 CNS 的观测数据添加到 EKF2 以校正 INS 数据。当有 SXPN 数据时，首先将数据发送到 EKF1，校正加速度计在脉冲星方向上的误差，然后将数据发送到 EKF2，以校正 INS 的误差并获得导航参数。下面分析 EKF2 的状态方程和观测方程。

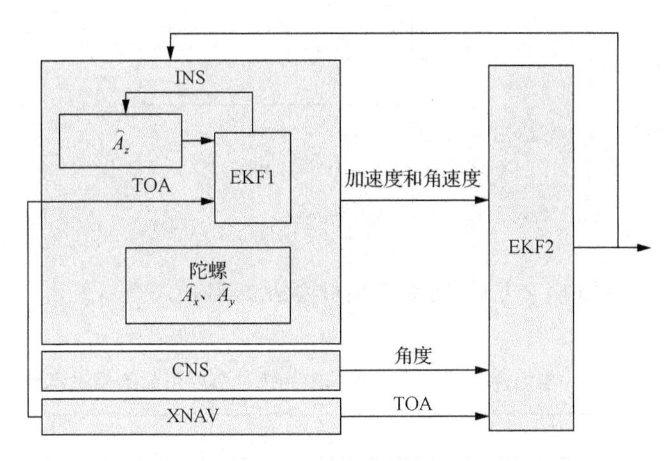

图 7.60　导航算法框图

7.6.2　VA/XNAV 的信息融合

包含 XNAV 的组合导航通常以脉冲星的位置信息作为观测值，并将其添加到观测方程[80]中。惯性导航系统的定位误差一般由两部分组成：一部分是陀螺的角度测量所致的定位误差；另一部分是加速度计的误差引起的定位误差。使用星敏感器可以减少陀螺误差，并且可以使用脉冲星来校正加速度计误差。本章提出了一种通过坐标转换构建虚拟加速度计的导航方法：通过坐标转换，将要构建的虚拟加速度计旋转到脉冲星方向。以 Z 轴加速度为例，Z 方向加速度计指向脉冲星矢量时的误差如图 7.61 所示，为了减少其他方向误差的影响，将 OZ 方向加速度计的敏感方向调整为与脉冲星方向矢量 $\boldsymbol{n}$ 一致，即 $\theta_x \approx \pi/2$，$\theta_y \approx \pi/2$，$\theta_z \approx 0$。当前星敏感器的精度范围从角秒到亚角秒[180]。以 Z 轴为例，其中，$\tilde{a}$ 是航天器在地心惯性坐标系中的加速度在脉冲星矢量方向的分量，可以分解为理论值的总和 a_e 和噪声 ε_e。a 是加速度计的输出，即视加速度，假设 ε_e 和 ε_a 为零均值高斯白噪声，则 $w_a = \varepsilon_e + k_{a1}^{-1}\varepsilon_a$ 也是零均值高斯白噪声。表 7.10 和表 7.11 分别给出了由精度不同的星敏感器误差引起的加速度计的相对误差。

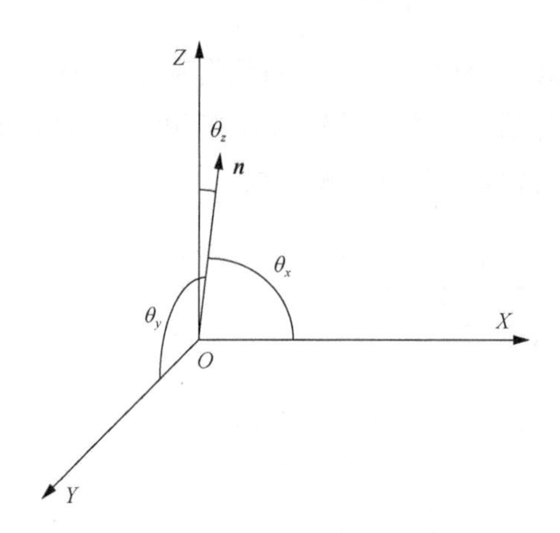

图 7.61　Z 方向加速度计指向脉冲星矢量时的误差示意图

表 7.10　当加速度计敏感方向偏差为角秒级时引起的相对误差

三角函数	Δθ / (arc sec)									
	1	2	3	4	5	6	7	8	9	10
$1-\cos\Delta\theta$	4.85E−6	9.70E−6	1.45E−5	1.94E−5	2.42E−5	2.91E−5	3.39E−5	3.88E−5	4.36E−5	4.85E−5
$\cos\left(\frac{\pi}{2}-\Delta\theta\right)$	1.18E−11	4.70E−11	1.06E−10	1.88E−10	2.94E−10	4.23E−10	5.76E−10	7.52E−10	9.52E−10	1.18E−9
$e_u^x/(\mathrm{m/s^2})$	1.03E−1	5.16E−2	3.44E−2	2.58E−2	2.06E−2	1.72E−2	1.47E−2	1.29E−2	1.15E−2	1.03E−2
$e_u^z/(\mathrm{m/s^2})$	4.25E+4	1.06E+4	4.73E+3	2.66E+3	1.70E+3	1.18E+3	8.68E+2	6.65E+2	5.25E+2	4.25E+2

表 7.11　当加速度计敏感方向偏差为亚角秒级时引起的相对误差

三角函数	Δθ / (arc sec)								
	0.1	0.2	0.3	0.4	0.5	0.6	0.7	0.8	0.9
$1-\cos\Delta\theta$	4.85E−7	9.70E−7	1.45E−6	1.94E−6	2.42E−6	2.91E−6	3.39E−6	3.88E−6	4.36E−6
$\cos\left(\frac{\pi}{2}-\Delta\theta\right)$	1.18E−13	4.70E−13	1.06E−12	1.88E−12	2.94E−12	4.23E−12	5.76E−12	7.52E−12	9.52E−12
$e_u^x/(\mathrm{m/s^2})$	1.03E+0	5.16E−1	3.44E−1	2.58E−1	2.06E−1	1.72E−1	1.47E−1	1.29E−1	1.15E−1
$e_u^z/(\mathrm{m/s^2})$	4.25E+6	1.06E+6	4.73E+5	2.66E+5	1.70E+5	1.18E+5	8.68E+4	6.65E+4	5.25E+4

单个加速度计的数学模型为[181]

$$n_a = k_{a1} + k_{a0} + \varepsilon_a \,, \tag{7.193}$$

其中，a是视在加速度；k_{a1}是刻度因数，如果长时间使用加速度计，可能会漂移；n_a是加速度计输出的脉冲数；k_{a0}是视在零偏，可以在无动力飞行阶段进行校正；ε_a是一个随机误差，可以被认为是小于$(5\mathrm{E}-5)\cdot g_0$的高斯白噪声。理想情况下，

$\boldsymbol{n}$ 与 OZ 方向重合，但星敏测量误差和脉冲方向矢量的测量误差导致 $\boldsymbol{n}$ 与 OZ 方向不能完全重合。因此，需要对忽略 $\boldsymbol{n}$ 与 OZ 方向不重合带来的加速度测量误差进行分析。根据式（7.193）可以得到加速度的表达式为

$$a = k_{a1}^{-1} n_a - k_{a1}^{-1}\left(\varepsilon_a + k_{a0}\right)。\tag{7.194}$$

$\boldsymbol{n}$ 与 OZ 方向不重合会导致两类误差：一类误差是 OX 方向和 OY 方向加速度在 OZ 方向的投影 e_x 和 e_y；另一类误差是 OZ 方向加速度 A_z 投影到 $\boldsymbol{n}$ 方向后与 A_z 的偏差 e_z：

$$\begin{cases} e_x = A_x \cdot \cos\limits_{\theta_x \to \pi/2} \theta_x = A_x \cdot \cos\limits_{\Delta\theta \to 0}\left(\pi/2 - \Delta\theta\right) \\ e_y = A_y \cdot \cos\limits_{\theta_y \to \pi/2} \theta_y = A_y \cdot \cos\limits_{\Delta\theta \to 0}\left(\pi/2 - \Delta\theta\right) \end{cases}, \tag{7.195}$$

$$e_z = A_z - A_z \cos\limits_{\theta_z \to 0} \theta_z = A_z\left(1 - \cos\limits_{\theta_z \to 0} \theta_z\right)。\tag{7.196}$$

e_u^x 表示当 A_x 在 $\boldsymbol{n}$ 方向分量 e_x 与 ε_a 的比值小于百分之一时 A_x 的值，当 $A_x < e_u^x$ 时，可以忽略 A_x 对 $\boldsymbol{n}$ 方向加速度测量的影响：

$$e_u^x = \frac{\varepsilon_a/100}{\cos\theta_x}。\tag{7.197}$$

A_y 在 $\boldsymbol{n}$ 方向分量 e_u^y 和 e_u^x 相同，所以不再进行讨论。e_u^z 表示 e_z 与 ε_a 的比值小于百分之一时 A_z 的值，当 $A_z < e_u^z$ 时，可以忽略 A_z 对 $\boldsymbol{n}$ 方向加速度测量的影响。OZ 方向和 $\boldsymbol{n}$ 的偏差 $\Delta\theta$ 与 e_u^x、e_u^z 的关系如表 7.10 和表 7.11 所示。

为了简化模型，航天器绕地球飞行时，仅考虑地球的重力，并且重力摄动考虑了 J2（地球的扁率）项。结合式（7.194），航天器在地心惯性坐标系中的加速度为

$$\tilde{a} = \widehat{a}_e + a = a_e + \varepsilon_e + k_{a1}^{-1} n_a + k_{a1}^{-1} k_{a0} + k_{a1}^{-1}\varepsilon_a = a_e + k_{a1}^{-1} n_a + k_{a1}^{-1} k_{a0} + w_a, \tag{7.198}$$

其中，$\tilde{a}$ 是航天器在地心惯性坐标系中的加速度在脉冲星矢量方向的分量；$\widehat{a}_e$ 是地球的真实重力在脉冲星矢量方向的分量，可以分解为理论值的总和 a_e 和噪声 ε_e；a 是加速度计的输出，即是视在加速度，假设 ε_e 和 ε_a 均为零均值高斯白噪声，则 $w_a = \varepsilon_e + k_{a1}^{-1}\varepsilon_a$ 也是零均值高斯白噪声。

状态方程为

$$\begin{bmatrix} \dot{r} \\ \dot{v} \\ \dot{k}_{a1}^{-1} \end{bmatrix} = \begin{bmatrix} 0 & 1 & 0 \\ 0 & 0 & n_a - k_{a0} \\ 0 & 0 & 0 \end{bmatrix} \begin{bmatrix} r \\ v \\ k_{a1}^{-1} \end{bmatrix} + \begin{bmatrix} 0 \\ \tilde{a}_e \\ 0 \end{bmatrix} + \begin{bmatrix} 0 \\ w \\ 0 \end{bmatrix}, \tag{7.199}$$

其中，r 和 v 分别是航天器相对地球中心的位置和速度在脉冲星方向上分量；$\tilde{a}_e$ 是地球在脉冲星方向上的重力分量；k_{a0} 是加速度计组件在脉冲星方向上的零偏差。将式（7.199）转换为通用形式：

$$\begin{cases}\dot{\underline{\boldsymbol{x}}}(t)=\underline{\boldsymbol{F}}\cdot\underline{\boldsymbol{x}}(t)+\underline{\boldsymbol{u}}(t)+\underline{\boldsymbol{w}}(t)\\ E\left[\underline{\boldsymbol{w}}(t)\right]=0\\ E\left[\underline{\boldsymbol{w}}(t)\underline{\boldsymbol{w}}^{\mathrm{T}}(t)\right]=\underline{\boldsymbol{q}}(t)\delta(t-\tau)\end{cases}, \tag{7.200}$$

其中，$\underline{\boldsymbol{x}}(t)$ 是状态向量；$\underline{\boldsymbol{w}}(t)$ 是方差强度矩阵为 $\underline{\boldsymbol{q}}(t)=\begin{bmatrix}0&0&0\\0&q&0\\0&0&0\end{bmatrix}$ 的过程噪声矩阵；$\delta(t-\tau)=\begin{cases}0|_{t\neq\tau}\\1|_{t=\tau}\end{cases}$；$\underline{\boldsymbol{F}}=\begin{bmatrix}0&1&0\\0&0&n_a(t)-k_{a0}\\0&0&0\end{bmatrix}$；$\underline{\boldsymbol{u}}(t)=\begin{bmatrix}0&a_e&0\end{bmatrix}$ 是引力向量。

系统一步转移矩阵取2阶近似为

$$\begin{aligned}\underline{\boldsymbol{\Phi}}_{k,k-1}&=\underline{\boldsymbol{\Phi}}(t_k,t_{k-1})=\exp\left(\Delta t\cdot\underline{\boldsymbol{F}}(t_k)\right)\approx\boldsymbol{I}+\underline{\boldsymbol{F}}_k\cdot\Delta t+\frac{1}{2!}\underline{\boldsymbol{F}}_k^{\,2}\cdot\Delta t^2\\&=\begin{bmatrix}1&T&0.5\cdot\left(n_{a,k}-k_{a0}\right)\cdot T^2\\0&1&\left(n_{a,k}-k_{a0}\right)\cdot T\\0&0&1\end{bmatrix},\end{aligned} \tag{7.201}$$

其中，$T=\Delta t$ 为采样周期；$\underline{\boldsymbol{F}}_k$ 为 t_k 时刻 $\underline{\boldsymbol{F}}$ 的值，在短时间 T 内可看作常值；$\boldsymbol{I}$ 为单位矩阵。短时间内 $t_k<t<t_{k+1}$，$\boldsymbol{a}_e(\dot{t})$ 可以用 t_k 时刻引力 $\boldsymbol{a}_{e,k}$ 近似，$n_a(t)$ 可以用 t_k 时刻引力 $n_{a,k}$ 近似，引力向量 $\underline{\boldsymbol{u}}(t)$ 离散化为

$$\begin{aligned}\boldsymbol{u}_k&=\int_{t_k}^{t_{k+1}}\underline{\boldsymbol{\Phi}}(t_{k+1},t)\boldsymbol{u}(t)\mathrm{d}t\\&=\int_{t_k}^{t_{k+1}}\begin{bmatrix}1&T&0.5\cdot\left(n_{a,k}-k_{a0}\right)\cdot T^2\\0&1&\left(n_{a,k}-k_{a0}\right)\cdot T\\0&0&1\end{bmatrix}\cdot\begin{bmatrix}0\\a_e(t)\\0\end{bmatrix}\mathrm{d}t\\&=\int_{t_k}^{t_{k+1}}\begin{bmatrix}T\cdot a_{e,k}\\a_{e,k}\\0\end{bmatrix}\mathrm{d}t\\&=\begin{bmatrix}T^2\cdot a_{e,k}\\T\cdot a_{e,k}\\0\end{bmatrix}。\end{aligned} \tag{7.202}$$

过程噪声矩阵离散化为

$$
\begin{aligned}
\underline{\boldsymbol{w}} &= \int_{t_k}^{t_{k+1}} \underline{\boldsymbol{\Phi}}(t_{k+1},\tau)\underline{\boldsymbol{w}}(t)\mathrm{d}\tau \\
&= \int_{t_k}^{t_{k+1}} \begin{bmatrix} 1 & T & 0.5\cdot(n_{a,k}-k_{a0})\cdot T^2 \\ 0 & 1 & (n_{a,k}-k_{a0})\cdot T \\ 0 & 0 & 1 \end{bmatrix} \begin{bmatrix} 0 \\ \underline{w} \\ 0 \end{bmatrix} \mathrm{d}\tau \\
&= \begin{bmatrix} T^2\cdot\underline{w} \\ T\cdot\underline{w} \\ 0 \end{bmatrix}。
\end{aligned}
\tag{7.203}
$$

过程噪声矩阵 $\underline{\boldsymbol{w}}(t)$ 对应的离散噪声序列 $\underline{\boldsymbol{w}}_k$ 的均值和方差矩阵为

$$
E[\underline{\boldsymbol{w}}] = \int_{t_k}^{t_{k+1}} \underline{\boldsymbol{\Phi}}(t_{k+1},\tau)E\left[\underline{w}(\tau)\right]\mathrm{d}\tau = 0\,,
\tag{7.204}
$$

$$
\begin{aligned}
E\left[\underline{\boldsymbol{w}}_k\underline{\boldsymbol{w}}_j^{\mathrm{T}}\right] &= E\left[\int_{t_k}^{t_{k+1}} \underline{\boldsymbol{\Phi}}(t_{k+1},t)\underline{w}(t)\mathrm{d}t\cdot\int_{t_k}^{t_{k+1}} \underline{w}^{\mathrm{T}}(\tau)\underline{\boldsymbol{\Phi}}(t_{k+1},\tau)\mathrm{d}\tau\right] \\
&= \delta(t-\tau)\int_{t_k}^{t_{k+1}} \underline{w}^{\mathrm{T}}(\tau)\underline{\boldsymbol{\Phi}}(t_{k+1},\tau)\mathrm{d}\tau \\
&= \underline{\boldsymbol{Q}}_k\delta_{kj}\,,
\end{aligned}
\tag{7.205}
$$

其中，$\underline{\boldsymbol{Q}}_k = \int_{t_k}^{t_{k+1}} \underline{\boldsymbol{\Phi}}(t_{k+1},\tau)\cdot\boldsymbol{q}\cdot\underline{\boldsymbol{\Phi}}^{\mathrm{T}}(t_{k+1},\tau)\mathrm{d}\tau$；$\delta_{kj} = \begin{cases} 0\big|_{k\neq j} \\ 1\big|_{k=j} \end{cases}$。将式(7.201)代入式(7.205)中，可得当 $k\neq j$ 时，$E\left[\underline{\boldsymbol{w}}_k\cdot\underline{\boldsymbol{w}}_j^{\mathrm{T}}\right]=0$；当 $k=j$ 时，

$$
\begin{aligned}
E\left[\underline{\boldsymbol{w}}_k\cdot\underline{\boldsymbol{w}}_j^{\mathrm{T}}\right] &= \begin{bmatrix} 1 & T & 0.5\cdot(n_{a,k}-k_{a0})\cdot T^2 \\ 0 & 1 & (n_{a,k}-k_{a0})\cdot T \\ 0 & 0 & 1 \end{bmatrix}\cdot\begin{bmatrix} 0 & 0 & 0 \\ 0 & q & 0 \\ 0 & 0 & 0 \end{bmatrix}\cdot\begin{bmatrix} 1 & T & 0.5\cdot(n_{a,k}-k_{a0})\cdot T^2 \\ 0 & 1 & (n_{a,k}-k_{a0})\cdot T \\ 0 & 0 & 1 \end{bmatrix}^{\mathrm{T}}\cdot T \\
&= \begin{bmatrix} 0 & qT^2 & qT^3(x_k-k_{a0}) \\ 0 & qT & qT^2(x_k-k_{a0}) \\ 0 & 0 & 0 \end{bmatrix}。
\end{aligned}
\tag{7.206}
$$

加速度计的观测方程：

$$
\underline{z}_a = \begin{bmatrix} 0 & 0 & x-k_{a0} \end{bmatrix}\cdot\begin{bmatrix} r & v & k_{a1}^{-1} \end{bmatrix}^{\mathrm{T}} + a_e + \underline{w}_a = \underline{\boldsymbol{H}}_a(t)\boldsymbol{x}_a + a_e + \underline{w}_a\,,
\tag{7.207}
$$

其中，观测矩阵 $\underline{\boldsymbol{H}}_a(t) = \begin{bmatrix} 0 & 0 & n_a-k_{a0} \end{bmatrix}$。脉冲星的观测方程为

$$
\underline{z}_p = t_{\mathrm{TOA}} = \begin{bmatrix} \frac{1}{c} & 0 & 0 \end{bmatrix}\begin{bmatrix} r & v & k_{a1}^{-1} \end{bmatrix}^{\mathrm{T}} + \underline{w}_p = \underline{\boldsymbol{H}}_p\underline{\boldsymbol{x}} + \underline{w}_p\,,
\tag{7.208}
$$

其中，$\underline{z}_p$ 是脉冲星的观测值；观测矩阵 $\underline{\boldsymbol{H}}_p = \begin{bmatrix} \frac{1}{c} & 0 & 0 \end{bmatrix}$；$t_{\mathrm{TOA}}$ 是脉冲到达时间；

r 是航天器的位置在脉冲星矢量方向的分量；v 是航天器沿脉冲星的速度；k_{a1} 是加速度计分量在脉冲星方向上的一阶系数；$\underline{w}_p$ 是电子组件和背景噪声引起的噪声。式（7.207）和式（7.208）组合为 SXPN 修改的加速度计观测方程，可得

$$\underline{z}=\begin{bmatrix}\underline{z}_a\\ \underline{z}_p\end{bmatrix}=\begin{bmatrix}\underline{\boldsymbol{H}}_a(t)\\ \underline{\boldsymbol{H}}_p(t)\end{bmatrix}\underline{\boldsymbol{x}}_a+\begin{bmatrix}\underline{w}_a\\ \underline{w}_p\end{bmatrix}=\underline{\boldsymbol{H}}(t)\underline{\boldsymbol{x}}_a+\underline{\boldsymbol{w}}_p^a, \tag{7.209}$$

其中，观测矩阵 $\underline{\boldsymbol{H}}(t)=\begin{bmatrix}\underline{\boldsymbol{H}}_a(t) & \underline{\boldsymbol{H}}_p(t)\end{bmatrix}^{\mathrm{T}}$；噪声向量 $\underline{\boldsymbol{w}}_p^a=\begin{bmatrix}\underline{w}_a & \underline{w}_p\end{bmatrix}^{\mathrm{T}}$。

7.6.3 INS/CNS/XNAV 的信息融合

1. EKF2 的状态方程

采用航天器失准角、速度偏差、位置偏差、陀螺漂移和加速度计偏差作为状态向量，数学表达式为

$$\boldsymbol{x}=\left[\phi_x,\phi_y,\phi_z,\delta V_x,\delta V_y,\delta V_z,\delta x,\delta y,\delta z,\varepsilon_x,\varepsilon_y,\varepsilon_z,\nabla_x,\nabla_y,\nabla_z\right], \tag{7.210}$$

其中，ϕ_x、ϕ_y、ϕ_z 分别为三个方向的失准角；δV_x、δV_y、δV_z 分别为三个方向的速度偏差；δx、δy、δz 分别为三个方向的位置偏差；ε_x、ε_y、ε_z 分别为三个方向的陀螺漂移；∇_x、∇_y、∇_z 分别为三个方向的加速度计偏差。状态方程为

$$\dot{\boldsymbol{x}}(t)=\boldsymbol{F}(t)\boldsymbol{x}(t)+\boldsymbol{G}(t)\boldsymbol{w}(t), \tag{7.211}$$

其中，$\boldsymbol{F}(t)=\begin{bmatrix}\boldsymbol{0}_{3\times3} & \boldsymbol{0}_{3\times3} & \boldsymbol{0}_{3\times3} & \boldsymbol{C}_b^i & \boldsymbol{0}_{3\times3}\\ \boldsymbol{F}_1 & \boldsymbol{0}_{3\times3} & \dfrac{\partial \boldsymbol{g}}{\partial \boldsymbol{r}} & \boldsymbol{0}_{3\times3} & \boldsymbol{C}_b^i\\ \boldsymbol{0}_{3\times3} & \boldsymbol{I}_{3\times3} & \boldsymbol{0}_{3\times3} & \boldsymbol{0}_{3\times3} & \boldsymbol{0}_{3\times3}\\ \boldsymbol{0}_{3\times3} & \boldsymbol{0}_{3\times3} & \boldsymbol{0}_{3\times3} & \boldsymbol{0}_{3\times3} & \boldsymbol{0}_{3\times3}\\ \boldsymbol{0}_{3\times3} & \boldsymbol{0}_{3\times3} & \boldsymbol{0}_{3\times3} & \boldsymbol{0}_{3\times3} & \boldsymbol{0}_{3\times3}\end{bmatrix}$，$\boldsymbol{F}_1=\begin{bmatrix}0 & \hat{a}_z & -\hat{a}_y\\ -\hat{a}_z & 0 & \hat{a}_x\\ \hat{a}_y & -\hat{a}_x & 0\end{bmatrix}$，$\boldsymbol{C}_b^i$ 为载体坐标系到发射惯性坐标系的转移矩阵，$\boldsymbol{g}$ 为航天器所在位置的重力加速度，$\boldsymbol{r}$ 为发射惯性坐标系所在的位置；$\boldsymbol{G}(t)=\begin{bmatrix}C_b^i & \boldsymbol{0}_{3\times3}\\ \boldsymbol{0}_{3\times3} & C_b^i\\ \boldsymbol{0}_{3\times3} & \boldsymbol{0}_{3\times3}\\ \boldsymbol{0}_{3\times3} & \boldsymbol{0}_{3\times3}\\ \boldsymbol{0}_{3\times3} & \boldsymbol{0}_{3\times3}\end{bmatrix}$；$\boldsymbol{w}(t)=[w_{\varepsilon x},w_{\varepsilon y},w_{\varepsilon z},w_{\Delta x},w_{\Delta y,},w_{\Delta z}]$，

$w_{\varepsilon x}$、$w_{\varepsilon y}$、$w_{\varepsilon z}$ 为陀螺高斯白噪声，它们的方差为 Q_ε，$w_{\Delta x}$，$w_{\Delta y}$，$w_{\Delta z}$ 为加速度计高斯白噪声，它们的方差为 Q_Δ。

2. EKF2 的观测方程

本章把提出的导航算法与传统的三种组合导航方法作对比，对比的这三种组合导航方法状态方程是一样的，不同之处仅是观测量不同。下面仅对CNS和XNAV的观测方程进行分析，每种方法的具体观测方程在 7.4 节已详细给出。CNS 是当前航天器导航中精度最高的测姿敏感器，可以将其与 INS 输出姿态的差值作为平台失准角。CNS 的观测方程可以表示为

$$z_{\mathrm{CNS}}(t)=\begin{bmatrix}\phi_x & \phi_y & \phi_z\end{bmatrix}^{\mathrm{T}}=\boldsymbol{H}_{\mathrm{CNS}}(t)+\boldsymbol{V}_{\mathrm{CNS}}(t), \tag{7.212}$$

其中，$\boldsymbol{H}_{\mathrm{CNS}}(t)=\begin{bmatrix}\boldsymbol{I}_{3\times3} & \boldsymbol{0}_{3\times3} & \boldsymbol{0}_{3\times9}\end{bmatrix}$，$\boldsymbol{I}_{3\times3}$ 为单位矩阵；$\boldsymbol{V}_{\mathrm{CNS}}(t)$ 为测量噪声。

可以根据 X 射线脉冲星导航的原理获得 XNAV 的位置测量值 $\boldsymbol{r}_p$，然后将 $\boldsymbol{r}_p$ 与 INS 输出的位置向量在脉冲星矢量方向上的分量 $\boldsymbol{r}_{\mathrm{INS}}\cdot\boldsymbol{n}$ 之差作为观测方程的观测量：

$$\begin{aligned}\boldsymbol{Z}_{\mathrm{XNAV}}(t)&=\boldsymbol{n}^{\mathrm{T}}\left[\delta x、\delta y、\delta z\right]+\boldsymbol{V}_{\mathrm{XNAV}}(t)\\&=\boldsymbol{n}^{\mathrm{T}}\begin{bmatrix}\boldsymbol{0}_{3\times6} & \boldsymbol{I}_{3\times3} & \boldsymbol{0}_{3\times6}\end{bmatrix}\boldsymbol{x}+\boldsymbol{V}_{\mathrm{XNAV}}(t)\\&=\begin{bmatrix}\boldsymbol{0}_{1\times6} & \boldsymbol{n}^{\mathrm{T}} & \boldsymbol{0}_{1\times6}\end{bmatrix}\boldsymbol{x}+\boldsymbol{V}_{\mathrm{XNAV}}(t)\\&=\boldsymbol{H}_{\mathrm{XNAV}}\boldsymbol{x}+\boldsymbol{V}_{\mathrm{XNAV}}(t),\end{aligned} \tag{7.213}$$

其中，$\boldsymbol{H}_{\mathrm{XNAV}}=\begin{bmatrix}\boldsymbol{0}_{1\times6} & \boldsymbol{n}^{\mathrm{T}} & \boldsymbol{0}_{1\times6}\end{bmatrix}$；$\boldsymbol{V}_{\mathrm{XNAV}}(t)$ 为测量噪声。

为了分析所提方法的性能，与另外三种传统方法进行了对比。这三种方法分别简称为方法 1、方法 2 和方法 3。传统方法的导航原理框图如图 7.62 所示。方法 1 直接使用 INS 的输出作为导航信息。由于没有其他传感器，因此无法执行信息融合，并且无法纠正误差。方法 1～3 是以偏差为状态向量的，所以方法 1 是没

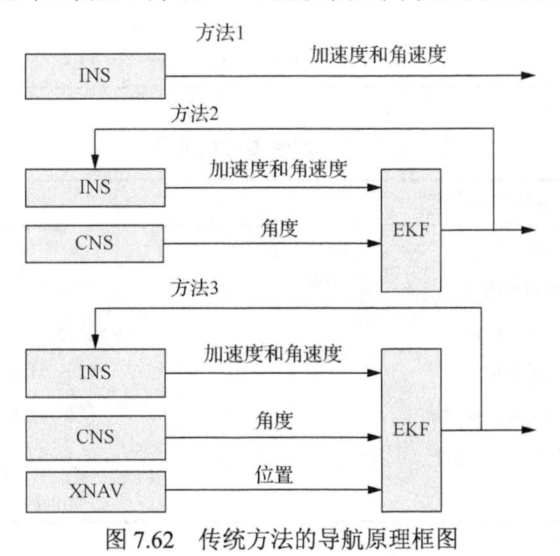

图 7.62　传统方法的导航原理框图

有观测方程的。方法 2 基于方法 1 添加 CNS 信息，并使用 EKF 作为滤波器。从理论上讲，与第一种方法相比，可以获得更准确的导航信息。根据式（7.212），观测方程可以表示为

$$\boldsymbol{Z}_2=\boldsymbol{Z}_{\mathrm{CNS}}=\boldsymbol{H}_{\mathrm{CNS}}(t)\boldsymbol{x}(t)+\boldsymbol{V}_{\mathrm{CNS}}(t)\text{。} \tag{7.214}$$

与方法 2 相比，方法 3 增加了 XNAV 信号，可以进一步修正导航误差。根据式（7.212）和式（7.213），观测方程可以表示为

$$\boldsymbol{Z}_3=\begin{bmatrix}\boldsymbol{Z}_{\mathrm{CNS}}\\ \boldsymbol{Z}_{\mathrm{XNAV}}\end{bmatrix}=\begin{bmatrix}\boldsymbol{H}_{\mathrm{CNS}}(t)\boldsymbol{X}(t)+\boldsymbol{V}_{\mathrm{CNS}}(t)\\ \boldsymbol{H}_{\mathrm{XNAV}}(t)\boldsymbol{X}(t)+\boldsymbol{V}_{\mathrm{XNAV}}(t)\end{bmatrix}=\boldsymbol{H}_3(t)\boldsymbol{X}(t)+\boldsymbol{V}_3(t)\text{，} \tag{7.215}$$

其中，$\boldsymbol{H}_3(t)=\begin{bmatrix}\boldsymbol{H}_{\mathrm{CNS}}(t) & \boldsymbol{H}_{\mathrm{XNAV}}(t)\end{bmatrix}^{\mathrm{T}}$；$\boldsymbol{V}_3(t)=\begin{bmatrix}\boldsymbol{V}_{\mathrm{CNS}}(t) & \boldsymbol{V}_{\mathrm{XNAV}}(t)\end{bmatrix}^{\mathrm{T}}$。

7.6.4 仿真分析

为了验证所提出方法的正确性，对其进行了仿真。组合导航算法的仿真平台参数如表 7.12 所示。航天器为弹道式飞行器，惯性器件的参数如表 7.13 所示。仿真的过程是首先经过轨道软件计算出真实轨道，同时根据 INS 自身的误差参数生成 INS 的输出参数，通过不同的组合导航算法计算出导航参数，然后将得到的导航参数与真实的轨道信息进行对比就可以得到导航误差。

表 7.12　组合导航算法的仿真平台参数

名称	值
操作系统	Microsoft Windows 7 x64-based PC
处理器	AMD64 Family 16 Model 6 Stepping 3 Authentic AMD ~2500MHz
RAM	6.00GB
Matlab	R2015a （8.5.0 197613） 64-bit（win64）

表 7.13　惯性器件的参数

参数	值
陀螺偏差	0.01 ″/s
陀螺噪声标准差	0.005 ″/s
初始加速度 g_0	$9.7803267714\mathrm{m/s^2}$
加速度常值偏差	$(5\mathrm{E}-5)\cdot g_0$
加速度计的白噪声标准差	$(5\mathrm{E}-5)\cdot g_0$
加速度计的一次项误差	50ppm
脉冲星测量噪声标准差	500m

注：ppm 为百万分之一。

为了证明所提方法的有效性，将本章所提 INS/CNS/XNAV-VA 方法与三种导航算法 INS、INS/CNS 和 INS/CNS/XNAV 进行了比较，它们分别对应方法 4、方法 1、方法 2 和方法 3。位置偏差范数曲线如图 7.63 所示，整个飞行时间为 2060s。方法 1 的位置误差最大，最终达到约 70000m，主要原因是无法消除 INS 的累积误差。方法 2 可以纠正姿态误差并消除陀螺的累积误差。

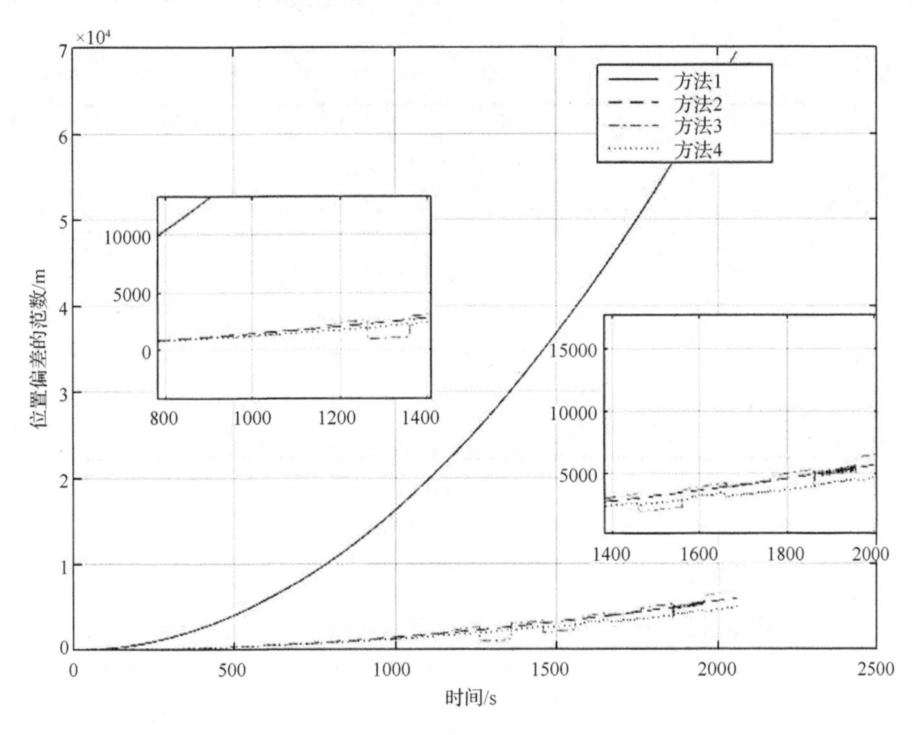

图 7.63　位置偏差范数曲线图

总体而言，方法 2 比方法 3 和方法 4 更稳定。方法 2、方法 3 和方法 4 在 1200s 之前的精度都非常稳定。超过 1200s 后，方法 3 出现较大的抖动，方法 2 和方法 4 保持稳定。此外，当航行到 2060s 时，方法 4 的导航定位误差比方法 2 降低了约 1000m，不仅比方法 3 误差低，还比方法 3 更稳定。因此，方法 4 的最终误差小于其他方法误差，并且非常稳定。

单向位置误差曲线如图 7.64 所示。Y 方向的位置误差最小，X 方向的位置误差最大。

仿真中使用的脉冲星方向矢量为

$$\boldsymbol{n}=\left[1.02\mathrm{E}-1\quad 9.21\mathrm{E}-1\quad 3.74\mathrm{E}-1\right]^{\mathrm{T}}。\tag{7.216}$$

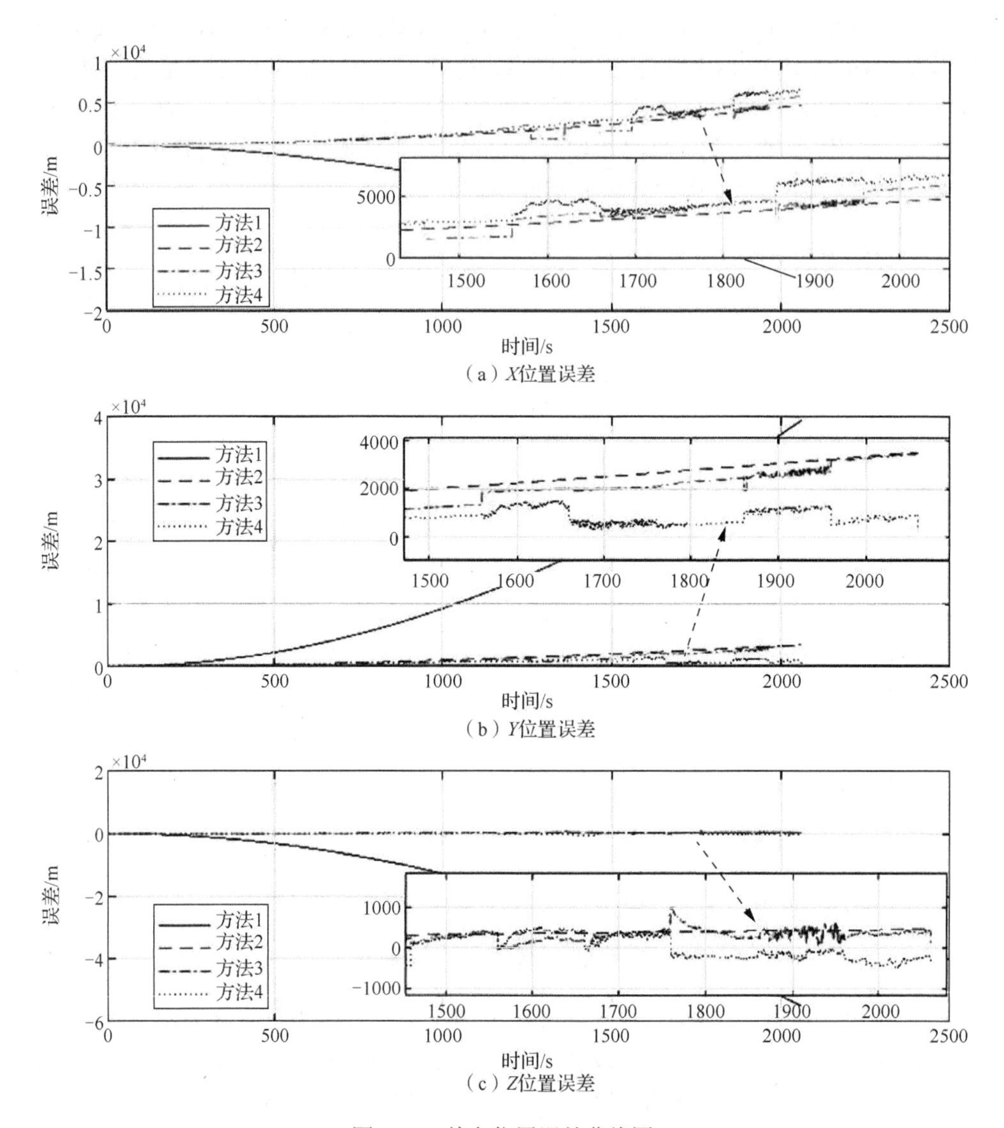

图 7.64　单向位置误差曲线图

通过比较本章提出的方法 4 和方法 3 融合 XNAV 数据的三个坐标轴的定位误差，可以得出结论，脉冲星方向矢量 N 与校正后的坐标轴 $K\big|_{K\in\{X,Y,Z\}}$ 之间的角度越小，即 N 在 K 上的投影越大，定位精度越好。单向姿态误差曲线如图 7.65 所示。

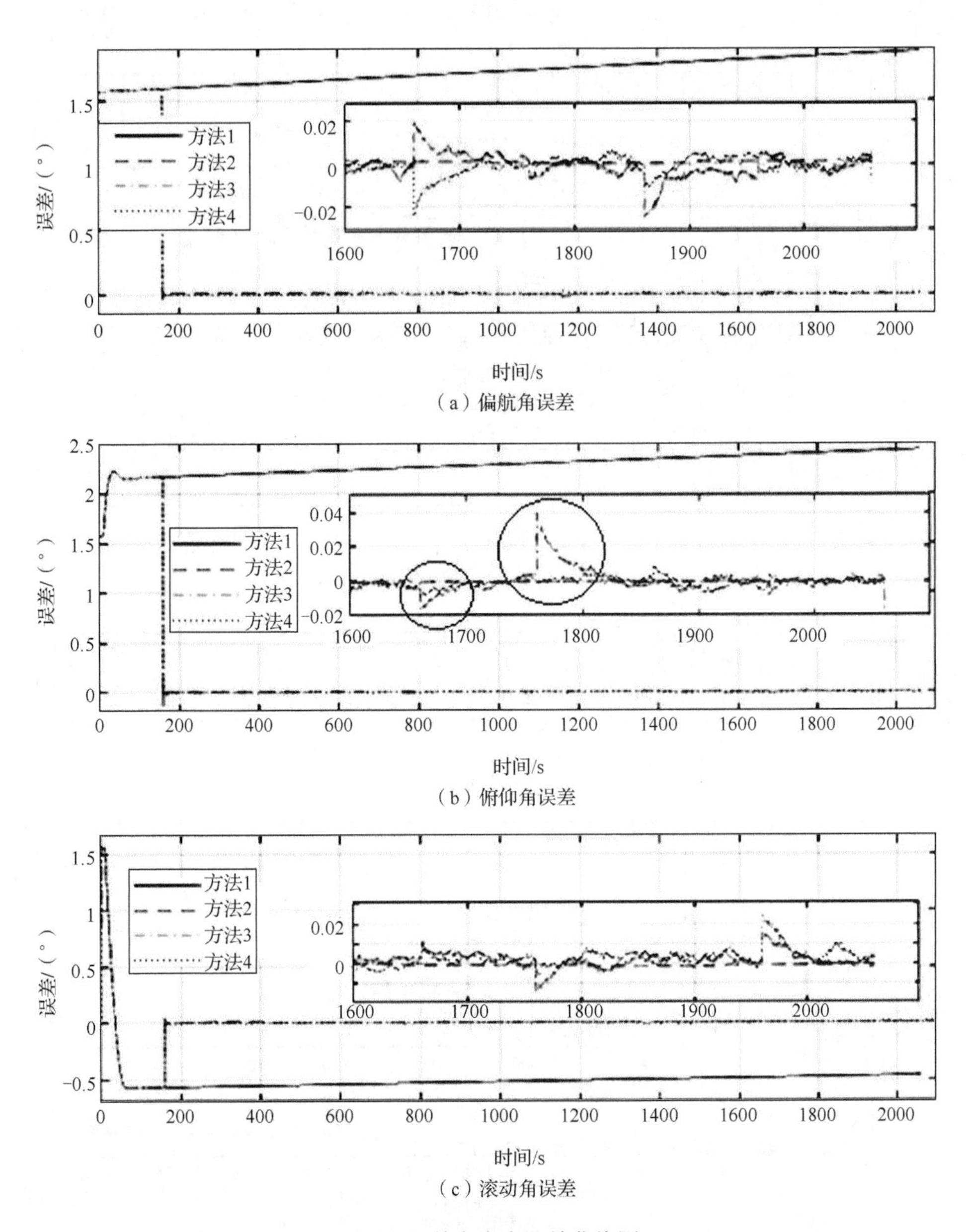

（a）偏航角误差

（b）俯仰角误差

（c）滚动角误差

图 7.65　单向姿态误差曲线图

由图 7.65 可以看出，方法 4 和方法 3 相比，这三个方向的姿态误差相差不大。在脉冲星方向矢量分量较大的 Y 轴方向上，方法 3 具有较大的抖动，并且方法 4 相对较平滑。在图 7.66 中展示了单方向速度误差曲线图，方法 3 更加剧烈，但是方法 4 相对平滑。

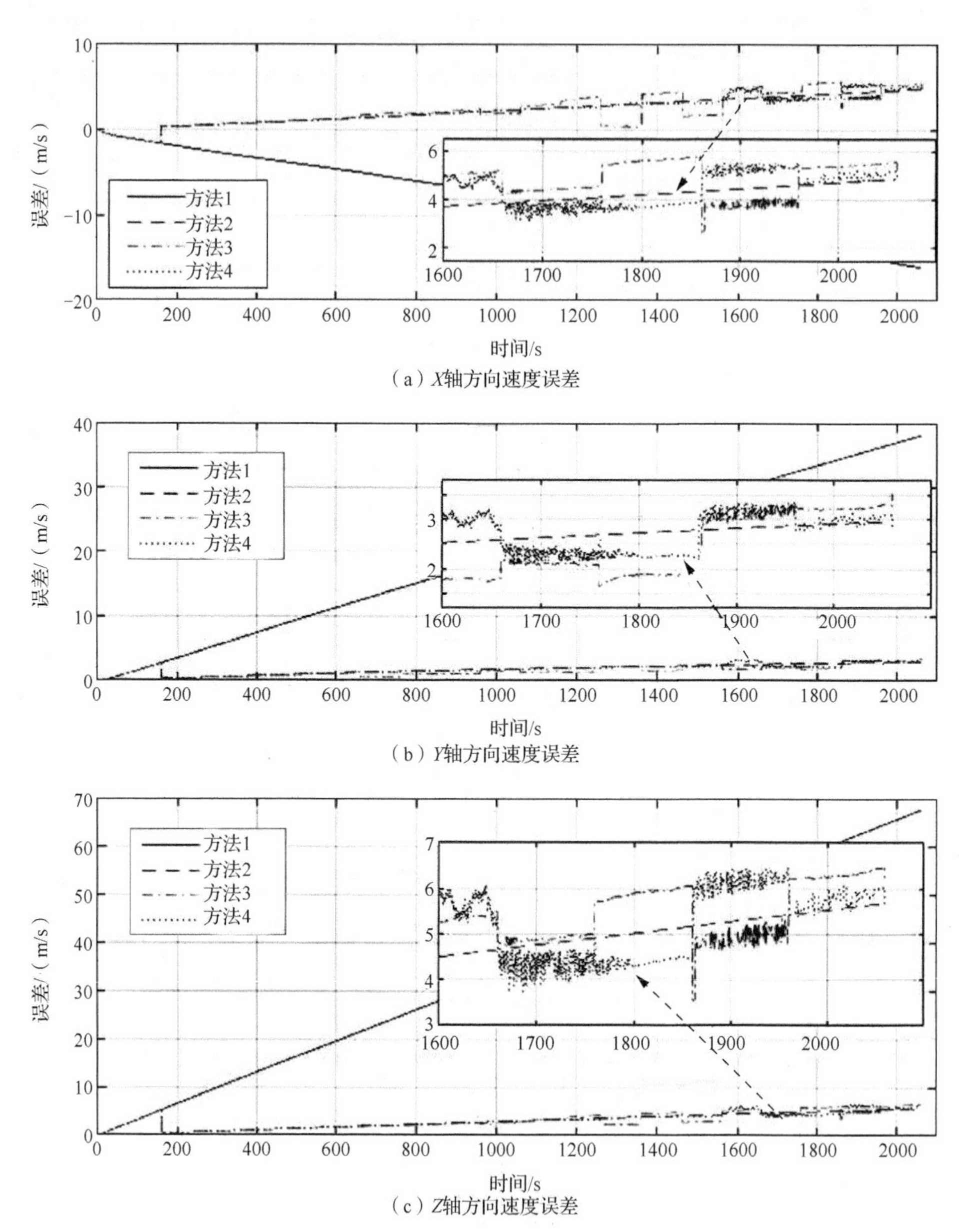

（a）X轴方向速度误差

（b）Y轴方向速度误差

（c）Z轴方向速度误差

图 7.66　单方向速度误差曲线图

通过比较这四种方法可得，一般情况下，本章提出的方法可以获得最高的定位精度，并且三个方向的总定位精度最高。

7.7 小　结

本章主要针对 X 射线脉冲星导航算法展开研究。首先，针对高阶项存在非线性误差的问题，设计了基于分段线性化的截断误差建模方法。其次，研究了 X 射线脉冲星导航与其他导航方式配合使用的导航算法，一是基于 SMFEKF 的惯性/星光/脉冲星组合导航算法。通过分析惯性导航的误差模型及脉冲星导航与星光导航对惯性导航的修正原理，建立了组合导航的数学模型。同时，为提高脉冲星导航的修正效率，引入 SMFEKF 作为融合脉冲星导航数据的滤波器以增加单次融合中脉冲星导航的数据占比。二是针对组合导航精度低的问题，提出了基于虚拟加速度计的 INS/CNS/XNAV 组合导航方法，该方法通过坐标变换获得虚拟加速度计，然后通过观测 1 颗脉冲星获得的位置信息来修正加速度计的一次项误差，最终提高整体的组合导航精度。

参 考 文 献

[1] SHEIKH S I. The use of variable celestial X-ray sources for spacecraft navigation[D]. Maryland: University of Maryland, 2005.

[2] FOLTA D C, GRAMLING C J, LONG A C, et al. Autonomous navigation using celestial objects[J]. Advances in the Astronautical Sciences, 1999, 103(3): 2161-2177.

[3] GOUNLEY R, WHITE R, GAI E. Autonomous satellite navigation by stellar refraction[J]. Journal of Guidance Control and Dynamics, 1984, 7(2): 129-134.

[4] JORDAN J F. Navigation of spacecraft on deep space missions[J]. Journal of Navigation, 1987, 40(1): 19-29.

[5] MELBOURNE W G. Navigation between the planets[J]. Scientific American, 1976, 234(6): 58-74.

[6] BATE R R, MUELLER D D, WHITE J E. Fundamentals of Astrodynamics[M]. New York: Dover Publications, 1971.

[7] WEEKS C J, BOWERS M J. Analytical models of doppler data signatures[J]. Journal of Guidance, Control, and Dynamics, 1995, 18(6): 1287-1291.

[8] DOYLE H. About the deep space network[EB/OL]. [2022-03-07]. https://www.nasa.gov/directorates/heo/scan/services/networks/deep_space_network/about.

[9] BATTIN R H. An Introduction to the Mathematics and Methods of Astrodynamics, Revised Edition[M]. Virdžinija: American Institute of Aeronautics and Astronautics, Incorporated, 1999.

[10] LAIR J L, DUCHON P, RIANT P, et al. Satellite navigation by stellar refraction[J]. Acta Astronautica, 1988, 17(10): 1069-1079.

[11] RINAURO S, COLONNESE S, SCARANO G. Fast near-maximum likelihood phase estimation of X-ray pulsars[J]. Signal Processing, 2013, 93(1): 326-331.

[12] WANG Y, ZHANG W. Pulsar phase and doppler frequency estimation for XNAV using on-orbit epoch folding[J]. IEEE Transactions on Aerospace and Electronic Systems, 2016, 52(5): 2210-2219.

[13] HEWISH A, BELL S J, PILKINGTON J D H, et al. Observation of a rapidly pulsating radio source[J]. Nature, 1968, 217(5130): 709-713.

[14] 帅平. 脉冲星宇宙航行的灯塔[M]. 北京：国防工业出版社, 2016.

[15] GOLD T. Rotating neutron stars as the origin of the pulsating radio sources[J]. Nature, 1968, 218(5143): 731-732.

[16] BAXTER R, HASTINGS N, LAW A, et al. X-ray astronomy missions[J]. Animal Genetics, 1992, 30(1): 391-427.

[17] VOGES W, ASCHENBACH B, BOLLER T, et al. ROSAT all-sky survey faint source catalog (Voges+ 2000)[J]. New Library World, 2011, 112(5/6): 261-273.

[18] VOGES W, ASCHENBACH B, BOLLER T, et al. The ROSAT all-sky survey bright source catalogue[J]. Astronomy and Astrophysics, 1999, 349(2): 389-405.

[19] 闫振, 沈志强. FAST——脉冲星观测研究的利器[J]. 科技导报, 2017, 35(24): 16-19.

[20] DOWNS G S. Interplanetary navigation using pulsating radio sources[R]. Pasadena: California Institute of Technology, 1974.

[21]BUTMAN S A, CHESTER T J. Navigation using X-ray pulsars[J]. Telecommunications & Data Acquisition Progress, 1981(63): 22-25.

[22] ROSAT A, HOME R, ROSAT P. Rosat max-planck-institut für extraterrestrische physik call for proposals technical appendix[EB/OL]. [2022-12-04]. https://heasarc.gsfc.nasa.gov/docs/rosat/appf/node1.html# SECTION00100000000000000000.

[23] TELESCOPE S. ROSAT[EB/OL]. [2020-05-08]. https://en.wikipedia.org/wiki.

[24] BOYD P T. Rossi X-ray timing explorer (RXTE)[EB/OL]. [2020-05-06]. https://en.wikipedia.org/wiki/Rossi_X-ray_Timing_Explorer.

[25] HEASARC：RXTE guest observer facility[EB/OL]. [2020-04-07]. https://heasarc.gsfc.nasa.gov/docs/xte/xtegof.html.

[26] BECKETT D. Overview of the XNAV program X-ray navigation using celestial sources[C]. 20th Annual AIAA/USU Conference on Small Satellites, Logan, 2006: 1-11.

[27] SHEIKH S I, PINES D J, RAY P S, et al. Spacecraft navigation using X-Ray pulsars[J]. Journal of Guidance, Control, and Dynamics, 2006, 29(1): 49-63.
[28] SHEIKH S I. Alum sheikh letter of ARCS foundation[EB/OL]. [2020-09-08]. https://www.arcsfoundation.org/scholars/alumni-hall-fame.
[29] 郑伟, 王奕迪, 汤国建, 等. X 射线脉冲星导航理论与应用[M]. 北京: 科学出版社, 2015.
[30] WOODFORK D W. The use of X-ray pulsars for aiding GPS satellite orbit determination[D]. Ohio: Air Force Institute of Technology, 2005.
[31]WOODFORK D W, RAQUET J F, RACCA R A. Use of X-ray pulsars for aiding GPS satellite orbit determination[C]. 61st Annual Meeting of the Institute of Navigation, Cambridge, 2005: 476-486.
[32] SHEIKH S I, PINES D J. Recursive estimation of spacecraft position using X-ray pulsar time of arrival measurements[C]. 61st Annual Meeting of the Institute of Navigation, Cambridge, 2005: 464-475.
[33] EMADZADEH A A, SPEYER J L. X-ray pulsar-based relative navigation using epoch folding[J]. IEEE Transactions on Aerospace and Electronic Systems, 2011, 47(4): 2317-2328.
[34] EMADZADEH A A, SPEYER J L. On modeling and pulse phase estimation of X-ray pulsars[J]. IEEE Transactions on Signal Processing, 2010, 58(9): 4484-4495.
[35] HANSON J, ENGINEERING C. Space navigation using X-ray pulsar observations[EB/OL]. [2020-09-08]. https://web.stanford.edu/group/scpnt/pnt/PNT11/2011_presentation_files/03_Hanson-PNt2011.pdf.
[36] WINTERNITZ L M B, MITCHELL J W, HASSOUNEH M A, et al. SEXTANT X-ray pulsar navigation demonstration : Flight system and test results 1[C]. 2016 IEEE Aerospace Conference, Big Sky, 2018: 1-11.
[37] WINTERNITZ L M B, HASSOUNEH M A, MITCHELL J W, et al. X-ray pulsar navigation algorithms and test bed for SEXTANT[C]. IEEE Aerospace Conference Proceedings, Big Sky, 2015: 1-14.
[38] NASA. The neutron star interior composition explorer[EB/OL]. [2020-03-04]. http://adsabs.harvard.edu/abs/2008HEAD...10.2823A.
[39] NASA. NICER[EB/OL]. [2020-04-03]. https://www.nasa.gov/nicer.
[40] MITCHELL J W, WINTERNITZ L B, HASSOUNEH M A, et al. Sextant X-ray pulsar navigation demonstration: Initial on-orbit results[J]. Advances in the Astronautical Sciences, 2018, 164: 1229-1240.
[41] 帅平, 陈绍龙, 吴一帆, 等. X 射线脉冲星导航技术及应用前景分析[J]. 中国航天, 2006(10): 27-32.
[42] 杨廷高, 南仁东, 金乘进, 等. 脉冲星在空间飞行器定位中的应用[J]. 天文学进展, 2007, 25(3): 249-261.
[43] 郑伟, 孙守明, 汤国建. 基于 X 射线脉冲星的深空探测自主导航方法[J]. 中国空间科学技术, 2008(5): 2-8.
[44] LIU J, MA J, TIAN J W, et al. X-ray pulsar navigation method for spacecraft with pulsar direction error[J]. Advances in Space Research, 2010, 46(11): 1409-1417.
[45] XIONG K, WEI C L, LIU L D. Robust Kalman filtering for discrete-time nonlinear systems with parameter uncertainties[J]. Aerospace Science and Technology, 2012, 18(1): 15-24.
[46] WANG Y, ZHENG W, SUN S, et al. X-ray pulsar-based navigation system with the errors in the planetary ephemerides for Earth-orbiting satellite[J]. Advances in Space Research, 2013, 51(12): 2394-2404.
[47] LIU J, MA J, TIAN J. Pulsar/CNS integrated navigation based on federated UKF[J]. Journal of Systems Engineering and Electronics, 2010, 21(4): 675-681.
[48] WANG Y, ZHENG W, AN X, et al. XNAV/CNS integrated navigation based on improved kinematic and static filter[J]. Journal of Navigation, 2013, 66(6): 899-918.
[49] WANG Y, ZHENG W, SUN S. X-ray pulsar-based navigation system / sun measurement integrated navigation method for deep space explorer[J]. Journal of Aerospace Engineering, 2015, 229(10): 1843-1852.
[50] WANG Y, ZHENG W, SUN S, et al. Autonomous navigation method for low-thrust interplanetary vehicles[J]. Journal of Aerospace Engineering, 2016, 29(1): 4015009.
[51] 郑世界, 葛明玉, 韩大炜, 等. 基于天宫二号 POLAR 的脉冲星导航实验[J]. 中国科学: 物理学 力学 天文学, 2017, 47(9): 120-128.

[52] 黄良伟, 帅平, 张新源, 等. 脉冲星导航试验卫星时间数据分析与脉冲轮廓恢复[J]. 中国空间科学技术, 2017, 37(3): 1-10.
[53] 帅平, 张新源, 黄良伟, 等. 脉冲星导航试验卫星科学观测数据分析[J]. 空间控制技术与应用, 2017, 43(2): 1-6.
[54] 张大鹏, 王奕迪, 姜坤, 等. XPNAV-1 卫星实测数据处理与分析[J]. 宇航学报, 2018, 29(4): 411-417.
[55] SHUAI P, LIU Q, HUANG L, et al. Pulsar navigation test satellite XPNAV-1 and its observation results[J]. Journal of Chinese Inertial Technology, 2019, 27(3): 281-287.
[56] 张大鹏. X 射线脉冲星导航数据处理与验证评估技术研究[D]. 长沙: 国防科技大学, 2018.
[57] 宋佳凝. X 射线脉冲星信号处理与导航定位方法研究[D]. 哈尔滨: 哈尔滨工业大学, 2019.
[58] FANG H Y, LIU B, LI X P, et al. Time delay estimation method of X-ray pulsar observed profile based on the optimal frequency band[J]. Acta Physica Sinica, 2016, 65(11): 1-9.
[59] ZHOU Q Y, JI J F, REN H F. Quick search algorithm of X-ray pulsar period based on unevenly spaced timing data[J]. Acta Physica Sinica, 2013, 62(1): 1-8.
[60] SHEN L, LI X, SUN H, et al. A novel period estimation method for X-ray pulsars based on frequency subdivision[J]. Frontiers of Information Technology and Electronic Engineering, 2015, 16(10): 858-870.
[61] LI J X, KE X Z. Period estimation method for weak pulsars based on coherent statistic of cyclostationary signal[J]. Acta Physica Sinica, 2010, 59(11): 8304-8310.
[62] LI J X, KE X Z, ZHAO B S. A new time-domain estimation method for period of pulsars[J]. Acta Physica Sinica, 2012, 61(6): 1689-1699.
[63] ZHANG X Y, SHUAI P, HUANG L W. Profile folding distortion and period estimation for pulsar navigation[J]. Journal of Astronautics, 2015, 36(9): 1056-1060.
[64] DONOHO D L. Compressed sensing[J]. IEEE Transactions on Information Theory, 2006, 52(4): 1289-1306.
[65] LOTFI M, VIDYASAGAR M. A fast noniterative algorithm for compressive sensing using binary measurement matrices[J]. IEEE Transactions on Signal Processing, 2018, 66(15): 4079-4089.
[66] GIUSTI E, CATALDO D, BACCI A, et al. ISAR image resolution enhancement: Compressive sensing versus state-of-the-art super-resolution techniques[J]. IEEE Transactions on Aerospace and Electronic Systems, 2018, 54(4): 1983-1997.
[67] LIU J, FANG J, LIU G. Observation range-based compressive sensing and its application in TOA estimation with low-flux pulsars[J]. Optik, 2017, 148: 256-267.
[68] YOU S H, WANG H L, HE Y Y, et al. Pulsar profile construction based on double-redundant-dictionary and same-scale L1-norm compressed sensing[J]. Optik, 2018, 164: 617-623.
[69] LIU J, YANG Z H, KANG Z W, et al. Fast CS-based pulsar period estimation method without tentative epoch folding and its CRLB[J]. Acta Astronautica, 2019, 160: 90-100.
[70] EMADZADEH A A, SPEYER J L, HADAEGH F Y. A parametric study of relative navigation using pulsars[C]. 63rd Annual Meeting of the Institute of Navigation, Cambridge, 2007: 454-459.
[71] WEI G, YUE Z, WEI W, et al. Research on real-time de-noising of FOG based on second generation wavelet transform[J]. Chinese Journal of Scientific Instrument, 2012, 33(4): 774-780.
[72] LIU Z, HE Z, GUO W, et al. A hybrid fault diagnosis method based on second generation wavelet de-noising and local mean decomposition for rotating machinery[J]. ISA Transactions, 2016, 61: 211-220.
[73] SU Z, XU L P, WANG Y, et al. Pulsar weak signal denoising based on improved wavelet spatial correlation filtering[J]. Systems Engineering and Electronics, 2010, 32(12): 2500-2505.
[74] XUE M F, LI X P, FU L Z, et al. Denoising of X-ray pulsar observed profile in the undecimated wavelet domain[J]. Acta Astronautica, 2016, 118(3): 1-10.
[75] LIU X P, YUAN W, HAN L L, et al. X-ray pulsar signal de-noising for impulse noise using wavelet packet[J]. Aerospace Science and Technology, 2017, 64: 147-153.
[76] GAO G R, LIU Y P, PAN Q. A differentiable thresholding function and an adaptive threshold selection technique for pulsar signal denoising[J]. Acta Physica Sinica, 2012, 61(13): 165-172.

[77] WANG L, KE X Z, NI G R. Research on noise reduction for millisecond pulsar signal based on wavelet transform[J]. Astronomical Research & Technology, 2008, 5(1): 49-54.

[78] YAN D, XU L, XIE Z. Wavelet denoising algorithm based on fuzzy threshold f or pulsar signal[J]. Journal of Xi'an Jiaotong University, 2007, 41(10): 1193-1196.

[79] LIU X, LI X, SUN H. X-ray pulsar signal de-noising using lifting scheme wavelet[J]. Acta Optica Sinica, 2013, 33(3): 1-7.

[80] XU Q, WANG H L, FENG L, et al. A novel X-ray pulsar integrated navigation method for ballistic aircraft[J]. Optik, 2018, 175: 28-38.

[81] CHU Y H, LI M D, HUANG X Y, et al. Autonomous navigation method based on landmark and pulsar measurement[J]. Infrared and Laser Engineering, 2015, 44(S1): 12-15.

[82] XU Q, WANG H, FENG L, et al. An improved augmented X-ray pulsar navigation algorithm based on the norm of pulsar direction error[J]. Advances in Space Research, 2018, 62(11): 3187-3198.

[83] SU Z, XU L, GAN W. Pulsar profile construction algorithm based on compressed sensing[J]. Scientia Sinica Physica, Mechanica & Astronomica, 2011, 41(5): 681-684.

[84] LI S L, LIU K, XIAO L L. Fleet algorithm for X-ray pulsar profile construction and TOA solution based on compressed sensing[J]. Optik, 2014, 125(7): 1875-1879.

[85] SHEN L R, LI X P, SUN H F, et al. A robust compressed sensing based method for X-ray pulsar profile construction[J]. Optik, 2016, 127(10): 4379-4385.

[86] KANG Z, WU C, LIU J, et al. Pulsar time delay estimation method based on two-level compressed sensing[J]. Acta Physica Sinica, 2018, 67(9): 1-8.

[87] EPN. Welcome to the EPN Database Browser[EB/OL]. [2020-09-06]. http://www.jb.man.ac.uk/pulsar/Resources/epn/browser.html.

[88] 周庆勇. 脉冲星计时模型和自转稳定性研究[D]. 郑州: 中国人民解放军信息工程大学, 2011.

[89] 周庆勇. 脉冲星计时模型及应用[J]. 四川兵工学报, 2010, 31(9): 142-145.

[90] 任红飞. 相对论框架下脉冲星导航模型的研究[D]. 郑州: 中国人民解放军信息工程大学, 2012.

[91] 毛悦, 宋小勇. 脉冲星时间模型精化及延迟修正分析[J]. 武汉大学学报：信息科学版, 2009, 34(5): 581-584.

[92] 杨廷高. 关于脉冲星脉冲到达时间转换方程[J]. 时间频率学报, 2009(2): 154-159.

[93] 童明雷, 丁勇恒, 赵成仕, 等. 引力波引起的脉冲星计时残差模拟与分析[J]. 时间频率学报, 2015, 38(1): 44-51.

[94] 孙守明, 郑伟, 汤国建. X射线脉冲星星表方位误差估计算法研究[J]. 飞行器测控学报, 2010, 29(2): 57-60.

[95] 孙守明, 郑伟, 汤国建. 基于 CV 模型的 X 射线脉冲星位置误差估计[J]. 系统仿真学报, 2010, 22(11): 2712-2714.

[96] 熊凯, 魏春岭, 刘良栋. 基于脉冲星的卫星星座自主导航技术研究[J]. 宇航学报, 2008, 29(3): 545-550.

[97] XIONG K, WEI C L, LIU L D. The use of X-ray pulsars for aiding navigation of satellites in constellations[J]. Acta Astronautica, 2009, 64(4): 427-436.

[98] 熊凯, 魏春岭, 刘良栋. 鲁棒滤波技术在脉冲星导航中的应用[J]. 空间控制技术与应用, 2008, 34(6): 8-11.

[99] XIONG K, WEI C L, LIU L D. Robust multiple model adaptive estimation for spacecraft autonomous navigation[J]. Aerospace Science and Technology, 2015, 42: 249-258.

[100] 王敏. 基于X射线脉冲星的航天器自主导航滤波算法研究[D]. 哈尔滨: 哈尔滨工业大学, 2015.

[101] ZHENG G, LIU J, QIAO L, et al. Observability analysis of satellite autonomous navigation system using single pulsar[J]. Journal of Applied Sciences-Electronics and Information Engineering, 2008, 26(5): 506-510.

[102] EMADZADEH A A, SPEYER J L, GOLSHAN A R. Asymptotically efficient estimation of pulse time delay for X-ray pulsar based relative navigation[C]. AIAA Guidance, Navigation, and Control Conference, Chicago, 2009: 10-13.

[103] SATYENDRAT K N. Trends in space navigation[J]. Proceedings of the IRE, 1962, 50(5): 1362-1373.

[104] RAMSAYER K. Integrated navigation[J]. Journal of Navigation, 1963, 16(1): 74-83.

[105] HURSH J W, TRUEBLOOD R B. Concept for an integrated navigation and flight control system for the supersonic transport[J]. Navigation, 1964, 11(3): 260-268.

[106] LIEBE C C. Star trackers for attitude determination[J]. IEEE Aerospace and Electronic Systems Magazine, 1995, 10(6): 10-16.

[107] YANG B, ZHANG S. Deep space navigation based on X-ray pulsars[J]. Transactions on Computer Science and Technology, 2014, 3(4): 121-126.

[108] NING X L, HUANG P P, FANG J C. A new celestial navigation method for spacecraft on a gravity assist trajectory[J]. Mathematical Problems in Engineering, 2013, 2013: 927-940.

[109] NING X, GUI M, FANG J, et al. Differential X-ray pulsar aided celestial navigation for Mars exploration[J]. Aerospace Science and Technology, 2017, 62: 36-45.

[110] SUN H F, BAO W M, FANG H Y, et al. Effect of X-ray energy band on the X-ray pulsar based navigation[J]. Aerospace Science and Technology, 2016, 58: 150-155.

[111] WANG Y, ZHENG W, SUN S, et al. X-ray pulsar-based navigation using time-differenced measurement[J]. Aerospace Science and Technology, 2014, 36: 27-35.

[112] 刘劲, 马杰, 田金文. 利用 X 射线脉冲星和多普勒频移的组合导航[J]. 宇航学报, 2010, 31(6): 1552-1557.

[113] 孙守明, 郑伟, 汤国建. X 射线脉冲星/SINS 组合导航研究[J]. 空间科学学报, 2010, 30(6): 579-583.

[114] 孙守明, 郑伟, 汤国建. X 射线脉冲星/SINS 组合导航中的钟差修正方法研究[J]. 国防科技大学学报, 2010(6): 82-86.

[115] 杨成伟, 郑建华. XNAV/UVNAV/SINS 组合导航在航天器轨道机动中的应用[J]. 中国惯性技术学报, 2012, 20(2): 200-210.

[116] 杨成伟, 郑建华, 高东. UKF 容错滤波在脉冲星组合导航中的应用[J]. 中国惯性技术学报, 2014(6): 759-762.

[117] 杨成伟, 邓新坪, 郑建华, 等. 含钟差修正的脉冲星和太阳观测组合导航[J]. 北京航空航天大学学报, 2012, 38(11): 1469-1473.

[118] 杨博, 胡声曼, 孙晖, 等. 基于虚拟观测值的 X 射线单脉冲星星光组合导航[J]. 北京航空航天大学学报, 2016, 42(6): 1107-1115.

[119] 康志伟, 徐星满, 刘劲, 等. 基于双测量模型的多普勒测速及其组合导航[J]. 宇航学报, 2017, 38(9): 964-970.

[120] NING X, YANG Y, GUI M, et al. Pulsar navigation using time of arrival (TOA) and time differential TOA (TDTOA)[J]. Acta Astronautica, 2018, 142: 57-63.

[121] KARUNANITHI V. A framework for designing and testing the digital signal processing unit of a pulsar based navigation system[D]. Delft: Delft University of Technology, 2012.

[122] LORIMER D R, KRAMER M, BANK J. Handbook of Pulsar Astronomy[M]. Cambridge: Cambridge University Press, 2005.

[123] HARTNETT J G, LUITEN A N. Colloquium: Comparison of astrophysical and terrestrial frequency standards[J]. Reviews of Modern Physics, 2011, 83(1): 1-9.

[124] ATNF. ATNF pulsar catalogue[EB/OL]. [2020-05-07]. https://www.atnf.csiro.au/research/pulsar/psrcat/.

[125] CHAUDHRI V K. Fundamentals, specifications, architecture and hardware towards a navigation system based on radio pulsars[D]. Delft: Delft University of Technology, 2011.

[126] EMADZADEH A A, SPEYER J L, FELLOW L. Relative navigation between two spacecraft using X-ray pulsars[J]. IEEE Transactions on Control Systems Technology, 2011, 19(5): 1021-1035.

[127] YOU P A. Handbook of pulsar astronomy[EB/OL]. [2020-08-07]. http://www.jb.man.ac.uk/research/pulsar/handbook/figures.html.

[128] SALA J, URRUELA A, VILLARES X, et al. Feasibility study for a spacecraft navigation system relying on pulsar timing information[R/OL]// ARIADNA study. [2020-05-06]. https://upcommons.upc.edu/handle/2117/11514.

[129] 梁昊, 尹海亮, 詹亚锋. X 射线脉冲星导航系统选星方法研究[J]. 电子与信息学报, 2015, 37(10): 2356-2362.

[130] 全伟. 惯性/天文/卫星组合导航技术[M]. 北京: 国防工业出版社, 2011.

[131] 刘利生, 吴斌, 杨萍. 航天器精确定轨与自校准技术[M]. 北京: 国防工业出版社, 2005.

[132] 许其凤. 空间大地测量学[M]. 北京: 解放军出版社, 2001.
[133] 张玉祥. 人造卫星测轨方法[M]. 北京: 国防工业出版社, 2007.
[134] 帅平, 李明, 陈绍龙, 等. X 射线脉冲星导航系统原理与方法[M]. 北京: 中国宇航出版社, 2009.
[135] 费保俊. 相对论在现代导航中的应用[M]. 北京: 国防工业出版社, 2007.
[136] 孙海峰. X 射线脉冲星导航信号特性分析及具有多物理特性的仿真系统研究[D]. 西安: 西安电子科技大学, 2015.
[137] 倪广仁, 杨廷高. 毫秒脉冲星计时和原子时[J]. 计量学报, 2001, 22(4): 308-313.
[138] 费保俊, 孙维瑾, 潘高田, 等. X 射线脉冲星自主导航的光子到达时间转换[J]. 空间科学学报, 2010, 30(1): 85-90.
[139] 房建成, 宁晓琳. 深空探测器自主天文导航方法[M]. 西安: 西北工业大学出版社, 2010.
[140] 郗晓宁. 近地航天器轨道基础[M]. 长沙: 国防科技大学出版社, 2003.
[141] 房建成, 宁晓琳, 田玉龙. 航天器自主天文导航原理与方法[M]. 北京: 国防工业出版社, 2006.
[142] 乔黎. X 射线脉冲星高轨道卫星自主导航及其应用技术研究[D]. 南京: 南京航空航天大学, 2010.
[143] 刘劲. 基于 X 射线脉冲星的航天器自主导航方法研究[D]. 武汉: 华中科技大学, 2011.
[144] CHEN P T, SPEYER J L, BAYARD D S, et al. Autonomous navigation using X-ray pulsars and multirate Processing[J]. Journal of Guidance, Control, and Dynamics, 2017, 40(9): 2237-2249.
[145] FOUCART S, RAUHUT H. A Mathematical Introduction to Compressive Sensing[M]. Berlin: Springer Verlag, 2013.
[146] FORNASIER M, RAUHUT H. Compressive sensing[J]. IEEE Signal Processing Magazine, 2007, 24(4): 118-121.
[147] ROMBERG J. A survey of compressive sensing and sparse recovery[D]. Saint Louis: Saint Louis University, 2018.
[148] DONOHO D L. Unconditional bases are optimal bases for data compression and for statistical estimation[J]. Applied and Computational Harmonic Analysis, 1993, 1(1): 100-115.
[149] DAUBECHIES L, SWELDENS W. Factoring wavelet transforms into lifting steps[J]. The Journal of Fourier Analysis and Applications, 1998, 4(3): 247-269.
[150] GROUP J B P. EPN database browser[EB/OL]. [2020-09-07]. http://www.jb.man.ac.uk/pulsar/Resources/epn/browser.html.
[151] 胡慧君, 赵宝升, 盛立志, 等. 基于 X 射线脉冲星导航的地面模拟系统研究[J]. 物理学报, 2011, 60(2): 1-9.
[152] 孙海峰, 谢楷, 李小平, 等. 高稳定度 X 射线脉冲星信号模拟[J]. 物理学报, 2013, 62(10): 1-11.
[153] 苏哲, 许录平, 王婷. X 射线脉冲星导航半物理仿真实验系统研究[J]. 物理学报, 2013, 53(9): 1689-1699.
[154] 黎胜亮, 刘昆, 吴锦杰. 脉冲轮廓建模仿真与去噪[J]. 国防科技大学学报, 2013, 35(4): 26-34.
[155] 桂先洲, 黄森林, 孙晨. 重构 X 射线脉冲星信号的纯数值模拟新算法[J]. 国防科技大学学报, 2015, 37(2): 143-148.
[156] CAI T T, SILVERMAN B W. Incorporating information on neighbouring coefficients into wavelet estimation[J]. Sankhyā: The Indian Journal of Statistics, 2001, 63(2): 127-148.
[157] 孙守明. 基于 X 射线脉冲星的航天器自主导航方法研究[D]. 长沙: 中国人民解放军国防科技大学, 2011.
[158] 朱新颖, 李春来, 张洪波. 深空探测 VLBI 技术综述及我国的现状和发展[J]. 宇航学报, 2010, 31(8): 1893-1899.
[159] MANCHESTER R N, HOBBS G B, TEOH A, et al. The australia telescope national facility pulsar catalogue[J]. Astronomical Journal, 2005, 126: 1993-2006.
[160] GOSHEN-MESKIN D, BAR-ITZHACK I Y. Observability analysis of piece-wise constant systems part Ⅰ: Theory[J]. IEEE Transactions on Aerospace and Electronic Systems, 1992, 28(4): 1056-1067.
[161] GOSHEN-MESKIN D, BAR-ITZHACK I Y. Observability analysis of piece-wise constant systems part Ⅱ: Application to inertial navigation in-flight alignment[J]. IEEE Transactions on Aerospace and Electronic Systems, 1992, 28(4): 1068-1075.
[162] 王宏力, 许强, 由四海, 等. 考虑卫星位置误差的增广脉冲星方位误差估计算法[J]. 国防科技大学学报, 2018, 40(5): 177-182.

[163] FRIEDLAND B. Treatment of bias in recursive filtering[J]. IEEE Transactions on Automatic Control, 1969, 14(4): 359-367.

[164] HSIEH C S, CHEN F C. General two-stage Kalman filters[J]. IEEE Transactions on Automatic Control, 2000, 45(4): 819-824.

[165] 李小平, 方海燕, 孙海峰, 等. X射线脉冲星大尺度时间转换模型研究[J]. 载人航天, 2015, 21(6): 628-634.

[166] HOBBS G, MANCHESTER R N, TOOMEY L. The ATNF pulsar catalogue[EB/OL]. [2020-09-05]. https://www.atnf.csiro.au/people/pulsar/psrcat/.

[167] 李晓宇, 姜宇, 金晶, 等. 脉冲星导航系统的星历表误差RKF校正算法[J]. 宇航学报, 2017, 38(1): 26-33.

[168] JOHNSON T J, GUILLEMOT L, KERR M, et al. Broadband pulsations from PSR B1821-24: Implications for emission models and the pulsar population of M28[J]. Astrophysical Journal, 2013, 778(2): 106-117.

[169] XU Q, WANG H L, YOU S H, et al. Impact of ephemeris errors on X-ray pulsar navigation[C]. 2018 IEEE CSAA Guidance, Navigation and Control Conference, XiaMen, 2018: 77-82.

[170] FOLKNER W M, WILLIAMS J G, BOGGS D H. The planetary and lunar ephemeris DE 421[J]. Interplanetary Network Progress Report, 2009, 178: 1-34.

[171] MCCARTHY D D, PETIT G. IERS Conventions (2003)[M]. Frankfurt: Highlights of Astronomy, 2004.

[172] LUZUM B, PETIT G. The IERS conventions(2010): Reference systems and new models[J]. Proceedings of the International Astronomical Union, 2012, 10(H16): 227-228.

[173] WANG S, CUI P, GAO A, et al. Absolute navigation for Mars final approach using relative measurements of X-ray pulsars and Mars orbiter[J]. Acta Astronautica, 2017, 138: 68-78.

[174] 许强, 范小虎, 徐利国, 等. 脉冲星方位误差估计的TSKF算法[J]. 北京航空航天大学学报, 2020, 46(4): 761-768.

[175] GUO P, SUN J, XUE J. X-ray pulsar navigation using multiple detectors based on a new observation strategy[J]. IET Radar, Sonar and Navigation, 2018, 12(4): 442-448.

[176] 秦洪卫. 捷联惯导/星光组合导航技术研究[D]. 哈尔滨: 哈尔滨工业大学, 2013.

[177] 周东华, 席裕庚, 张钟俊. 一种带多重次优渐消因子的扩展卡尔曼滤波器[J]. 自动化学报, 1991, 17(6): 689-695.

[178] 李双喜, 张宗梅, 张俊. 捷联惯性/大视场星光组合导航方法研究[J]. 航天控制, 2011, 29(2): 7-9.

[179] 百度. 太空[EB/OL]. [2020-05-06]. https://baike.baidu.com/item/%E5%A4%AA%E7%A9%BA/1003?fr=aladdin.

[180] BENEDICT G F, MCARTHUR B, CHAPPELL D W, et al. Interferometric astrometry of proxima centauri and barnard's star using hubble space telescope fine guidance sensor 3: Detection limits for sub-stellar companions[J]. The Astronomical Journal, 1999, 118(2): 1086-1100.

[181] 杨志. 捷联惯导系统的系统级全参数标定方法研究[D]. 哈尔滨: 哈尔滨工业大学, 2015.